Os Psiconautas

Como as Drogas Desnudam a Mente

Mike Jay

Escritor e historiador britânico, especializado na história cultural das drogas, da psiquiatria e da mente. ***É pesquisador associado do Centre for the History of Science, Technology and Medicine da University College London*** **(UCL).**

Os Psiconautas

Como as Drogas Desnudam a Mente

Amarilys

Amarilys é um selo editorial Manole.

Publicado mediante acordo com a Yale University Press.

Originalmente publicado pela Yale University Press.

Produção editorial: Rosana Arruda da Silva
Projeto gráfico: Departamento de arte da Editora Manole

Diagramação: Estúdio Castellani
Capa: Ricardo Yoshiaki Nitta Rodrigues
Imagem de capa: wikipedia.org

CIP-BRASIL. CATALOGAÇÃO NA PUBLICAÇÃO
SINDICATO NACIONAL DOS EDITORES DE LIVROS, RJ

J46p

Jay, Mike
Os Psiconautas : como as drogas desnudam a mente / Mike Jay ; tradução Departamento Editorial da Editora Manole. - 1. ed. - Barueri [SP] : Amarilys, 2026.

Tradução de: Psychonauts : drugs and the making of the modern mind
ISBN 9788520470534

1. Drogas - História. 2. Alucinógenos. 3. Psicotrópicos - Aspectos psicológicos. I. Departamento Editorial da Editora Manole. II. Título.

25-101401.1 CDD: 615.788
CDU: 364.692:613.83

Gabriela Faray Ferreira Lopes - Bibliotecária - CRB-7/6643

Edição – 2026

Editora Manole Ltda.
Alameda Rio Negro, 967, cj. 717
06454-000 – Barueri – SP – Brasil
Tel.: (11) 4196-6000
www.manole.com.br | https://atendimento.manole.com.br/

Impresso no Brasil
Printed in Brazil

OS PSICONAUTAS

Mike Jay tem escrito extensivamente sobre história científica e médica e contribui regularmente para a *London Review of Books* e a *New York Review of Books*. Os seus livros anteriores sobre a história das drogas incluem *Mescaline*, *High Society* e *The Atmosphere of Heaven*. Seu trabalho foi elogiado por Oliver Sacks, Roy Porter, Ian McEwan, Richard Holmes, Jenny Uglow e Michael Pollan.

Outros elogios a *Os Psiconautas*:

"Muito antes dos hippies, um grupo de artistas, filósofos e cientistas do século XIX começou a consumir drogas para desvendar os segredos da mente. Em *Os Psiconautas*, o historiador Mike Jay argumenta que esses pensadores eram únicos. Antes das experiências do grupo, as drogas eram usadas para se automedicar ou para fugir do mundo, mas os psiconautas viam-nas como uma educação: uma forma de chegar aos recantos escondidos da consciência. No processo, eles derrubaram a noção de objetividade, afirmando que as drogas precisavam ser experimentadas para serem compreendidas. Jay escreveu vários livros sobre o consumo de drogas no Ocidente, e o seu estudo está repleto de anedotas vivas e nítidas." *New Yorker*, Best Books 2023

"Uma história fascinante sobre a forma como as noções modernas de ciência, moralidade e consciência se fundiram sob a influência de uma série de substâncias altamente potentes." John Semley, *Baffler*

"Jay guia habilmente o leitor através dos enigmas mais confusos sobre as imagens que a nossa mente faz da realidade; sobre a criação de significado, verdade e ilusão." Brian D. Earp, autor de *Love Is the Drug* (*O amor é a droga, em tradução livre*)

"Complexo e fascinante... Os leitores devem esperar uma grande viagem." *Booklist*

"*Os Psiconautas* chega num momento auspicioso na história dos intoxicantes... Jay identifica como indivíduos de todos os estratos da sociedade testaram os efeitos de agentes que alteram a mente e explora a razão pela qual a metodologia da autoexperimentação acaba por ser importante na história da ciência." Lucas Richert, *Science Magazine*

"Excelente... Nestas descrições de espectáculos de medicina itinerantes, espectáculos de music hall, laboratórios do século XIX, o nascimento da psicanálise, o advento do modernismo, a fronteira inexplorada da analgesia e da anestesia e a *demi-monde*[I] de Paris, sentimos tempos que foram, em muitos aspectos, mais excitantes e revolucionários do que a década de 1960." John Doran, *Quietus*

"Impecavelmente estudado e escrito... Um relato fascinante da exploração de drogas psicoativas nos cerca de cem anos que antecederam a explosão e subsequente supressão dos psicodélicos nos anos 60... Uma das histórias sociais essenciais do uso e abuso de drogas que alteram a mente." Ben Brooker, *Australian Book Review*

"Mike Jay nos ajuda a compreender as complexidades históricas por detrás da atual política de drogas... *Os Psiconautas* é um estudo fascinante das atitudes cíclicas em relação à autoexperimentação com drogas." Elizabeth Gray, *History Today*

"Brisa e profundidade, *Os Psiconautas* é uma história das drogas extremamente divertidas através dos escritos de intelectuais como Sigmund Freud, William James e Baudelaire. Eles se drogaram, viram Deus, tentaram articular a experiência e, na sua maioria, falharam. Mas as suas tentativas, tal como este livro, são um êxito total." Ben Westhoff, autor de *Fentanyl, Inc.*

[I] Expressão francesa que significa "meio mundo" e refere-se a um grupo social de reputação duvidosa, mas com certo status, geralmente composto por cortesãs, dândis e figuras da alta sociedade marginalizadas, cujos integrantes são conhecidos por sua vida luxuosa e boêmia.

"Uma pesquisa cativante da história ocidental moderna das viagens assistidas por drogas em direção à autodescoberta, à consciência alternativa e à iluminação individual... A prosa é hábil, e *Os Psiconautas* evoca mundos perdidos com uma linguagem compacta e evocativa." Joseph Spillane, *Social History of Medicine*

"Uma série caleidoscópica de narrativas densas mas fluidas, organizadas por substância e repletas de personalidades coloridas, que oferecem coletivamente um argumento crucial com implicações significativas: que os psicoativos desempenharam um papel absolutamente central na experiência e autocompreensão da modernidade." Erik Davis, *Burning Shore*

"A história é cativante, e o autor faz um ótimo trabalho ao equilibrar a investigação com anedotas vívidas e excertos fascinantes da escrita de figuras culturais. É uma reconsideração bem-vinda do papel que as drogas desempenham na vida, na medicina e na ciência." *Publishers Weekly*

"Com este relato rico e cheio de nuances, Mike Jay apresenta a Guerra contra as Drogas como um mero ponto na longa, orgulhosa e muito influente história de autoexperimentação com substâncias psicoativas por parte de artistas, cientistas e filósofos – os titulares exploradores da mente." Carlyn Zwarenstein, autora de *On Opium* (*Sobre o ópio, em tradução livre*)

"Com o século XXI trazendo o advento da cannabis empresarial e da terapia com drogas psicodélicas, *Os Psiconautas* é um lembrete oportuno de que uma abordagem proibitiva das drogas não é a norma histórica." Miles Ellingham, *Financial Times*

"Uma história instigante sobre os pioneiros que experimentaram drogas em nome da ciência e da criatividade. O relato de Mike Jay sobre médicos usuários, poetas comedores de haxixe, místicos mastigadores de cogumelos e cientistas lambedores de sapos é uma leitura estimulante." Anna Katharina Schaffner, autora de *The Art of Self-Improvement* (*A arte do autoaperfeiçoamento, em tradução livre*)

SUMÁRIO

ILUSTRAÇÕES

Prólogo

ANTES DAS DROGAS

EM 1992, UM ARTIGO PUBLICADO NA REVISTA ACADÊMICA *Ancient Mesoamerica* acendeu o rastilho de um pânico midiático em relação às drogas. Dois eminentes cientistas e autores de best-sellers, o antropólogo Wade Davis e o médico Andrew Weil, relataram ter resolvido um enigma de longa data na pré-história mexicana. Há muito se sabia que o sapo de cana tropical (*Bufo marinus*) parecia ter sido importante para as antigas culturas olmeca e maia: era comumente representado nas suas cerâmicas, e os seus ossos foram encontrados em abundância em vários locais de rituais. Também se sabia que as glândulas parótidas do sapo, atrás da cabeça, secretavam uma mistura de toxinas que incluía um poderoso composto alucinógeno, a bufotenina. Seria possível, como alguns antropólogos haviam sugerido, que as secreções do sapo tivessem sido usadas na antiga Mesoamérica como um intoxicante ritual?

Davis e Weil eram ambos bem versados na história, etnografia e biologia das plantas e fungos que alteram a mente na América Central e ficaram fascinados com a possibilidade de uma droga extraída de um anfíbio poder ter sido usada juntamente com eles. Mas "a fraqueza central da hipótese do alucinógeno", como Davis escreveu, "parecia ser a incapacidade dos proponentes de demonstrar como qualquer preparação de *Bufo marinus* poderia ser consumida em segurança", uma vez que a bufotenina na glândula do sapo-cururu ocorre em combinação com toxinas cardíacas potentes e potencialmente fatais.[1] Suas pesquisas haviam sugerido uma possível solução: um sapo de espécie próxima, com uma bioquímica que o tornava um candidato mais plausível. O *Bufo alvarius*, um sapo nativo do deserto de Sonora, na fronteira entre os Estados Unidos e o México, era único no seu gênero, por possuir uma enzima no seu veneno – a O-metil transferase – que converte a bufotenina num dos mais poderosos alucinógenos encontrados na natureza, o 5-MEO-DMT. Se o veneno do *B. alvarius* fosse fumado, em vez de ingerido, as toxinas seriam decompostas, e as secreções deveriam, em teoria, ser simultaneamente seguras e poderosamente psicoativas.

A dupla concluiu que só havia uma maneira de testar essa hipótese. As experiências com animais de laboratório eram inúteis, uma vez que não havia forma de observar ou verificar se os ratos brancos estavam alucinando. No entanto, os autores haviam encontrado um panfleto de 16 páginas. publicado por uma imprensa clandestina em 1984, que descrevia em pormenores como espremer as glândulas parótidas de um sapo para extrair seu veneno e deixá-lo secar numa resina fumável, e seguiram escrupulosamente as instruções.[2] Colocaram uma lasca de resina do tamanho de uma cabeça de fósforo num cachimbo e inalaram profundamente; em 15 segundos, obtiveram a resposta. No artigo que escreveram em coautoria, Davis descreveu a experiência numa linguagem que misturava auto-observação clínica com metáforas vívidas:

> Pouco depois de inalar, experimentei ondas de rubor e calor, uma sensação de encanto e bem-estar, fortes impressões auditivas, que incluíam um som de cigarra que percorria a minha mente e parecia ligar o meu corpo à terra... Fortes alucinações visuais com um brilho semelhante ao de uma esfera, padrões de diamante que ondulavam no meu campo visual. A experiência foi agradável em todos os sentidos, sem sensações físicas perturbadoras, sem náuseas, talvez com uma ligeira impressão de aumento do ritmo cardíaco.[3]

O artigo de Davis e Weil concluiu que, uma vez que existiam rotas comerciais bem-estabelecidas entre o deserto de Sonora e as terras baixas maias a sul, era possível que esse veneno seco tivesse sido comercializado entre eles. Foi uma solução engenhosa para um enigma arqueológico de longa data, mas a reação ao trabalho dos autores foi de choque e indignação. Os membros da comunidade científica ficaram escandalizados com o fato de os autores terem feito experiências em si próprios com uma droga não testada e potencialmente perigosa, bem como de terem relatado a experiência em termos extremamente positivos. Davis e Weil submeteram suas descobertas às principais revistas: *Science* e *Nature*, mas o artigo foi rejeitado por ambas. Quando finalmente foi publicado na *Ancient Mesoamerica*, foi denunciado como perigoso e antiético. Um revisor rejeitou a experiência com base no fato de não ter havido um grupo de controle; outro escreveu que se tratava de "pouco mais do que um aval para o abuso de um material alucinógeno com efeitos secundários potencialmente mortais".[4]

A experiência dos autores com a droga virou notícia. Foi publicada pelo principal jornal do Canadá, país de origem de Davis, o *Toronto Globe and Mail*, sob o título "Taking Their Own Medicine" ("Tomando o próprio remédio", em tradução livre). O artigo citava o presidente do comitê de revisão de ética médica da Universidade de Toronto: "Desencorajamos veementemente a autoexperimentação":[5] A imprensa ficou escandalizada com a declaração de Andrew Weil: "Penso que o tipo de inspiração que vem da experiência é o melhor tipo de ciência."[6] O *Wall Street Journal* publicou um artigo de primeira página que ligava o trabalho de Davis e Weil a uma subcultura obscura de lambedores e fumadores de sapos, inspirados pelo mesmo panfleto clandestino. Os rumores sobre lamber ou fumar sapos mostraram-se irresistíveis para a grande mídia, que, reflexivamente, tratava todo consumo de drogas como algo delinquente ou perigoso. Em 1994, esse *ne plus ultra*[I] dos vícios depravados encontrou o seu rosto público. Um naturalista e professor de escola primária da Califórnia chamado Bob Shepard, juntamente com a sua mulher, Connie, foram detidos por agentes da polícia de combate às drogas e os seus quatro espécimes de estimação de *Bufo alvarius foram*

[I] Em latim no original. "O auge, o limite."

confiscados, depois de o casal ter confessado que fumava as secreções dos sapos. Bob foi demitido do seu emprego e obrigado a entrar em um programa de reabilitação para dependentes químicos.

Foi a essa altura que comecei a escrever sobre drogas e lembro-me bem do panorama midiático. O tema era enquadrado como um problema médico, social e criminal. A investigação científica institucional sobre as drogas que alteram a mente, ou "drogas de abuso", centrava-se exclusivamente nos seus efeitos negativos, o que alimentava os meios de comunicação com um fluxo constante de histórias assustadoras: bebês drogados, mortes por ecstasy, psicose induzida pela cannabis. A missão do National Institute of Drug Abuse (Instituto Nacional de Abuso de Drogas, em tradução livre), o órgão federal dos EUA que lidera a investigação a nível mundial, consistia em "fazer com que o poder da ciência repercuta na toxicodependência e no abuso de drogas".[7] Os estudos sobre os seus potenciais benefícios eram raros. Os cientistas que falavam publicamente sobre o seu próprio consumo de drogas estavam – tal como os médicos, advogados, políticos e outros profissionais – colocando a reputação e a carreira em um grave risco. As autoexperiências científicas, como Davis e Weil descobriram, eram tabus. Admitir a experiência com drogas era ser marginalizado no debate público como um "utilizador": não uma testemunha especializada, mas parte do problema. Quando os jornais ou os programas de televisão necessitavam de um "perito em drogas", contactavam um psiquiatra especializado em toxicodependência ou um ativista antidrogas financiado pelo Estado.

Fui um dos pioneiros no uso da internet e fiquei fascinado com a profusão de fóruns e grupos de discussão alt.drugs[II], que foram algumas das primeiras trocas de informação a colonizar o ecossistema on-line.

[II] Grupo de discussão da Usenet (precursora de fóruns on-line), criado nos anos 1980, dedicado a debates sobre substâncias psicoativas.

As receitas para sintetizar LSD circulavam juntamente com os preços de rua da cannabis do Canadá ao Camboja, dossiês a favor da legalização suprimidos da Organização Mundial de Saúde e discussões sobre a interação do ecstasy com medicamentos antidepressivos. (O único tópico fora dos limites era a compra e venda de drogas, o que era firmemente proibido pelos moderadores do site.) Tudo isso era impensável nos principais meios de comunicação, nos quais cada notícia sobre drogas era obrigada a conter um alerta de saúde e uma mensagem moral. Mas o início da internet era um reflexo muito mais exato da cultura globalizada da droga que proliferava nas ruas, clubes e festivais dos anos 1990, manifestando-se em vastas "acid house parties"[III] ou raves, muitas vezes ilegais, alimentadas por MDMA (ecstasy) e por uma farmacopeia ilícita em rápida expansão. Nos jornais, essa subcultura era tipicamente noticiada em títulos como "Dança da Morte"; mas, na internet – a essa altura, um novo e estranho mundo de texto verde sobre uma tela preta, cursores piscando e comandos MS-DOS –, as drogas eram apenas mais um tópico, discutido com outros entusiastas, tal como se partilha um interesse por ciência, viagens ou literatura.

Vendi alguns artigos sobre essa cena para revistas de estilo e publicações juvenis da época, mas mesmo nesse meio o tema ainda era considerado marginal. As drogas continuavam a ser um assunto de má reputação, que atraía atenções indesejáveis, e a internet permanecia território exclusivo dos *geeks*.[8] A "cultura da droga", para a imprensa popular, era uma contradição em termos. Existia, no entanto, um domínio próprio – periférico, mas ativo – formado por uma imprensa clandestina, em grande parte sediada nos Estados Unidos, especializada em guias de cultivo de cannabis e em reedições de textos de luminares da era hippie, como Timothy Leary. Havia também uma rede de *samizdat*[IV], muitas vezes distribuída à mão, composta por *zines*[V], folhas

---

[III] "Festas de acid house", em tradução livre. (House: estilo musical.)

[IV] Publicações clandestinas, distribuídas à margem da imprensa tradicional.

[V] Revistas amadoras, de pequena circulação, geralmente produzidas por grupos independentes.

soltas e panfletos produzidos por usuários de drogas.[9] Para além desses núcleos fora da lei, as perguntas aparentemente óbvias – por que razão tantas pessoas consumiam drogas, quais os seus efeitos e como influenciavam as culturas em que circulavam – raramente eram feitas. Quando o eram, os especialistas em drogas respondiam normalmente com uma de duas explicações: "pressão dos pares" ou "dependência". Em ambos os casos, o remédio prescrito eram mais mensagens antidroga e sanções penais mais severas.

Isso me deixou curioso sobre a história das drogas. De onde tinham vindo todas essas substâncias que alteram a mente e quem tinham sido as primeiras pessoas a experimentá-las? Quais haviam sido as suas experiências e como as drogas tinham se estabelecido no mundo moderno?

A história acadêmica das drogas era, a essa altura, um pequeno campo especializado, largamente centrado na criminologia e na patologia médica: estudos institucionais sobre o desenvolvimento da aplicação da lei e do tráfico ilegal, e histórias médicas da teoria da dependência e das intervenções de saúde pública. O que faltava em quase tudo isso era qualquer atenção ou curiosidade sobre os efeitos das drogas na mente – certamente, na minha opinião, o aspecto mais significativo das drogas que alteram a mente. Normalmente, ficava claro já na primeira página que os autores não tinham experiência com drogas nem mais interesse em adquiri-la do que os historiadores de epidemias tinham em contrair varíola ou peste bubônica. Os que mais se dedicaram à experiência da droga foram os estudos literários dos poetas românticos opiáceos, como Thomas De Quincey, embora eles nunca tenham apresentado experiências pessoais e raramente tenham questionado ou se desviado do pressuposto de que as drogas eram – como Charles Baudelaire afirmara famosamente – "um jogo proibido", em que quaisquer insights ou epifanias fugazes tinham um preço punitivo.[10]

Fiquei surpreso ao descobrir que a Guerra contra a Droga, como é popularmente conhecida, era um desenvolvimento relativamente recente, com as suas origens ainda vivas na memória coletiva. Olhar para trás, para além do início do século XX, quando as drogas foram criminalizadas, era entrar num mundo bastante diferente: um mundo em que até o termo "drogas" já não se aplicava. A palavra existia, claro – entrou na língua inglesa na época medieval, provavelmente a partir da raiz holandesa que denotava "produtos secos", fornecidos pelos boticários –, mas apenas no seu sentido mais amplo, como um termo geral para todos os medicamentos utilizados pelos médicos. Esse significado ainda existe, por exemplo, em "drogarias"; mas "drogas", no seu sentido mais específico, foi uma criação do século XX. Antes disso, as drogas que alteram a mente, intoxicam ou são psicoativas constituíam uma família ampla e pouco articulada que abrangia remédios caseiros, produtos farmacêuticos, produtos químicos de investigação científica e intoxicantes à base de plantas. Existiam alguns controles legais gerais sobre os venenos, uma categoria que incluía frequentemente o ópio, juntamente com o arsênico, a estricnina e o cianeto, mas muitas das substâncias ilícitas atuais, desde o haxixe à cocaína e à heroína, estavam disponíveis livremente no balcão das farmácias, vendidas como parte da gama geral de analgésicos, estimulantes e sedativos.

Nessa época, médicos e cientistas costumavam realizar experiências com drogas em si mesmos. Quando Wade Davis e Andrew Weil conduziram suas experiências com secreções de sapo, já se havia aparentemente esquecido – até mesmo entre os próprios cientistas – que tal prática fora, um dia, considerada aceitável, ou mesmo um procedimento padrão. No entanto, era óbvio, desde a revolução científica do século XVII, que esse era o método mais satisfatório para investigar drogas que alteram as percepções, os estados de espírito e a consciência. No século XIX, já era uma prática com protocolos e convenções de relatório bem reconhecidos. Numa época de experimentação, em que as descobertas científicas e médicas envolviam frequentemente riscos pessoais, testar uma droga desconhecida não era considerado mais imprudente do que as experiências anatômicas, os choques elétricos ou a exposição a substâncias tóxicas a que os pesquisadores da época se sujeitavam habitualmente.

Naturalmente, a maioria dos cientistas tinha o cuidado de minimizar esses riscos: no caso dos medicamentos, por meio de práticas como uma cuidadosa investigação preparatória, trabalhando progressivamente a partir de pequenas doses, utilizando agulhas esterilizadas e soluções puras. Ao mesmo tempo, muitos eram fortemente atraídos pela emoção de ultrapassar os limites do conhecido, muitas vezes com consequências dramáticas. As experiências imprudentes com drogas e as descidas à loucura estavam no centro de muitas das ficções mais populares da época. Os autoexperimentadores eram celebrados como ícones populares: o químico britânico Humphry Davy, por exemplo, lançou-se como o herói científico da sua geração, com descrições poéticas emocionantes da inalação de enormes quantidades de óxido nitroso e da exploração de domínios desconhecidos da consciência desencarnada. O local das suas experiências em Bristol está hoje assinalado com uma placa de bronze, e a sua estátua gigante se ergue sobre a rua principal da sua cidade natal, Penzance.

As experiências desse gênero não se limitaram à ciência. O século XIX foi uma época em que as ideias e as descobertas fluíam facilmente entre a medicina e a ciência, a literatura e a arte, a filosofia e a exploração espiritual. As drogas – vou persistir com o termo anacrônico, mas conveniente – tendiam a gerar experiências que transcendiam e dissolviam essas fronteiras. Médicos e cientistas eram treinados para uma auto-observação minuciosa, e as drogas que produziam novas sensações e estados de consciência serviam-lhes de estímulo para levar ao extremo suas faculdades descritivas. Muitos deles, eram também poetas ou romancistas, traziam essas aptidões para o campo da observação médica. Antes do século XIX, os relatos de casos clínicos costumavam restringir-se a notas concisas de diagnóstico e antecedentes familiares; agora, passavam a ser reformulados como narrativas discursivas da vida interior, recorrendo a estilos de fluxo de consciência ou a múltiplos pontos de vista. Muitos escritores e outros artistas, por sua vez, seguiram avidamente as descobertas científicas da época e estiveram entre os primeiros a experimentar novas drogas. Os autores daquilo a que Émile Zola chamou de "romance experimental" lançaram um olhar científico sobre o funcionamento da sociedade, e os artistas basearam-se em experiências com drogas, juntamente com as mais recentes descobertas da psicologia da percepção, para explodir as regras convencionais da pintura, da cor, da forma e do movimento.

A essa altura, não havia um termo específico para designar aqueles que usavam drogas para explorar a mente. Só em 1949 foi cunhado um termo, pelo escritor alemão Ernst Jünger, no seu romance *Heliópolis*, sobre uma cidade futurista opressiva onde um cientista rebelde encontra a liberdade através das suas viagens interiores induzidas por drogas. Jünger inventou o termo "psiconauta" para descrever uma personagem que "capturava sonhos, tal como outros parecem perseguir borboletas com redes", e "fazia viagens de descoberta no universo do seu cérebro".[11] Jünger foi um mentor espiritual de Albert Hofmann, o descobridor do LSD, que ajudou a popularizar o termo, que entrou em uso através da contracultura psicodélica dos anos 1960; mas serve como um verbete coletivo útil para uma geração anterior, cujas viagens interiores tinham sido amplamente esquecidas na época em que foi cunhado. Hoje em dia, sugere um renegado que atua fora dos limites da ciência institucional; os primeiros psiconautas também incluíam muitos renegados, autodidatas, boêmios e místicos, mas eles faziam suas experiências ao lado de cientistas de renome, professores universitários, médicos, cirurgiões, líderes empresariais, filósofos e pilares do meio literário.

Os escritos desses autoexperimentadores eram uma fonte de intenso fascínio para o público em geral. Se Wade Davis e Andrew Weil tivessem escrito sobre seu experimento um século antes, ele poderia facilmente ter sido publicado num dos jornais e revistas de grande circulação que habitualmente publicavam tais maravilhas da ciência mental, juntamente com descrições de exploradores de paisagens longínquas, histórias sensacionais de crimes reais ou a última parte de um romance de mistério gótico. Seus relatos traziam à baila questões de grande alcance – químicas, médicas e filosóficas – sobre a condição humana e os limites da mente. Seria possível uma substância como a cocaína produzir, de fato, energia sobre-humana ou poderes cognitivos melhorados? Seriam os recém-descobertos gases e vapores anestésicos capazes de permitir à mente o acesso a uma dimensão inexplorada para além dos limites do corpo, e o que se poderia encontrar nessa dimensão? Poderiam as ervas e poções mágicas dos mitos antigos ou das culturas não ocidentais ser utilizadas para alcançar visões proféticas, telepatia, poderes hipnóticos ou contato com o mundo espiritual?

Todas essas questões alimentaram uma obsessão crescente com as regiões ocultas da mente, o que atingiu um pico de intensidade nas últimas décadas do século XIX. A nova disciplina da psicologia estava dando passos gigantescos no sentido de separar os processos de pensamento, atenção, percepção e sensação, assim como de mapear a complexa interação entre os olhos e o cérebro. Muitos dos seus praticantes estavam fascinados por drogas que lhes permitiam observar a mente enquanto esta dava sentido a novos estímulos estranhos e até fabricava realidades alucinatórias. Para psiquiatras e neurologistas, intrigados com casos estranhos de amnésia, sonambulismo, histeria ou dupla personalidade, as drogas tornaram-se uma ferramenta valiosa para adentrar a mente oculta: ao contrário dos fenômenos tentadores testemunhados sob hipnose ou em sessões espíritas, podiam ser administradas em experiências repetíveis e em doses mensuráveis. Para escritores e artistas, eram o portal para um mundo interior onde coexistiam sonho e realidade. Para os espiritualistas e investigadores psíquicos, as experiências que geravam eram prova da realidade de outros mundos ou dimensões; os praticantes das artes ocultas incorporavam-nas no sonho lúcido, nas viagens astrais e na magia cerimonial. À medida que a religião recuava perante a maré crescente da ciência, as experiências inefáveis que anteriormente teriam sido aceitas como divinamente inspiradas assumiram novos significados, tanto profanos como sagrados.

As drogas chegaram ao século XX como milagres da ciência, prometendo transformar a condição humana e remodelar o futuro. Permitiam aos seus usuários escapar do colete de forças do tempo e do espaço e examinar a realidade a partir de novos e múltiplos pontos de vista. Expandiam o domínio da subjetividade, permitindo aos seus usuários habitar mundos privados de imaginação, pensamento e sensação, e ampliando o alcance da exploração espiritual e da criatividade artística. Ao fazê-lo, alimentaram uma tendência intelectual mais ampla, afastando-se de uma ideia única, estabelecida e hierárquica de cultura – notoriamente definida por Matthew Arnold, em 1869, como "o melhor que foi pensado e dito"[12] em direção a uma pluralidade de perspectivas e estados mentais, a uma multiplicidade de subculturas e à "corrente de consciência" fraturada e caleidoscópica que preocuparia a geração seguinte de escritores e artistas.

Os perigos representados pelas drogas não eram menos convincentes. Muito antes de serem tornadas ilegais, elas encapsulavam os terrores da modernidade de forma tão vívida quanto suas possibilidades. A partir da década de 1870, quando os médicos começaram a diagnosticar a condição de "desejo mórbido" ou dependência de opiáceos e cocaína, reconheceu-se que isso era uma consequência nefasta da liberdade moderna de se entregar ao consumo sem limites, em uma era de drogas cada vez mais puras e potentes. Para muitos, a droga mais preocupante era o álcool, sobretudo sob a forma de atraentes bebidas destiladas baratas, mas, por volta de 1900, o movimento de vigilância incluía também grupos de consumidores que faziam pressão para que os opiáceos e a cocaína fossem retirados dos medicamentos patenteados, que frequentemente os continham sem publicidade e em doses abundantes, com seu amargor mascarado por xaropes açucarados.

Além dos perigos médicos, as drogas suscitavam questões existenciais sobre o modo como uma sociedade civilizada moderna poderia funcionar se o seu consumo continuasse a se espalhar. Aos olhos dos seus detratores, as pessoas sob sua influência eram egoístas, entregando-se a fantasias narcísicas e delirantes à custa de um tecido social consensual. A liberdade de escolha do modo de consciência era, nessa ótica, um convite aberto ao solipsismo, à irresponsabilidade e ao vício. O prazer que as drogas conferiam aos seus usuários era moralmente corrosivo: um efeito químico vazio e não merecido, destrutivo da ética do trabalho e do pacto social de responsabilidade compartilhada. Quando o termo "droga" surgiu no seu sentido especializado, no início do século XX, estava carregado de conotações negativas. "Drogas", no novo uso, denotava substâncias perigosas que só deveriam ser administradas por um profissional médico. Utilizadas de maneira irresponsável, essas substâncias se aproveitavam das insuficiências dos seus usuários, valendo-se de tendências patológicas ou de fraquezas hereditárias para corroer sua força de vontade, sua saúde e seu poder moral. Os reformadores médicos e políticos frequentemente as incluíam entre os "hábitos degenerados" das "raças inferiores", que impediam o progresso da civilização ocidental moderna. Na década de 1920, depois de terem sido submetidas a controles legais, as "drogas" tinham assumido o conjunto de significados pejorativos – perigosas, estrangeiras, criminosas – com que o termo ainda hoje está carregado.

Ao longo do século XX, essas associações endureceram, reforçadas pelo avanço constante das leis internacionais antidroga; e, nesse processo, a sensação estimulante de possibilidade que as drogas que expandem a mente representavam numa época anterior desapareceu de vista. As "drogas" mais frequentemente lembradas da era anterior eram o ópio e os seus derivados mais potentes, morfina e heroína. De fato, elas haviam sido as mais utilizadas na medicina do século XIX e as mais referidas na sua literatura; eram também as mais problemáticas e as mais proeminentes nos argumentos que conduziram ao regime de controle de drogas do século XX. No entanto, no final do século XIX, muitas outras drogas ofereciam possibilidades ampliadas de explorar a mente: a euforia e a estimulação mental sem precedentes da cocaína; as epifanias cósmicas do óxido nitroso, do éter ou do clorofórmio; a intoxicação visionária da cannabis e de outras plantas há muito conhecidas em regiões distantes do globo.

Grande parte da literatura autoexperimental gerada por essas substâncias foi esquecida durante o século XX, mas alguns episódios permaneceram notórios demais para serem ignorados. Por que razão, por exemplo, Sigmund Freud fora um defensor tão entusiástico da cocaína? E por que William James continuava a insistir que os conhecimentos que obteve ao inalar óxido nitroso – gás do riso – eram fundamentais para a sua compreensão da consciência e da experiência mística? Na maior parte dos estudos do século XX sobre essas figuras relevantes na descoberta da mente moderna, suas experiências com drogas são descartadas com constrangimento (ou aproveitadas com alegria pelos seus detratores) como escapadelas de juventude ou erros de julgamento insensatos. Um estudo aclamado da carreira de William James, publicado em 1948, considerou a sua epifania com óxido nitroso como "a criança brincando com fósforos ou zombando irreverentemente dos devotos", e relegou-a a um capítulo intitulado "Traços mórbidos", em tradução livre.[13] O próprio Freud suprimiu seu trabalho sobre cocaína depois de a droga ter sido criminalizada, omitindo seus artigos sobre o tema da sua bibliografia; seu biógrafo Ernest Jones seguiu-o na minimização do episódio ao escrever, em três volumes e com autorização, sobre sua vida e obra. Em privado, julgou-o uma aberração: "ele estava apenas interessado no efeito mágico da droga, a qual usava muito".[14]

Explicações retrospectivas desse tipo nos dizem mais sobre os preconceitos do século em que foram escritas do que sobre os acontecimentos que descrevem. Freud e James trabalhavam numa época em que tais experiências não eram incomuns ou excêntricas; muitos dos seus contemporâneos faziam o mesmo e, de fato, consideravam a autoexperimentação uma marca de seriedade ou dedicação profissional. Pretendo recuperar esse contexto ausente situando as experiências e descobertas sobre drogas dessas figuras importantes ao lado das de seus contemporâneos menos famosos, tanto nas ciências da mente como nos mundos intelectuais mais vastos – da literatura à história da arte, da filosofia ao espiritualismo –, por meio das quais pensadores como Freud e James se movimentaram.

Esse conjunto de escritos sobre drogas do século XIX parece muito mais acessível no século XXI do que no século XX. É fácil estabelecer uma relação entre o fascínio atual pelos psicodélicos e outros estimulantes mentais com suas promessas de libertar as nossas mentes das restrições rígidas da vida moderna. Os primeiros psiconautas permaneceram no seu tempo em alguns aspectos óbvios: eram quase todos homens brancos com formação acadêmica, um reflexo do domínio desse grupo sobre a ciência do século XIX, razão pela qual aproveitei ao máximo as vozes femininas, da classe trabalhadora, não brancas e não ocidentais quando as encontrei. Noutros aspectos, porém, sua diversidade é evidente, e seus esforços constituem um episódio notável e, por incrível que pareça, pouco estudado da história intelectual do Ocidente.

No século XXI, o momento é propício para sua redescoberta. Nos trinta anos que se passaram desde que comecei a escrever sobre drogas, a nossa atitude em relação a elas mudou de maneira irreconhecível. Tomemos o exemplo de fumar as secreções do sapo do deserto de Sonora, que transitou dos confins da degenerescência intoxicada para se tornar a mais recente e muito badalada chegada ao concorrido mercado das terapias psicodélicas. Estudos clínicos exaltaram a promessa do "sapo" para o tratamento de depressão, ansiedade e estresse, conferindo ao seu ingrediente ativo, o 5-MEO-DMT, o improvável epíteto de "molécula de Deus".[15] Influenciadores globais e formadores de opinião, de Burning Man a Davos, tornaram-se seus evangelistas. Em 2019, Mike Tyson disse a Joe Rogan e aos 200 milhões de ouvintes de seu podcasts que fumar o sapo o tinha levado a percepções que mudaram a sua vida. O próprio Rogan classificou a experiência como o equivalente a quinze anos de psicoterapia. Em 2021, Hunter Biden, filho do presidente dos EUA, publicou um livro de memórias sobre a sua recuperação do abuso de substâncias, no qual atribui ao fato de ter fumado sapo, sob a orientação de um curandeiro espiritual numa casa de praia no México, o mérito de ter permanecido limpo durante um ano: "Foi uma experiência profunda", escreveu Biden: "conectou-me de uma maneira vivamente renovada a todos os que fazem parte da minha vida."[16] São tantos os autoproclamados xamãs que agora o oferecem como terapia comercial ou medicina sagrada nos desertos do sudoeste dos EUA e do norte do México que os conservacionistas e os grupos indígenas estão preocupados com o fato de o sapo do deserto de Sonora estar sendo explorado de forma insustentável no seu frágil hábitat natural. Em resposta, foi desenvolvido um processo para produzir o composto em forma sintética para uso em ensaios clínicos.[17]

A experiência produzida por fumar sapo é notoriamente inefável, mas Michael Pollan aceitou o desafio de descrevê-la no seu best-seller sobre a nova paisagem psicodélica, *How to Change your Mind* (2018) – "Como Mudar sua Mente", em tradução livre. A tarefa é a mesma que os experimentadores do século XIX com óxido nitroso ou éter enfrentavam quando se esforçavam para pôr em palavras uma viagem desencarnada que podia igualmente ter durado um segundo ou uma eternidade. Pollan relata a experiência avassaladora numa prosa cuidadosamente ponderada que faz lembrar os relatos clássicos de Humphry Davy ou William James:

> Não me lembro de alguma vez ter expirado, ou de ter sido deitado no colchão e coberto com um cobertor. De repente, senti uma tremenda descarga de energia encher-me a cabeça, acompanhada de um rugido punitivo... "Eu" já não existia, reduzido a uma nuvem de confetes por uma força explosiva que já não conseguia localizar na minha cabeça, porque tinha explodido também, expandindo-se para se tornar tudo o que existia. O que quer que fosse, não era uma alucinação. Uma alucinação implica uma realidade e um ponto de referência – e uma entidade para tê-la. Nenhuma dessas coisas restava.[18]

Há uma geração, a mesma autoexperimentação de Wade Davis e Andrew Weil foi condenada como uma violação irresponsável do protocolo científico. Hoje em dia, à medida que bilhões de dólares de pesquisa são investidos em psicodélicos medicinais e no melhoramento cognitivo, é tempo de reconhecer que o nosso recém-descoberto fascínio pelas drogas e pela exploração da consciência tem uma história mais profunda do que admitimos. Muitos dos seus defensores e praticantes o concebem como algo inteiramente novo, um produto da neurociência do século XXI e talvez o prelúdio de um futuro pós-humano neuroquimicamente transformado. Para outros, encontra uma base em culturas não ocidentais: nas práticas asiáticas tradicionais de meditação e atenção plena, ou no xamanismo e na sabedoria indígena sobre o Novo Mundo.

(Escrevi noutro lugar sobre algumas dessas tradições globais, mas o meu foco neste livro é o Ocidente moderno). Essas narrativas são todas sustentadas pelo pressuposto de que o envolvimento ocidental com as experiências com drogas é superficial, remontando, no máximo, aos anos 1960 e à adoção contracultural da transcendência e da autorrealização daquela década. No entanto, uma visão mais ampla revela que estamos reacendendo um fascínio duradouro pelas drogas e pela mente, que foi uma marca da modernidade ocidental há um século, mas que desapareceu da nossa memória coletiva durante o século XX, avesso às drogas.

Hoje em dia, as drogas são simultaneamente fetichizadas e demonizadas, e as nossas atitudes conflituosas em relação a elas refletem uma linha de fratura entre versões concorrentes da modernidade. "Moderno" não é um termo que possa ser reivindicado por uma época em particular, tampouco por um conjunto único e incontestado de valores. Desde que o conceito surgiu, durante o Renascimento, quando descrevia a nova fase da civilização que sucedia o mundo clássico e a Idade das Trevas, tem sido evocado durante períodos de transformação acelerada, quando a tradição está sendo eclipsada por novos modos de pensar e de viver. A velocidade do progresso no século XIX foi sem precedentes, e as drogas tornaram-se símbolos potentes tanto dos seus sonhos como dos seus pesadelos. A noção de modernidade que se impôs no início do século XX era a de que as drogas representavam uma ameaça existencial. Agora, um século mais tarde, elas estão novamente carregadas de possibilidades de expandir nossas mentes, restaurando nossa saúde e permitir-nos descobrir o nosso "eu" autêntico.

O longo percurso da modernidade foi exaustivamente analisado pelo filósofo canadense Charles Taylor, cujo trabalho busca traçar a viagem desde a visão do mundo medieval, em que habitávamos o lugar que nos era atribuído num esquema divino, até uma modernidade secular, em que a identidade pessoal é algo que construímos por nós mesmos. Em seu estudo mais consistente, *Sources of the Self* (1989) – "As fontes do Self – A construção da identidade moderna" –, Taylor tentou enumerar as caraterísticas distintivas da mente moderna: tal como a definiu, "os sentidos de interioridade, liberdade, individualidade e inserção na natureza que se sentem em casa no Ocidente moderno".[19] Esse eu moderno, de acordo com a análise de Taylor, vê-se como possuidor de profundezas interiores que merecem ser exploradas; preza pela autenticidade e a originalidade; enxerga a natureza como benigna e restauradora. É impressionante como esses valores refletem de perto a atração exercida pelas drogas que alteram a consciência no século XXI.

No entanto, como mostra Taylor, essas preocupações não são recentes: são o culminar de um processo histórico que tem estado em movimento desde o Iluminismo e que se enraizou firmemente na cultura popular durante a era romântica. Foi durante o século XVIII, argumenta, que os europeus passaram a valorizar a experiência interior e a analisar os mecanismos de sensação e percepção que a criaram. Durante o século XIX, esse impulso ampliou-se e aprofundou-se com o movimento romântico, que privilegiava "os poderes reflexivos que são centrais para o sujeito moderno, aqueles que lhe conferem os diferentes tipos de interioridade, os poderes da razão desvinculada e a imaginação criativa".[20] Nessa visão panorâmica, o tabu do século XX sobre o uso de drogas para explorar a mente aparece como um hiato na longa busca pelo nosso "eu" moderno – e o atual renascimento do interesse por elas, como o recomeço de uma história muito mais antiga.

PARTE I

O NOVO ACELERADOR

AS DROGAS E O APERFEIÇOAMENTO MENTAL

1. O vinho de coca, preparado pela imersão da folha que contém cocaína em vinho borgonha, era um produto popular nas farmácias do século XIX, comercializado como "O Elixir da Vida".

Fonte: Duda Hardy, www.visitpham.org – Museu de Arte da Filadélfia.

Capítulo Um

O ELIXIR DA VIDA

EM 30 DE ABRIL DE 1884, SIGMUND FREUD RECEBEU O seu primeiro grama de cocaína por correio da empresa farmacêutica Merck, em Darmstadt. Foi surpreendido pelo preço exorbitante – 3 gulden 33 kreuzer, cerca de dez vezes mais do que tinha previsto –, mas encomendou do mesmo jeito. Como escreveu à sua noiva, Martha Bernays, estava apenas a um "golpe de sorte" de um avanço na carreira, e "você sabe que, quando se persevera, mais cedo ou mais tarde se consegue".[1] Nos seus aposentos sujos de estudante no Hospital Geral de Viena, mediu 50 mg do pó cristalino, dissolveu-o em água e engoliu-o, notando imediatamente que "tem um sabor um tanto amargo e produz um efeito anestésico nas membranas mucosas".[2]

O "episódio da cocaína" de Freud é talvez a experiência de autoexperimentação com drogas mais bem lembrada do final do século XIX e a mais consistentemente mal compreendida. Do ponto de vista atual, parece desconcertante que o mais célebre cartógrafo (ou *conquistador*, para usar o seu próprio termo)[3] da mente moderna tenha apostado a sua reputação profissional numa droga que hoje associamos a excessos egocêntricos, festas selvagens e cartéis criminosos latino-americanos. Mas, em 1884, Freud, com vinte e oito anos, era apenas um estudante de medicina sobrecarregado, e não a figura magistral que viria a ser, e a cocaína ainda não era a droga demonizada do século XX. Embora as suas

2. Sigmund Freud e sua noiva, Martha, em 1885.

Fonte: Biblioteca do Congresso, Divisão de Impressões e Fotografias (https://lccn.loc.gov/97519844).

investigações sobre ela tenham acabado em desgraça e ele as tenha posteriormente renegado, tinha boas razões para esperar que a droga pudesse ser um remédio soberano para as doenças da vida moderna.

Tinha também boas razões para decidir que a investigação científica do seu potencial deveria começar com experiências do pesquisador em si mesmo. Essa era uma prática que remontava aos primórdios da ciência ocidental, mas a autoexperimentação de Freud marcou um momento em que a sua legitimidade estava sendo posta à prova. As drogas que produziam efeitos marcantes na mente – alterando o humor, os pensamentos, os sentimentos e as percepções – eram assuntos legítimos e, muitas vezes, altamente produtivos para o estudo científico, mas lançavam problemas específicos. As provas que geravam não eram mensuráveis ou verificáveis e só podiam ser dadas a partir da perspectiva do seu sujeito. A autoexperimentação sempre foi uma prática que dividiu os investigadores em dois, tornando-os simultaneamente observadores e sujeitos, e obrigando-os a negociar um equilíbrio entre o subjetivo e o mensurável. Freud tentava encontrar esse equilíbrio numa época em que a autoridade do cientista treinado se confundia com a defesa comercial de uma indústria farmacêutica em expansão e novas e poderosas drogas que alteravam a mente surgiam mais rapidamente do que as questões – por elas suscitadas – podiam ser respondidas. O cientista que usava drogas era um para-raios para essas controvérsias, tanto nos mundos em rápida mudança da farmácia e da medicina quanto entre um público ansioso, porém fascinado.

Em toda a Europa e nos Estados Unidos, a década de 1880 foi de velocidade e aceleração. O primeiro bonde elétrico apareceu nas ruas de Berlim em 1879 e, nos Estados Unidos, em Cleveland, Ohio, em 1884. As cidades eram atravessadas por ciclistas; o campo, por comboios; os mares, por transatlânticos. O sistema telegráfico estendia os seus filamentos por todo o mundo, fazendo com que o preço das mercadorias em cada porto fosse conhecido instantaneamente. Os relógios de bolso eram vendidos aos milhões, uma vez que os trabalhadores precisavam sincronizar seus planos, coordenar os horários das viagens e gerir seu tempo de maneira precisa. Era uma nova forma de viver – e muitos acreditavam que ela impunha ao cérebro e ao sistema nervoso uma tensão para a qual a humanidade não estava preparada nem adaptada. Novos termos de diagnóstico, como "coluna vertebral ferroviária" e "cara de bicicleta", foram cunhados para síndromes específicas atribuídas ao movimento em velocidade, enquanto o estresse generalizado da vida moderna foi captado no diagnóstico de "neurastenia", um termo popularizado em 1869 pelo neurologista e médico americano George Miller Beard.

Beard era um indivíduo poderoso, concentrado e enérgico, com uma confiança ilimitada no poder explicativo da ciência. Não foi ele que inventou o termo, mas foi o primeiro a descrever a neurastenia como uma doença orgânica distinta e a diagnosticar sua causa como sendo a própria modernidade. Descreveu seus mecanismos biológicos com pormenores precisos. Desde o século XVIII, quando Luigi Galvani demonstrou que as pernas de rãs dissecadas podiam contrair ao passar uma corrente elétrica através delas, já se reconhecia que o sistema nervoso era movido por forças elétricas. À medida que a teoria elétrica se desenvolvia, incentivou um modelo paralelo de anatomia, em que o cérebro era uma bateria voltaica que regulava a força elétrica do corpo e os nervos eram os fios que a transmitiam. Daí surgiu a ideia de uma "economia nervosa": se a energia nervosa fosse gasta mais rapidamente do que acumulada, a consequência inevitável seria a "exaustão nervosa" e o colapso do sistema.[4]

Os sintomas da neurastenia podiam variar muito, mas incluíam geralmente ansiedade, tonturas, dores de cabeça, indigestão, crises nervosas, fadiga crônica, confusão mental, insônia e impotência. Nenhum desses sintomas era novo, mas no seu best-seller *American Nervousness* (A nervosidade americana), de 1881, Beard apontou repetidamente a razão pela qual tinham atingido proporções epidêmicas:[5] o ritmo de vida e as exigências dos negócios e da indústria estavam empurrando a máquina humana para além dos seus limites naturais. A onipresença dos relógios de bolso era simultaneamente um sintoma e uma causa da doença:

> A perfeição dos relógios e a invenção dos relógios de pulso têm algo a ver com o nervosismo moderno, uma vez que nos obrigam a ser pontuais e estimulam o hábito de olhar para o momento exato, de modo a não nos atrasarmos para viagens ou compromissos... Um homem nervoso não pode tirar o relógio e olhar para ele quando se aproxima a hora de um compromisso ou de tomar um trem, sem afetar o seu pulso, e o efeito sobre esse pulso, se pudéssemos medi-lo e pesá-lo, seria correlacionado com uma perda para o sistema nervoso.[6]

A tecnologia moderna forneceu a Beard uma metáfora atual para esse processo. "A luz elétrica de Edison", escreveu ele, "está agora suficientemente avançada em termos experimentais para nos dar a melhor ilustração possível dos efeitos da civilização moderna no sistema nervoso."[7] O metabolismo humano, tal como um circuito elétrico, contém reservas finitas de energia. Quando o circuito está cada vez mais carregado, chega um ponto em que "a quantidade de força é insuficiente para manter todas as lâmpadas ativamente acesas... essa é a filosofia do nervosismo moderno".[8] A difusão acelerada da imprensa e da informação, o aumento da educação intensiva e os avanços científicos que estavam redesenhando a vida quotidiana: "Tudo isso são tantas lâmpadas adicionais interpostas no circuito, e são fornecidas à custa do sistema nervoso, cujo poder dinâmico não aumentou correspondentemente".[9]

A neurastenia tornou-se a doença da época, não só pelos esforços de Beard e de seus colegas especialistas em nervos, mas também por exigência do público. A maioria dos diagnósticos de doenças mentais carregava um poderoso estigma de insanidade ou fraqueza moral. O diagnóstico de neurastenia, pelo contrário, implicava um sentido de martírio ou heroísmo: uma acumulação de estresse externo que o doente tinha combatido corajosamente até a exaustão, quando os seus nervos cederam. Os sintomas eram extremamente comuns e, ao contrário de outras doenças corriqueiras – por exemplo, a tuberculose ou a cólera, para as quais o médico alemão Robert Koch tinha recentemente identificado causas microbianas –, não existia qualquer marcador biológico ou teste médico para confirmar ou rejeitar o diagnóstico. O próprio Beard tratou-a com eletrodos, que faziam passar uma ligeira corrente pelo corpo, um método que obteve algum sucesso, embora suspeitasse que parte desse sucesso se devesse a uma "terapêutica mental", aquilo a que hoje chamaríamos o efeito placebo. O único remédio real, acreditava ele, era uma transformação radical da sociedade para reduzir as tensões intoleráveis acumuladas sobre os seus cidadãos e promover o aparecimento de uma nação menos neurótica e mais saudável.

Sigmund Freud diagnosticou-se como neurastênico e atribuiu sua condição a uma carreira que o tinha deixado sobrecarregado, estressado, exausto e frequentemente deprimido. Levou oito anos para concluir seu doutorado em medicina, em vez dos habituais cinco, porque, ao mesmo tempo, fazia investigação laboratorial sobre as fibras nervosas dos invertebrados: avançava em duas direções, uma voltada ao um consultório privado, como neurologista, e outra à vida acadêmica. Sua análise inicial da literatura médica sobre a cocaína – que, a essa altura, se resumia sobretudo a estudos sobre sua fonte natural, as folhas do arbusto de coca andino – sugeria que esta tinha sido "quase universalmente eficaz na melhoria das perturbações funcionais que atualmente agrupamos sob o nome de neurastenia".[10] À medida que prosseguia com suas pesquisas e experiências, convenceu-se de que a droga poderia ser capaz de fornecer exatamente aquilo que Beard acreditava faltar ao sistema nervoso humano: um meio de aumentar sua capacidade, em vez de se limitar a dar um impulso temporário às suas energias ao preço de esgotamento e exaustão subsequentes. Se todos os sintomas variados da neurastenia derivassem da mesma causa – um déficit de energia nervosa –, o medicamento certo poderia aliviar a todos.

"É um fato bem conhecido", observou Freud no seu primeiro relatório publicado sobre o assunto, "Über Coca" (Sobre a coca), de 1884, "que os psiquiatras têm à sua disposição uma ampla oferta de medicamentos para reduzir a excitação dos centros nervosos, mas nenhum que possa servir para aumentar o funcionamento reduzido dos centros nervosos."[11] A farmacopeia do século XIX era, a essa altura, rica em narcóticos e sedativos: ao ópio, o antigo produto de base, tinha-se juntado o seu extrato puro e concentrado, a morfina, bem como vapores anódinos como o éter e o clorofórmio, além do poderoso composto sedativo hidrato de cloral. As combinações dessas drogas em medicamentos patenteados, prescritos por médicos e vendidos no balcão das farmácias, foram amplamente utilizadas para tratar sintomas neurastênicos, como a exaustão, a ansiedade e o excesso de trabalho. Mas esses remédios eram apenas paliativos que permitiam aos pacientes um alívio temporário antes que a disputa desigual entre a civilização moderna e o sistema nervoso humano recomeçasse. Um estimulante que alterasse a equação, acrescentando energia ao sistema, poderia oferecer uma cura genuína.

Freud não foi, naturalmente, a primeira pessoa a investigar essa possibilidade. Várias drogas haviam sido utilizadas como estimulantes, mas cada uma tinha os seus limites. O mais facilmente disponível era o álcool, amplamente utilizado na medicina, inclusive como um estimulante em casos de exaustão, ferimentos e fraqueza. Mas o aumento de energia que proporcionava era de curta duração, sendo sucedido por uma depressão do sistema metabólico que frequentemente causava uma recaída na debilidade e no estupor.

Ao contrário de outras regiões do globo, onde existiam plantas que continham cafeína e outros estimulantes como a coca, o khat ou o bétel, a flora da Europa ocidental não possuía estimulantes energéticos nativos e, quando o chá, o café e o chocolate chegaram, no século XVII, foram saudados como maravilhas médicas. Eram, na frase paradoxal da época, "intoxicantes sóbrios", capazes de reanimar os doentes, energizar os saudáveis, aumentar a resistência, aguçar a mente e banir o sono. No entanto, em grandes quantidades, estimulavam demasiadamente, provocando efeitos secundários desagradáveis, como tremores nervosos, suores e batimentos cardíacos acelerados, sobrecarregando o sistema nervoso em vez de estimulá-lo.

Esses efeitos de doses elevadas foram descritos pelo escritor e prodigioso consumidor de café Honoré de Balzac, que bebia dezenas de xícaras por dia enquanto escrevia seus romances e que, no seu *Treatise on Modern Stimulants* (Tratado dos Excitantes Modernos), de 1839, admitia que "o consumia em quantidades tais que me permitiram observar seus efeitos a uma escala épica".[12] O consumo de café de Balzac aumentou até ao ponto em que "finalmente, descobri um método terrível e cruel, que só recomendaria a homens de força excessiva":[13] engolir punhados de grãos de café moídos sem água, com o estômago vazio, até que

> tudo se agita: as ideias marcham como os batalhões de um grande exército para o campo onde a batalha começou. As recordações avançam, com as bandeiras hasteadas; a cavalaria ligeira das comparações avança a um galope magnífico; a artilharia da lógica precipita-se com o seu comboio e suas cargas; os gracejos aparecem como franco-atiradores; as personagens erguem-se; o papel se cobre de tinta, porque a noite começa e acaba com uma torrente de água negra, como a batalha com sua pólvora.[14]

Balzac conseguiu proezas impressionantes de produção literária sob essas doses, mas foi uma vitória de Pirro: um assalto ao estômago e ao cérebro que provocou "suores terríveis" e "um sistema nervoso enfraquecido", que o levou, por fim, a abandonar seus experimentos. Os efeitos da cafeína nesse nível de intensidade eram frenéticos e instáveis, dissipando-se muito facilmente em impaciência, frustração e raiva. Tal como o álcool, a cafeína também cobrava o seu empréstimo temporário de energia com juros: era impossível, no dia seguinte, ignorar a constatação de que "o café queria uma vítima".[15]

Durante a década de 1850, uma série de "tônicos para os nervos" surgiu nas farmácias, mas todos eram tóxicos e autolimitantes. A estricnina foi promovida como um remédio, em três pequenas doses por dia: em 1884, quando Freud iniciava as suas experiências, o poderoso cientista britânico T. H. Huxley acrescentou-a ao seu regime de tratamento da exaustão: "Suponho que todo mundo comece a vida com um certo capital de energia, e que meus hábitos caros tenham reduzido o meu".[16] O arsênico era outro tônico químico, o ingrediente ativo de medicamentos patenteados comuns, como a solução de Fowler: dez gotas, três ou quatro vezes por dia, podiam restaurar os nervos, mas também provocar sintomas neurastênicos, como náuseas, fadiga e dores de cabeça. O Calomel – óxido de mercúrio, distribuído sob a forma de "comprimidos azuis" – era recomendado para aumentar a energia nervosa, bem como para tratar a inflamação e a rigidez, mas também era tóxico em doses que não fossem pequenas.

Os tratamentos para a neurastenia também englobavam um mercado próspero de aparelhos elétricos, que alegavam estimular o sistema por meio da passagem de corrente pelo corpo, e, na época de Freud, os pesquisadores médicos exploravam terapias medicamentosas muito mais alarmantes do que a cocaína. Charles-Edouard Brown-Séquard, professor de medicina no Collège de France, em Paris, vinha realizando, há alguns anos, experiências com extratos glandulares, mais especificamente de testículos de animais, com base na sua convicção de que as energias vitais se concentravam no sêmen e nas glândula0s que o produziam. "Se fosse possível", especulou ele em 1869, "injetar sêmen no sangue de homens idosos, obteríamos provavelmente manifestações de atividade acrescida no que diz respeito às faculdades mentais e a várias faculdades físicas."[17] Em 1889, com setenta e dois anos de idade, Brown-Séquard anunciou aos membros da Société de Biologie, em Paris, que tinha feito uma preparação de sêmen, sangue e testículos esmagados de cães e porquinhos-da-índia e que havia administrado em si mesmo um ciclo de dez injeções subcutâneas. Relatou um retorno do vigor juvenil e um aumento da "facilidade de trabalho intelectual", embora não pareça plausível que o seu soro pudesse ser biologicamente ativo.[18] No entanto, sua "organoterapia" tornou-se moda em toda a Europa e América e foi apresentada pelos terapeutas não apenas como um remédio para a neurastenia, mas – numa frase também utilizada pelos comerciantes de coca e de produtos à base de cocaína – como "o elixir da vida".

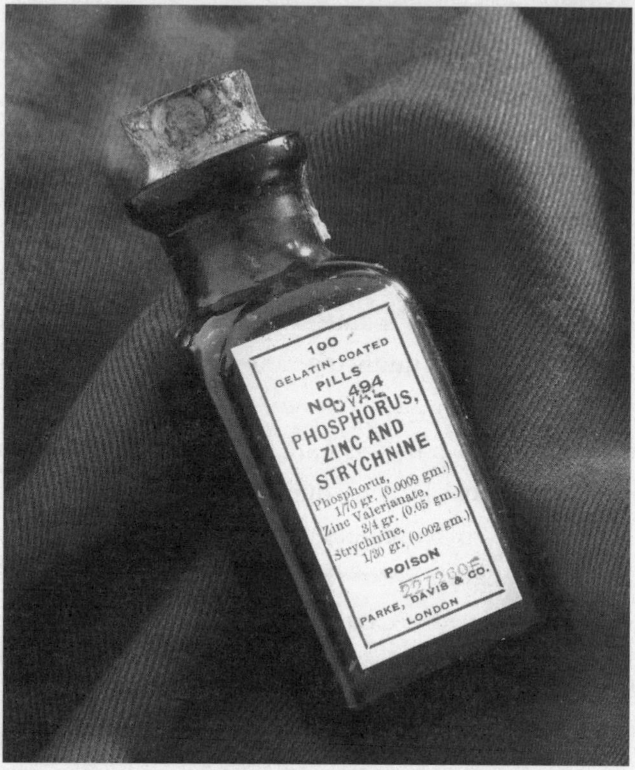

3. A cocaína chegou a um mercado em que venenos como a estricnina, o arsênico e o mercúrio eram vendidos como estimulantes nervosos.

Fonte: Museu da Ciência, Londres. Atribuição 4.0 Internacional Creative Commons (CC BY-NC-SA 4.0), Parke, Davis and Company Limited.

Quando comparada com os venenos vendidos nos balcões das farmácias, os espartilhos eletropáticos ou as autoexperiências de Brown-Séquard, a investigação de Freud sobre os poderes estimulantes da cocaína não parece imprudente, mas positivamente sóbria. Historiadores e biógrafos, bem como o próprio Freud mais velho, foram rápidos em citar a ambição juvenil como motivo principal para a sua investigação; porém, se ele tinha uma veia impetuosa, também tinha uma cautelosa. Quando ficou noivo de Martha Bernays, pediu-lhe que bordasse para ele duas peças, ou "placas votivas", para alegrar as paredes dos seus monótonos aposentos na universidade. Numa delas, lia-se: "Travailler sans raisonner"

("Trabalhar sem raciocinar") – uma receita para a neurastenia – e na outra "En cas de doute abstiens-toi" (Em caso de dúvida, abstenha-se").[19] O noivado com Martha, filha de uma família judaica mais abastada e de posição social superior à sua, teve um caráter romântico, que ele exaltou com estilo literário em suas cartas – mas também refletia sua intensa ambição de sucesso. Se a cocaína lhe trouxesse fortuna, pavimentaria o caminho para um casamento vantajoso. Mas o seu desejo de fama coexistia com a sua injunção de autocontrole. Suas autoexperiências passaram a ser vistas como impetuosas e excessivas, mas, em retrospectiva, sua falha mais grave foi a relutância em testar a nova droga até seus limites.

A primeira carta de Freud a Martha sobre o tema da cocaína registra seus primeiros passos. A droga chamou sua atenção pela primeira vez após um relatório publicado numa revista médica, a *Deutsche Medicinische Wochenschrift*, no ano anterior. Um médico do exército, Theodor Aschenbrandt, tinha adicionado secretamente cocaína às bebidas dos seus recrutas bávaros durante o exercício anual de armamento e observou que ela os tornava mais capazes de suportar a fome, o calor, o exercício extenuante e as marchas.[20] Freud ficou sabendo que, em 1860, a cocaína tinha sido isolada das folhas da planta da coca, que lhe deu o nome; desde então, estava disponível no catálogo farmacêutico da Merck, mas pouco estudada. Seu elevado preço era um fator desestimulante, especialmente porque as avaliações dispersas sobre a potência da folha de coca eram inconclusivas. Muitas das amostras enviadas da América do Sul para a Europa ao longo dos anos perderam suas propriedades estimulantes durante a viagem, e alguns químicos concluíram que os efeitos a ela reputados se baseavam em relatos exagerados dos nativos dos Andes.

Nos Estados Unidos, porém, a cocaína era promovida com entusiasmo, sobretudo na *Therapeutic Gazette*, uma revista mensal publicada em Detroit sob a égide da empresa farmacêutica Parke-Davis. A Parke-Davis tinha criado uma gama insuperável de produtos medicinais, muitos deles extraídos de fontes vegetais: seu best-seller, o laxante cascara, era derivado de uma casca há muito utilizada medicinalmente pelos povos indígenas do noroeste do Pacífico. Em 1880, a *Therapeutic Gazette* publicou um testemunho entusiástico sobre a cocaína escrito pelo médico W. H. Bentley, que a recomendava para o tratamento do uso habitual de ópio, morfina e álcool. A cocaína, escreveu Bentley, era "capaz de produzir sentimentos mentais mais exaltados, muito mais extáticos do que qualquer coisa jamais experimentada com o uso do ópio ou do álcool"; e, ao contrário dessas outras drogas, "seus efeitos desaparecem gradualmente após algumas horas, deixando uma sensação de serenidade flutuante, que não é sucedida por uma depressão".[21]

Bentley anexou uma série de casos: como era habitual nas revistas ligadas a empresas farmacêuticas, todos eram curas bem-sucedidas. Em 1884, a Parke-Davis acrescentou uma tintura de coca ao seu catálogo e enviou o seu investigador botânico mais experiente, Henry Hurd Rusby, para a Bolívia, com instruções para assegurar um grande fornecimento de folhas de coca. Rusby trouxe de volta um enorme carregamento de 200.000 folhas, mas descobriu, tal como outros antes dele, que a maioria tinha sido danificada na viagem. Começou, então, a desenvolver uma técnica para preservar a produção de cocaína, produzindo um extrato rudimentar, porém estável, em laboratórios improvisados na América do Sul. Com o seu novo fornecimento de cocaína farmacêutica, a Parke-Davis estava pronta para se tornar o maior fornecedor mundial e baixar seu preço exorbitante.

O artigo de Aschenbrandt direcionou Freud para a literatura existente sobre a folha de coca em espanhol, alemão e italiano. Grande parte dela provinha de experiências próprias e tinha sido anteriormente registrada pelo explorador aristocrático e bioquímico Barão Ernst von Bibra, em sua monografia de 1855, *Plant Intoxicants* (*Plantas intoxicantes*, em tradução livre). Von Bibra viajou muito pela América do Sul antes de se estabelecer na vida doméstica no castelo da sua família na Baviera, rodeado por sua extensa coleção de arte e arquitetura, onde instalou um grande laboratório doméstico no qual analisava o conteúdo de plantas, alimentos e drogas. Seu relato sobre a coca citava extensivamente o botânico Eduard Pöppig, que tinha viajado pelos Andes na década de 1830 e apresentava a folha não como um estimulante benéfico, mas como o hábito deletério de uma raça primitiva. "Quanto mais baixas são as faculdades mentais de uma nação", escreveu Pöppig, "mais grosseiros são os narcóticos que lhe dão prazer". Segundo o seu relato, os consumidores habituais de coca tornavam-se pálidos, fracos e doentes, o que os levava a definhar e, no entanto, "nunca foi possível quebrar o vício de um *coquero*, como é chamado, no Peru, um verdadeiro viciado em coca".[22]

A experiência pessoal de Von Bibra foi bem diferente: "O julgamento de Pöppig parece-nos bastante duro e severo, tanto no que diz respeito aos efeitos psicológicos quanto aos fisiológicos".[23] Durante sua própria visita, teve várias oportunidades de "conhecer os prazeres de um verdadeiro *coquero*" e de dominar a delicada técnica de mastigar a folha em combinação com o pó de cal apagada, que liberta seus alcaloides. Observara a sua utilização como auxiliar da energia e da produtividade, mastigada pelos trabalhadores agrícolas e, sobretudo, pelos que efetuavam longas viagens a pé. No entanto, von Bibra tinha constatado pessoalmente que seus efeitos estimulantes eram modestos: para além de uma ligeira perda de apetite, não notou "qualquer sensação em mim que pudesse indicar uma excitação nervosa".[24]

Um relatório muito mais extenso, e aquele que influenciou Freud de forma mais poderosa, foi o do neurologista italiano Paolo Mantegazza, que exerceu a profissão de médico na Argentina e no Paraguai na década de 1850 e fez uma autoexperimentação com as plantas estimulantes locais, guaraná e coca. Ao contrário de von Bibra, Mantegazza apreciou imediatamente os efeitos estimulantes da coca e perseguiu-os vigorosamente. "Logo que se mastiga uma ou duas dracmas",[25] escreveu na sua monografia de 1859 "On the hygienic and medical values of coca" (Sobre os valores higiênicos e medicinais da coca),

> a excitação nervosa é sempre seguida de movimentos exagerados ou violentos, e sempre irregulares; há uma confusão geral de pensamentos e de atividade muscular, enquanto na embriaguez produzida pela coca parece que a nova força vai gradualmente encharcando o organismo em todos os sentidos, como uma esponja se encharca de água. Assim, o prazer do período consiste quase completamente numa maior consciência de estar vivo.[26]

Mantegazza encontrou na coca não um estimulante produtivo para o eu sóbrio, mas um estado de consciência radicalmente alterado. Ao contrário da cafeína, doses mais elevadas não provocavam uma sobre-estimulação, mas, sim, efeitos cada vez mais agradáveis e notáveis. Ao mastigar 8 dracmas num dia e mais 10 na mesma noite, o máximo que conseguia fisicamente, atingiu o que chamou "o delírio da intoxicação por coca, e devo confessar que achei esse prazer muito superior a todas as outras sensações físicas que conhecia anteriormente".[27] Antes da dose da noite, registrou a sua pulsação em 83 por minuto; meia hora depois, tinha subido para 120. Sentia-se extremamente feliz e, ao fechar os olhos, foi presenteado com "a mais esplêndida e inesperada fantasmagoria", imagens caleidoscópicas que se sucediam demasiadamente depressa para serem registradas, ou mesmo para serem comunicadas rapidamente ao colega ao lado. Tentou transcrevê-las, mas a cada imagem captada, dez lhe escapavam:

> Uma caverna de renda, através da entrada da qual se vê, ao fundo, uma tartaruga dourada sentada num trono feito de sabão...
>
> Um batalhão de canetas de aço lutando contra um exército de saca-rolhas...
>
> Um relâmpago, constituído por fios de vidro, perfurando um queijo parmesão inteiro coroado de hera e frutas silvestres...
>
> Um tinteiro de açafrão do qual nasce um cogumelo de esmeralda cravejado de frutos rosa...
>
> Uma escada de papel mata-borrão, forrada de cascavéis, de onde descem, aos saltos, vários coelhos vermelhos com orelhas verdes...[28]

Mantegazza abraçou as propriedades eufóricas e visionárias da coca, que o convenceram de que "tudo isso será uma grande ciência num futuro próximo".[29] O desejo e a capacidade de êxtase foram uma constante ao longo da história humana, mas ele acreditava que os seus limites ainda tinham margem de exploração. Quando regressou à Itália, tornou-se professor de medicina em Pavia, fundou a Sociedade Antropológica Italiana e começou a trabalhar num estudo de grande envergadura sobre a embriaguez e a natureza humana, que chegou a 1200 páginas quando foi publicado em 1871. A sua extensa categoria de inebriantes incluía estímulos não químicos, como a alegria, o amor, a ambição, a juventude e o êxtase religioso: "Cada paixão", argumentou, "pode ter um paroxismo semelhante à embriaguez".[30] Colocou o prazer produzido por drogas como a coca no centro da sua visão de um futuro progressivo, em que a humanidade atingiria uma nova forma de "embriaguez causada pela clarividência e pelo otimismo". À medida que a ciência avançasse, a natureza e a química revelariam "mil novos nutrientes nervosos" e surgiria uma sociedade em que "os homens terão sempre festas e embriaguez".[31] Mantegazza continuou a consumir cocaína de forma "sábia e copiosa" até a idade avançada.[32]

Em seu primeiro artigo sobre o tema, em 1884, "Über Coca", Freud adotou um estilo literário surpreendentemente inovador, muito diferente de tudo o que viria a escrever posteriormente, que buscava equilibrar a abordagem sóbria e quantitativa das investigações de Aschenbrandt com as qualidades inebriantes das de Mantegazza. Começou com uma botânica e uma história da planta da coca escritas de maneira convencional, mas, na seção fisiológica, denominada "Os efeitos da coca no corpo humano saudável", mudou abruptamente para um testemunho na primeira pessoa: "Realizei experimentos e estudei, em mim mesmo e em outros, os efeitos da coca no corpo humano saudável; minhas conclusões concordam fundamentalmente com a descrição de Mantegazza sobre os efeitos das folhas de coca".[33] Descreveu a sua primeira dose com precisão clínica – 0,05g de cocaína numa solução de água a 1 por cento –, mas depois mudou de voz mais uma vez, para a forma de conversação indireta:

> Alguns minutos após a ingestão de cocaína, experimenta-se uma súbita alegria e uma sensação de leveza. Sente-se uma certa pelugem nos lábios e no palato, seguida de uma sensação de calor nas mesmas zonas; se beber água fria, sente-se calor nos lábios e frio na garganta.[34]

Ao passar dos efeitos físicos para os efeitos psíquicos, a voz muda de novo, alternando agora o discurso pessoal ao leitor com o tom impessoal da autoridade científica:

> O efeito psíquico do *cocaïnum muraticum* em doses de 0,05-0,10g consiste em excitação e euforia duradoura, que não difere em nada da euforia normal de uma pessoa saudável. A sensação de excitação que acompanha o estímulo do álcool está completamente ausente; o impulso caraterístico para a atividade imediata que o álcool produz também está ausente. Sente-se um aumento do autocontrole, mais vigoroso e capaz de trabalhar; por outro lado, se se trabalha, perde-se o aumento das faculdades mentais que o álcool, o chá ou o café proporcionam. Está-se simplesmente normal e, logo, torna-se difícil acreditar que se está sob a influência de qualquer droga.[35]

Por vezes, Freud descreve a cocaína com uma energia ofegante, destinada a transmitir as sensações subjetivas produzidas pela droga e a convidar o leitor a partilhar o reconhecimento franco dos seus prazeres. Noutras, descreve-a como um "intoxicante sóbrio", sem efeitos subjetivos significativos.

Em algumas passagens, o tom é de objetividade e de distanciamento profissional; noutras, é de confissão pessoal, em que reivindica a autoridade da experiência. A forma conversacional neutra ocupa um meio-termo escorregadio entre os dois: íntimo e direto, mas que, numa inspeção atenta, não se baseia firmemente em provas ou experiência.

Essas mudanças de estilo foram uma solução cuidadosamente modulada para os paradoxos da autoexperimentação, que eram bem reconhecidos. Ernst von Bibra, da mesma forma, tinha comentado, em seu ensaio sobre a coca, que "duas pessoas, por assim dizer, parecem estar presentes, uma sentindo todos os efeitos da narcose, a outra consciente deles".[36] Ele poderia ter acrescentado uma terceira perspectiva: a do autor, equilibrando as vozes do observador e do sujeito para apresentar a experiência ao leitor. Olhando para suas investigações sobre a cocaína, Freud seria mais específico: "Percebo que tais auto-observações têm a desvantagem, para a pessoa que as conduz, de reivindicar dois tipos de objetividade", a perspectiva do investigador e a do sujeito experimental.[37] Mas essas mudanças de estilo também refletiam a ambição de Freud de se dirigir a várias audiências diferentes ao mesmo tempo: os seus colegas médicos e superiores, o comércio farmacêutico – do qual dependeria o sucesso ou o fracasso da cocaína – e o público em geral, que seria seu eventual cliente. Ele tentava se apresentar simultaneamente como um especialista médico, um vendedor de um novo e revolucionário medicamento e um *conquistador* da mente. Ao fazê-lo, precisava unir duas escolas opostas do método autoexperimental que tinham coexistido desde as origens da ciência moderna: uma exigindo distância profissional do sujeito das suas investigações, a outra empurrando-o mais profundamente para o terreno da introspeção e da subjetividade.

"Nullius in Verba"[I]: o lema da Royal Society, adotado no ensejo da sua fundação em 1660, colocava a experiência no centro da revolução científica. Anunciava que nada devia ser tomado por ouvir dizer: as evidências diretas, geradas pela experiência e pela observação em primeira pessoa, deveriam substituir a tradicional confiança nas autoridades clássicas e escolásticas. As experiências, por sua vez, deviam ser confirmadas por replicação. Quando eram demonstradas no espaço semipúblico da Royal Society, era fornecido um livro de registro para que as testemunhas depusessem e confirmassem o que tinham visto. Os leitores das *Atas* publicadas pela Sociedade eram convidados a repetir eles próprios as experiências e a escrever com provas que as confirmassem ou negassem.

As principais figuras da Royal Society, incluindo Robert Boyle e Isaac Newton, desenvolveram teorias mecânicas e materiais que criaram uma distinção entre dois tipos diferentes de provas. As qualidades "primárias", como o tamanho, a forma ou o peso, eram diretamente mensuráveis e, como diríamos hoje, objetivas; as qualidades "secundárias" eram as que descreviam as sensações e respostas humanas, como a textura, o sabor ou o sentimento. As investigações da Sociedade favoreciam a

[I] Em latim no original. "Não confiamos na palavra de ninguém", em tradução livre.

demonstração das qualidades primárias, mas a sensação e a percepção eram campos legítimos de investigação, e certas classes de dados só podiam ser demonstradas através da autoexperimentação. Num exemplo famoso e ilustrativo, quando Isaac Newton quis determinar se uma mudança na curvatura do olho apresentaria uma imagem distorcida para o observador, pegou numa agulha grande, ou bodkin, e

> colocou-a entre o meu olho e o osso, o mais próximo possível da parte de trás do olho, e, pressionando o meu olho com a extremidade da agulha (de modo a fazer a curvatura a, b, c, d, e, f no meu olho), apareceram vários círculos brancos, escuros e coloridos r, s, t etc. Esses círculos eram mais claros quando eu continuava a esfregar o meu olho com a ponta do bodkin, mas, se eu mantivesse o meu olho e o bodkin parados, embora continuasse a esfregar o meu olho com ele, os círculos ficavam fracos e muitas vezes desapareciam, até que eu os renovasse movendo o meu olho ou o bodkin.[38]

As letras são chaves para o desenho que acompanha Newton, que mostra a forma do olho recortado. Não era possível apresentar provas diretas dos círculos coloridos, uma vez que só existiam na mente de Newton, mas os seus colegas filósofos não eram obrigados a aceitar simplesmente a palavra do físico. As descrições foram feitas de tal forma que qualquer cético, se assim o desejasse, poderia repetir a experiência em si mesmo.

O mesmo ocorria com as drogas que atuavam sobre a mente. Tal como os círculos na visão de Newton, as mudanças de pensamento, humor, sensação ou percepção que produziam eram qualidades secundárias, sem existência material – mas isso não significava que fossem ilusões. Não havia uma forma correta ou perfeita de representá-las, mas elas ofereciam uma visão única do funcionamento mental. A linguagem que se mostrava mais plausível para descrevê-las era a da medicina, em que o médico só podia relatar, em segunda mão, as sensações e o estado de espírito do doente, acrescentando comentários e interpretações razoáveis sugeridos por sua formação profissional e pela experiência com casos semelhantes.

Um dos primeiros exemplos foi Robert Hooke, curador de experiências na Royal Society, cujo diário registra os efeitos das muitas drogas que utilizava para fins que se sobrepunham: verificar alegações médicas, gerir a sua dor e humor e "refrescar-se" durante reuniões sociais e de negócios nos cafés que frequentava à tarde, após a sua rotina matinal de experiências e fabricação de instrumentos.[39] Registrou suas impressões sobre o álcool, o chocolate, o chá, o café e o tabaco e, em 18 de dezembro de 1689, proferiu uma palestra na Royal Society intitulada "An Account of the Plant, Call'd Bengue" ("Um relato sobre a planta chamada bengue", em tradução livre), ou cannabis. "É uma certa planta muito comum na Índia", contou Hooke, "e seu uso (embora os efeitos sejam muito estranhos e, à primeira vista, bastante assustadores) é muito geral e frequente":

> Este Pó sendo mastigado e engolido, ou lavado, por um pequeno Copo de Água, faz, em pouco tempo, tirar completamente a Memória e o Entendimento; de modo que o Paciente não entende nem se lembra de qualquer Coisa que ele vê, ouve, ou faz, naquela Extasia, mas se torna, como se fosse, um mero Natural, sendo incapaz de falar uma Palavra de Sentido; no entanto, ele é muito alegre, e ri, e canta, e fala palavras sem qualquer coerência, sem saber o que diz ou faz; porém, ele não é tonto, ou bêbado, mas anda e dança e mostra muitos truques estranhos; depois de um pouco de tempo, ele adormece, e dorme muito bem e silenciosamente; e, quando ele acorda, ele se encontra muito descansado, e com muita fome...[40]

Hooke começa anunciando que tem uma história que soa como fantasia para relatar e tem o cuidado de colocá-la no seu contexto geográfico, mas sua voz narrativa impessoal deixa em dúvida a origem do relato. Quem era o paciente ou o sujeito, e quem era o observador? O autor não se identifica como nenhum deles, embora possa ter sido um ou outro, ou mesmo ambos. A inclinação habitual de Hooke era fazer experiências em si próprio e, nos seus diários, ele escreve sobre drogas na primeira pessoa: "Tomei um preparado de urina e láudano com leite durante três noites anteriores. Dormi bastante bem".[41] No entanto, nesse caso, o observador pode igualmente ter sido o seu amigo Robert Knox, um marinheiro que lhe tinha dado uma amostra do extrato da planta quando se encontraram num café londrino em novembro de 1672. Knox tinha uma história notável: havia sido mantido em cativeiro no Sri Lanka durante vários anos antes de fugir num navio roubado e quase morrer de febre, da qual só foi salvo pela sua descoberta de que a cannabis funcionava como "um antídoto contra a água imunda e venenosa".[42]

De acordo com o novo padrão de "Nullius in Verba", o testemunho que Hooke apresentou ficou um pouco aquém das provas científicas. Os contos de viajantes sobre drogas exóticas e curas milagrosas eram uma herança da literatura clássica, uma fronteira obscura entre a história, a botânica e o folclore, tal como ainda acontecia no século XVII. Hooke oferecia à Sociedade um relato plausível, mas que não estava sujeito a verificação, exceto através da autoexperimentação. O que emergiu foi algo como uma história de um caso médico: uma anedota em vez de dados, mas mediada e apoiada por uma testemunha especializada. A experiência individual e corporal – do tipo suscitado pelos médicos com a pergunta "Como se sente?" – nunca foi capaz de produzir o tipo de resultados replicáveis gerados pelas bombas de vácuo ou termômetros da Sociedade. Em seu lugar, surgiu um critério informal de perícia, apelidado pelo historiador da ciência Simon Schaffer de "cartesianismo dos distintos": o pressuposto de que os observadores treinados ou instruídos eram capazes de usar a mente para avaliar as evidências dos seus corpos – ou, nos termos estabelecidos pela filosofia de John Locke, de separar o intelecto das paixões.[43] Tal como no caso de Hooke, tornou-se convencional transmitir essas provas na terceira pessoa ou voz passiva, preferida pelos médicos, ficando a primeira pessoa confessional confinada a diários e registros privados.

À medida que a farmacologia foi se desenvolvendo ao longo do século XVIII, essa linguagem de relato quase médico ficou firmemente enraizada. A autoexperimentação com medicamentos era uma prática comum, tanto por razões éticas como práticas: os médicos eram obrigados a tratar os doentes de acordo com o juramento de Hipócrates, não fazendo mal – e fazer experiências com eles era a marca de um charlatão sem escrúpulos. Trabalhando com medicamentos de pureza desconhecida e apenas com um conhecimento parcial dos seus princípios químicos ativos, os médicos relatavam as experiências, na medida do possível, por meio da medição externa de sinais físicos: pulso, temperatura, fezes ou urina. Os médicos estavam conscientes de que as reações às drogas podiam variar muito de pessoa para pessoa e prescreviam regimes individuais de medicamentos e outros tratamentos aos pacientes que pagavam honorários. A administração dos medicamentos era de responsabilidade dos boticários, uma profissão de estatuto inferior, cujos membros eram mais propensos a lidar com doses padrão.

O desenvolvimento da observação e da medição física revelou que a mente e o corpo se influenciavam mutuamente de forma misteriosa e que mesmo os fenômenos diretamente experimentados podiam ser provados falsos. Um exemplo famoso foi o comitê criado em 1784 pelas Academias Reais Francesas de Ciências e Medicina, sob a égide de Benjamin Franklin, para investigar a teoria do magnetismo animal ou mesmerismo de Anton Mesmer. Uma série de experimentos cegos, em que objetos magnetizados e não magnetizados eram trocados sem o conhecimento dos participantes, demonstrou que os efeitos dramáticos do "magnetismo animal", desde a paralisia às contorções e à cura espontânea, podiam se manifestar mesmo quando não havia sido aplicado nenhum magnetismo. Esse efeito, hoje chamamos de placebo, afetava até mesmo alguns membros do comitê, que sentiam pontadas e sensações elétricas, embora em menor grau do que os verdadeiros crentes do mesmerismo. "Não há provas da existência do fluido magnético animal", concluiu o relatório do comitê; "a imaginação sem a ajuda do magnetismo pode produzir convulsões, mas o magnetismo sem a imaginação não pode produzir nada."[44] A lição para os autoexperimentadores era de que a hipervigilância de suas próprias sensações podia interpretar excessivamente a evidência do corpo ou gerar sintomas baseados apenas na expectativa. Como se afirmava no relatório final, "a primeira coisa que os comissários deviam fazer era não observar muito minuciosamente o que se passava dentro deles".[45]

No entanto, para a geração que se seguiu, a subjetividade era a nova fronteira do conhecimento científico. O ponto de inflexão para o interior emergiu da filosofia de Immanuel Kant, cujo tratado de 1781, *Critique of Pure Reason* (Crítica da razão pura), estabelecia uma distinção fundamental entre o mundo "fenomenal" – a realidade tal como revelada pela sensação e pela percepção – e um mundo "noumenal" de ideias e categorias, incluindo Deus, que existia antes e independentemente da experiência humana. De acordo com a distinção de Kant, o mundo tal como é recebido através dos sentidos não é o reflexo exato de uma realidade externa, mas uma construção, moldada pelos sentidos humanos e limitada pelos parâmetros da mente humana.

Essa teoria foi notoriamente corroborada numa série de experiências com drogas realizadas pelo jovem químico Humphry Davy, que ainda eram frequentemente citadas como uma referência de método para a prática da autoexperimentação na época de Sigmund Freud. Em 1799, com vinte anos de idade, Davy foi contratado como assistente químico na Medical Pneumatic Institution, em Bristol, um projeto experimental iniciado pelo médico pioneiro Thomas Beddoes para sintetizar e testar gases no tratamento de doenças pulmonares. Um dos primeiros compostos que Davy criou no laboratório foi o óxido nitroso, um gás recentemente descoberto que se acreditava ser altamente tóxico. Davy suspeitava que essa crença resultava de uma confusão com um composto relacionado, o óxido nítrico, um gás castanho-avermelhado que era altamente tóxico. "Fiz uma descoberta ontem que prova como é necessário repetir experiências", escreveu ele a Davies Giddy, amigo seu e de Beddoes, em abril de 1799. "O óxido gasoso de azoto [óxido nitroso] é perfeitamente respirável quando puro."[46]

Entusiasmados por terem estabelecido um campo de investigação inexplorado, Davy e Beddoes aqueceram cristais de nitrato de amônio num alambique e recolheram o gás liberado num suporte de ar, do qual Davy inalou através de um tubo de respiração. À medida que enchia os pulmões, notou uma sensação inesperada, "um formigamento muito agradável no peito e nas extremidades". À medida que continuava, "os objetos à minha volta tornavam-se deslumbrantes, e a minha audição, mais apurada", e as sensações evoluíam para um clímax em que "a sensação de força muscular se tornava maior e, por fim, uma irresistível propensão para a ação se manifestava". Beddoes registrou que Davy saltava violentamente pelo laboratório, gritando de alegria. Por sua vez, Davy guardou apenas vagas recordações desses momentos de êxtase e, se não fossem as notas rabiscadas que descobriu na manhã seguinte, "teria até duvidado da sua existência".[47]

Ao contrário dos fluidos animais especulativos do Dr. Mesmer, não havia dúvidas sobre a causa material desse paroxismo de prazer. O óxido nitroso – isolado pela primeira vez por Joseph Priestley, que lhe deu o nome de "ar nitroso desflogisticado" – era uma substância química com uma síntese conhecida, e a experiência poderia ser reproduzida e verificada em qualquer laboratório doméstico. Os efeitos do gás, no entanto, só poderiam ser captados através de testemunhos na primeira pessoa. Davy foi rápido a obter esse testemunho e estava em posição ideal para fazê-lo. A Pneumatic Institution era um centro para os escritores, filósofos e médicos de Bristol que pensavam livremente e, durante o verão de 1799, dezenas deles foram visitar e experimentar o gás que o poeta Robert Southey, o primeiro dos amigos a quem Davy o ofereceu, descreveu como "o ar maravilhoso do prazer". Depois de sua primeira dose, Southey escreveu ao seu irmão que "Davy inventou, de fato, um novo prazer para o qual a linguagem não tem nome".[48] Explorá-lo mais a fundo era um convite e um desafio que as mentes mais perspicazes de Bristol estavam ansiosas para aceitar.

À medida que as experiências progrediam, Davy percebeu que era necessária uma nova "linguagem da sensação", como ele a chamou, para descrever os efeitos do gás. A pergunta padrão da descrição médica, "Como se sente?", foi testada até o limite por uma torrente de sensações que incluíam tonturas, formigamentos, exaltação mental e uma epifania cósmica que rapidamente se dissolvia em incoerência e, frequentemente, em risos histéricos sem causa óbvia. Davy e Beddoes tentaram fazer algumas experiências em doentes com moléstias pulmonares; um respondeu à pergunta com: "Não sei, mas é muito estranho". Outro respondeu, de forma oblíqua, mas sugestiva: "Sinto-me como o som de uma harpa."[49] Durante as noites, fizeram mais experiências com voluntários saudáveis. Quando Davy punha a reação química para borbulhar e oferecia a um novo sujeito um saco de seda verde com o gás, começava frequentemente por lhe dar uma dose de ar normal para excluir quaisquer elementos de sugestão ou expectativa. Depois de terem se recuperado de uma inalação do gás real, pedia-lhes que escrevessem uma breve descrição da experiência. Como um dos voluntários, o cirurgião Thomas Hammick escreveu após sua intoxicação: "Temos de inventar novos termos para exprimir estas sensações novas e peculiares, ou associar novas ideias às antigas, antes de podermos comunicar inteligivelmente uns aos outros sobre as operações deste gás extraordinário".[50]

O óxido nitroso, para Davy e seu círculo, destruiu a distinção entre o intelecto e as paixões: estimulou ambos, com igual intensidade. Era uma experiência profundamente incorporada, passível de medições externas – por exemplo, a quantidade de gás que era inalada ou que se dissolvia na corrente sanguínea –, mas não redutível a elas. Colocava questões profundas sobre a relação entre a mente e o corpo: como a inalação de um químico criado artificialmente podia afetar não só a respiração e o pulso, mas também as emoções, o sentimento de admiração e a imaginação? O relatório pioneiro de Davy sobre as experiências, *Researches Chemical and Philosophical, Chiefly Concerning Nitrous oxide and its respiration* (Pesquisas químicas e filosóficas, principalmente sobre o óxido nitroso e sua inalação, em tradução livre), de 1800, juntava corpo e mente, intelecto e paixão, com uma estrutura que ascendia do químico ao médico e ao sublime. Sua seção inicial era uma descrição da química e da síntese do óxido nitroso; a seguinte apresentava um relato preciso da sua ação fisiológica, e o texto concluía com os relatórios subjetivos de mais de trinta voluntários. A contribuição do próprio Davy, depois de absorver tanto gás quanto humanamente possível, fechando-se numa caixa hermética cheia dele durante uma hora e quinze minutos, deu rédea solta à linguagem do sentimento:

> Ouvia todos os sons distintos no quarto e estava perfeitamente consciente da minha situação. À medida que as sensações agradáveis aumentavam, fui perdendo todo o contato com as coisas exteriores; trens de imagens vivas e visíveis passavam rapidamente pela minha mente e eram ligados às palavras de tal forma que produziam percepções perfeitamente novas. Eu existia num mundo de novas ideias ligadas e modificadas. Teorizar, imaginar, fazer descobertas... Quando recuperei o meu estado de espírito anterior, senti uma vontade de comunicar as descobertas que tinha feito durante a experiência. Esforcei-me por recordar as ideias, eram fracas e indistintas; uma coleção de termos, no entanto, apresentou-se... *Nada existe senão pensamentos! O Universo é composto de impressões, ideias, prazeres e dores!*[51]

A ambição científica de Davy exigia que ele levasse suas experiências ao limite e experimentasse os efeitos da droga no seu estado mais intenso. Isso, por sua vez, exigia uma ruptura com as convenções impessoais da reportagem médica, a favor de um testemunho na primeira pessoa que fundisse os papéis de observador e sujeito experimental. Desenvolveu sua "linguagem dos sentimentos" em paralelo com a dos jovens poetas que faziam parte dos seus voluntários, Robert Southey e Samuel Taylor Coleridge, que também procuravam uma linguagem nova e introspectiva para captar sentimentos e estados de espírito nunca antes descritos. Davy aspirava a ser um herói da ciência, comparando-se, em seus cadernos de juventude, a Sir Isaac Newton, mas sua versão da ciência assumia as qualidades da era romântica nascente e de sua característica mais exaltada: o gênio. Em teoria, não havia lugar para o gênio na ciência experimental, uma vez que os dados eram replicáveis e desligados da personalidade individual; mas a autoexperimentação, nas mãos de Davy, tinha produzido resultados inseparáveis da mente deslumbrante do seu sujeito.

Essa abordagem do conhecimento encontrou um lugar nas novas ciências alemãs, como nos estudos de Johann von Goethe sobre as qualidades subjetivas da percepção das cores e, em particular, nas teorias emergentes da *Naturphilosophie*, que objetivavam penetrar sob a superfície visível do mundo material e compreender as correntes e fluxos invisíveis que o geravam. A consciência humana e o mundo natural, argumentavam os seus proponentes, eram espelhos um do outro, e o observador era parte integrante dos fenômenos que investigavam. O princípio foi vividamente demonstrado por cientistas que estudavam eletricidade, como Alexander von Humboldt e o jovem e extravagante químico Johann Wilhelm Ritter, que passaram de testar a corrente em animais e voluntários a aplicá-la em si mesmos. Ritter foi, tal como Davy, um dos primeiros a experimentar a pilha voltaica, uma cadeia de células de bateria dispostas de modo a fornecer uma poderosa carga permanente, e passou de fazer tremer as pernas de rãs dissecadas a fechar um circuito de 100 baterias com o seu próprio corpo. Registrou suas sensações quando a corrente era aplicada a diferentes órgãos e descobriu que podia gerar cores e sons descarregando-a em seus olhos e ouvidos. "Uma vez que só podemos realizá-las em nós mesmos", observou Ritter, "essas experiências são um tanto dolorosas". No entanto, persistiu até conseguir efeitos sublimes:

> Permaneço com o olho no polo positivo de uma coluna bastante potente de 100, 150 ou 200 camadas, lubrifico bem a mão que fecha o circuito com soro fisiológico ou solução de cloreto de amônio, embainho-a bem com metal e agora fecho, primeiro com apenas algumas camadas, depois com progressivamente mais, até que finalmente toda a coluna está no circuito. No início, tenho o mesmo azul de sempre; ele se torna mais forte à medida que vou avançando; mas finalmente para, escurece, surge uma cor mista de tipo esverdeado, embora não tão nitidamente verde como a luz anterior era azul; depois evolui para amarelo, etc., até que finalmente é o vermelho mais glorioso e de uma intensidade que nunca vi antes, mesmo no polo negativo.[52]

Tal como as autoexperiências de Newton com o seu bodkin, as visões subjetivas desse tipo podiam, em teoria, ser confirmadas por outros investigadores; mas Davy e Ritter representavam uma nova espécie de experimentador, simultaneamente mecânicos rigorosos e gênios inspirados, preparados para levar a descoberta científica a limites heroicos. Como jovem médico, adepto da geração romântica de Goethe, Humboldt e Ritter, Freud herdou a convicção de que a ciência exigia mais do que a observação fisiológica diligente do tipo que até então havia definido sua carreira. Depois de vários anos dissecando os nervos e a medula espinhal de lampreias e lagostins, "Über Coca" foi sua tentativa não só de sucesso profissional, mas também de se inserir no seu trabalho.

O início do século XIX foi também uma época de ouro para a descoberta de medicamentos. Em 1803, quatro anos após as experiências com óxido nitroso de Davy, um jovem alemão aprendiz de farmácia chamado Friedrich Sertürner começou a fazer experiências com um concentrado de ópio alcatroado, tentando reduzi-lo aos seus componentes ácidos. Tal como outros, tinha percebido que as amostras de ópio diferiam em potência e suspeitava que a resina gomosa devia conter compostos ativos em concentrações variáveis. As pesquisas de Sertürner consumiram muitos anos e produziram várias substâncias misteriosas, que ele testou em si mesmo e em outros. Por fim, em 1817, isolou um composto que formava cristais transparentes solúveis em ácido, mas apenas ligeiramente solúveis em água. Recrutou três vizinhos adolescentes para beberem com ele uma solução dos cristais em pequenas doses de meio grão, mas a droga era muito mais potente do que ele havia previsto. Ele e os seus companheiros sofreram violentos episódios de vômito e caíram num pesado estupor, do qual só foram despertados ao beber vinagre forte. Sertürner batizou seu extrato de morfina, em homenagem a Morfeu, o antigo deus do sono.

Foi a primeira vez que uma planta forneceu não apenas uma essência ou tintura, mas uma substância química pura e até então desconhecida. No processo, Sertürner colocou a autoexperimentação no centro do procedimento e fez várias observações que lançaram as bases para o isolamento de outros extratos de plantas farmacêuticas. Depois de ter verificado penosamente, ao longo de uma década, que seus componentes ativos não eram ácidos, como ele e outros esperavam, classificou-os como "álcalis vegetais", mais tarde conhecidos como alcaloides. Estabeleceu também que a cristalização era a melhor maneira de isolar essas substâncias químicas e, uma vez isoladas, de mantê-las livres de contaminação por outras substâncias. Tais preceitos serviram de base para o isolamento da cafeína em 1819 – por um jovem químico, Friedlieb Ferdinand Runge, na sequência de um encontro em Jena com Goethe, de setenta anos de idade[53] – e da nicotina do tabaco em 1828. Em 1832, foi extraído do ópio um alcaloide diferente, a codeína, e, em 1842, foi isolada do chocolate a teobromina. Essas descobertas transformaram a química, sobretudo na Alemanha, numa ciência industrial que identificava novos compostos derivados de plantas e os fornecia em grande escala a um vasto mercado farmacêutico.

A autoexperimentação com drogas também serviu de base ao estudo nascente da mente, alimentando as raízes do que viria a ser a psicologia e a neurociência. Em 1819, o fisiologista tcheco Johann Purkinje iniciava seus famosos estudos sobre as imagens entópticas, ou "imagens de Purkinje", nos quais expandia as autoexperiências de Newton e Ritter, mapeando os fenômenos da visão subjetiva. Começou por recordar um jogo da sua infância, em que olhava para o sol com os olhos fechados e passava os dedos estendidos à sua frente para gerar cores estroboscópicas. Passou a enumerar e a classificar as imagens posteriores, os fantasmas, os cata-ventos, as auréolas e os ângulos mortos que podiam ser gerados por métodos semelhantes, remetendo cada um deles a suas causas físicas, nos reflexos da córnea, do cristalino e dos vasos sanguíneos do olho.

Ao longo da sua extensa carreira, durante a qual se tornou professor do primeiro departamento universitário de fisiologia do mundo, em Breslau, Purkinje cunhou a palavra "protoplasma", descreveu pela primeira vez as células animais e seus núcleos, identificou as glândulas gástricas e os canais sudoríparos e testemunhou a fertilização do óvulo pelo espermatozoide. Seus estudos sobre a zona cinzenta entre os efeitos fisicamente observáveis e os efeitos subjetivos deixaram-no fascinado pelas drogas e plantas que alteram a mente. Reparou que a beladona produzia alterações físicas no olho e administrou-a em si mesmo,

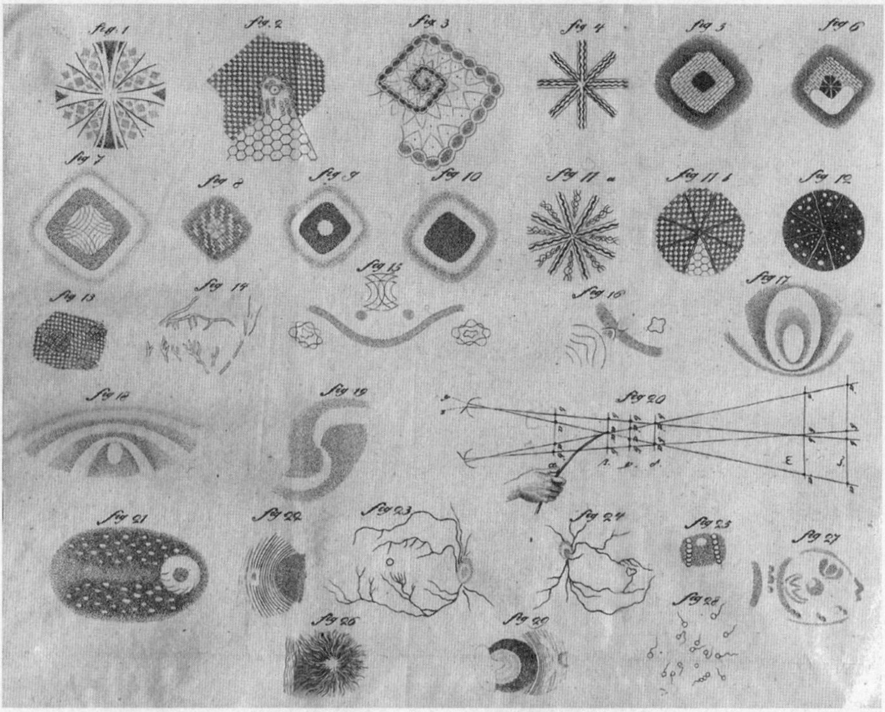

4. Gráfico dos efeitos visuais subjetivos de Johann Purkinje, da sua tese de doutorado de 1823.

Fonte: Sebrané spisy: Purkyn, Jan Evangelista, 1787-1869.

utilizando um tubo de visualização especial para ampliar as distorções visuais e os padrões cromáticos que se formavam à medida que a droga relaxava a íris e o cristalino dispersava a luz. Foi o primeiro a registar os efeitos da digitálica na visão, desenhando os padrões que dançavam diante de seus olhos depois de beber uma cocção das folhas tóxicas. Experimentou um distúrbio mental mais profundo quando comeu três nozes-moscadas em Berlim e deu um passeio até o Royal Theatre:

> A distância era longa, mas desta vez pensei que *não* tinha *fim*. Meus movimentos pareciam-me inteiramente adequados, mas perdiam-se momentaneamente em imagens de sonho, das quais tive de me libertar com

> uma força considerável para continuar a andar. Meus pés cumpriam o seu dever e, como tinha de me manter numa via reta, não havia perigo de me desviar. Nesse sonho, eu seguia em frente, pois, se tentasse orientar-me, nem sequer conseguiria reconhecer as ruas transversais. O tempo parecia longo. Cheguei ao lado oposto do local para onde me dirigia. Durante esse tempo, os sonhos e a atividade física lutaram entre si.[54]

Purkinje seguiu rumo a uma nova experiência, na qual dissolveu 8 gramas de noz-moscada em conhaque e bebeu a solução. Desta vez, o efeito foi muito diferente: sentiu-se tonto, os seus músculos se contraíram espontaneamente, e uma longa caminhada estava fora de questão. Uma droga parecia alterar a ação da outra: os óleos da noz-moscada atuavam de forma diferente nas funções motoras quando eram dissolvidos em álcool. Purkinje descobriu que as interações medicamentosas eram complexas e imprevisíveis e acreditava que elas eram a chave para muitos processos fisiológicos que, de outra forma, eram inescrutáveis. No entanto, ao contrário de Davy e Ritter o seu objetivo era eliminar as reflexões pessoais em suas autoexperiências e transformá-las, sempre que possível, em dados externos e mensuráveis. Em um cenário ideal, escreveu, as experiências desse tipo deveriam ser realizadas com um grande número de pessoas, para gerar uma resposta média que minimizasse a subjetividade e a variação individuais.

A recomendação de Purkinje para que o estudo das drogas se tornasse mais objetivo e baseado em dados seria amplamente adotada pela geração seguinte. Mas a tendência oposta também crescia, à medida que a literatura da autoexperimentação se estendia para além das fronteiras da ciência. Assim como Humphry Davy havia utilizado a "linguagem do sentimento" dos poetas românticos para fins científicos, abraçando as dimensões estéticas e sublimes da experiência da droga, as vozes literárias românticas utilizavam agora a linguagem da ciência e da medicina para seus próprios fins. O mais influente, Thomas De Quincey, era pupilo de Samuel Taylor Coleridge, que tinha forjado uma amizade intensa com Humphry Davy após ter participado de suas experiências com óxido nitroso em 1799.[55] De Quincey, um discípulo adolescente de Coleridge e Wordsworth, tornou-se secretário de Coleridge em um período em que este estava fortemente dependente do ópio, sendo testemunha frequente das indulgências e prostrações privadas que o seu mentor escondia do público. Em 1820, De Quincey, ele próprio atormentado pelo ópio e com editores e credores atrás de artigos não escritos e contas por pagar, ofereceu sua perspectiva pessoal sobre o assunto à nova e generosamente financiada *London Magazine*. Foi uma última tentativa para salvar sua carreira vacilante, mas o livro que se seguiu, *Confessions of an English Opium-Eater* (Confissões de um inglês comedor de ópio), foi um sucesso sensacional que o manteve em evidência durante os cinquenta anos seguintes.

Quando foi proposto um volume com os seus relatórios autoexperimentais, Johann Ritter insistiu: "Não deve ser apenas uma coleção dos meus escritos; será uma espécie de autobiografia literária, talvez de interesse para quem queira ou tenha de se educar para se tornar físico e experimentador".[56] De Quincey adotou uma abordagem autobiográfica semelhante para descrever o ópio: antes de se poder compreender a droga, insistiu, é preciso compreender o seu sujeito, o comedor de ópio. As suas *Confissões* apresentavam-se simultaneamente como uma história pessoal minuciosamente observada e como um tratado de um perito médico singularmente qualificado. "Acerca de tudo o que até agora foi escrito sobre o assunto do ópio", anunciou ele nas páginas iniciais, "tenho apenas uma crítica enfática a fazer – Mentiras! Mentiras! Mentiras!"[57] A narrativa abrangia toda a história de sua vida, mas também continha:

> a doutrina da verdadeira igreja sobre o tema do ópio, da qual me reconheço como o único membro – o alfa e o ômega; mas convém recordar que falo com base numa grande e profunda experiência pessoal, ao passo que a maioria dos autores não científicos que trataram do ópio, e até mesmo os

> que escreveram expressamente sobre a matéria médica, tornam evidente, pelo horror que expressam em relação a ele, que seu conhecimento experimental da sua ação é inexistente.[58]

As descrições de De Quincey daquilo que, no tempo de Freud, seria diagnosticado como "dependência" – os prazeres e as dores do desejo, da tolerância e da abstinência – estavam muito à frente da maioria dos médicos da sua época. No entanto, sua reivindicação de autoridade científica era também irônica, uma resposta jocosa às pretensões médicas de onisciência. O ópio era uma droga familiar não apenas para os médicos, mas para o público em geral: era, de longe, o analgésico mais eficaz disponível, além de ser vendido livremente em mercados, mercearias e farmácias como um remédio soberano para tudo, desde dores de cabeça a reumatismo, diarreia e cólicas menstruais. Ao reconcebê-la como fonte de prazeres e dores requintados, De Quincey estava, em parte, jogando um jogo byroniano, anunciando-se como o campeão de um novo vício, atraindo os moralistas e deliciando os sábios cansados. Sua reivindicação da autoridade da ciência foi feita no mesmo espírito: se os médicos o rejeitavam como não qualificado, ele lhes respondia com o lema da própria ciência, "Nullius in Verba". Sua originalidade, e a razão da sua enorme influência nas décadas seguintes, estava na forma como utilizava a droga como um dispositivo para explorar os recônditos da sua mente:

> Um teatro parecia subitamente aberto e iluminado dentro do meu cérebro, que apresentava espetáculos noturnos de um esplendor mais do que terrestre... Parecia que todas as noites eu descia, não metaforicamente, mas literalmente, a abismos e abismos sem sol, profundezas abaixo de profundezas, das quais parecia não haver esperança de alguma vez poder voltar a subir.[59]

De Quincey desenterrou dessas profundezas ocultas não apenas pormenores que antes estavam além da sua memória consciente, mas mundos inteiros de cuja existência a inteligência racional nunca suspeitou.

Os filósofos do século XVIII haviam defendido os poderes da razão sobre o irracional; mas De Quincey tinha estudado profundamente a recente contratradição, em particular na Alemanha, que propunha a existência de uma mente oculta ou "inconsciente" de profundidade e potência espantosas. Alguns filósofos identificavam esse mundo interior oculto com a natureza, o oceano sem limites no qual nadava uma humanidade insignificante. Outros vislumbraram-no no processo criativo, no qual a inspiração e a arte pareciam surgir totalmente formadas, sem esforço ou vontade. Friedrich Schiller, que De Quincey lia avidamente e que viria a exercer uma poderosa influência tanto em Freud como em Carl Jung, acreditava que a poesia autêntica não deveria ser mediada pela mente consciente, racional e pensante; Johann von Goethe afirmava ter escrito seu romance *Os sofrimentos do jovem Werther* (1774) enquanto estava num torpor ou transe, "praticamente inconsciente".[60]

Em suas *Confissões*, De Quincey descreve como utilizou o ópio para entrar à vontade nesse domínio misterioso e reconstruir a história de sua vida a partir dos fragmentos que retirava das suas profundezas. Durante seus devaneios provocados por drogas, sua mente se abria para um labirinto de câmaras secretas, alçapões e passagens, vastas, sombrias e sublimes como as abóbadas e masmorras das gravuras de Piranesi, que Coleridge lhe descrevera memoravelmente. Em seu teatro mental opiáceo, as paisagens de sonhos míticos eram tecidas em conjunto com cenas esquecidas da infância, paisagens de sonhos claustrofóbicos e cenas de camafeus da vida acordada, vislumbradas do teto de uma diligência ou do *mêlée*[II] apinhado de Covent Garden num sábado à noite. Era um retrato incomparavelmente vívido da vida da mente e do poder das drogas, em que a medicina e a ciência foram relegadas às margens.

Na edição reformulada e ampliada de *Confissões*, de 1856, De Quincey já não era o único membro da verdadeira igreja do ópio: ele havia se promovido a Papa. Nessa altura, o seu alter ego artisticamente construído, o Comedor de Ópio, tinha adquirido uma vida cosmopolita própria.

[II] Em francês no original. "Tumulto."

Na Rússia, Nikolai Gogol havia adaptado seus sonhos londrinos a São Petersburgo em *Nevsky Prospect* (Avenida Niévski), de 1835; na América, tinha sido exaltado por Ralph Waldo Emerson e imitado por Edgar Allan Poe. Na França, a tradução livremente elaborada de Alfred de Musset inspirou Théophile Gautier e Honoré de Balzac a criarem suas próprias versões do novo arquétipo, e Hector Berlioz a transpor suas fugas de pesadelo para a música em sua *Symphonie Fantastique* (1830). À época da morte de De Quincey, em 1859, Charles Baudelaire trabalhava na tradução das *Confissões*, que, após seu aparecimento em *Les Paradis artificiels* (Os paraísos artificiais), de 1860, se tornaria um ponto de referência onipresente para a febril cultura da droga do *fin-de-siècle.*

Entretanto, no seio da ciência, a autoexperimentação com drogas era contestada e marginalizada por uma nova geração de pensadores. Na França, a filosofia positivista de Auguste Comte inspirou muitos que desejavam remodelar o estudo da mente, libertando-o da especulação metafísica. Comte defendia que os acontecimentos mentais não eram fatos, e que uma "ciência da mente" era um oximoro. "A contemplação direta da mente por si só é pura ilusão", escreveu ele em 1830. Seus praticantes especializados discordavam fundamentalmente dos seus preceitos mais básicos, e não havia verificações ou referências possíveis capazes de resolver tais disputas.[61] A observação da mente por si só se transformou numa regressão infinita, especulação sobre especulação.

Na Alemanha, uma nova geração de fisiologistas havia começado a investigar a mecânica da sensação e da percepção com instrumentos de precisão. Esses cientistas concretizaram a aspiração de Johann Purkinje de que o estudo da experiência subjetiva pudesse avançar por meio de ensaios e medições sistemáticas, reduzindo as forças vitais, os fluxos e as centelhas de vida, hipotetizados pela *Naturphilosophie*, às leis materiais da física e da biologia. O fisiologista Hermann von Helmholtz, combinando seus conhecimentos em mecânica, biologia e química, demonstrou que a energia podia ser medida e transposta com precisão através de diferentes formas – química, elétrica, magnética – e começou a mapear as estruturas nervosas microscópicas que a conduziam através do tecido animal. Em 1851, inventou o oftalmoscópio para inspecionar as estruturas minúsculas que geravam as alucinações visuais de Purkinje. Helmholtz e seus seguidores, que incluíam o professor e mentor de Freud, Ernst Brücke, rejeitaram explicitamente a especulação metafísica sobre forças vitais imateriais e mantiveram-se firmes no princípio de que "nenhuma outra força, para além das forças físico-químicas comuns, está ativa no organismo".[62]

Em 1862, outro fisiologista pioneiro, Wilhelm Wundt, montou um laboratório para testar os tempos de reação humana e identificar os processos de fração de segundo que marcavam a transformação da sensação bruta em percepção consciente. Em 1879, trabalhando em seu laboratório experimental na Universidade de Leipzig, Wundt tornou-se a primeira pessoa a se intitular "psicólogo". Em seu paradigma mecanicista, o estudo da mente deixou de ser feito por um único sujeito-observador e passou a ser executado por uma bateria de instrumentos de precisão, capazes de medir fenômenos abaixo do limiar da consciência.

À medida que a ciência se profissionalizava e se tornava mais complexa do ponto de vista técnico, criava novas expectativas em relação ao cientista.[63] Os profissionais modernos exigiam um conjunto de competências e conceitos muito diferentes dos saltos intuitivos e das observações poéticas da geração romântica que os havia precedido. Em meados do século, estes foram reunidos sob o termo genérico "objetividade": um novo conceito, relacionado a termos científicos estabelecidos, como "verdade" e "certeza", mas mais preciso que eles. Derivou da filosofia de Kant, segundo a qual o mundo noumenal era subjetivo e, portanto, fora do âmbito da ciência, e a ciência era o estudo de fenômenos "objetivos", mensuráveis. Em meados do século, o termo "objetivo" já havia entrado na linguagem comum. Quando Thomas De Quincey o utilizou na edição revisada de 1856 de *Confissões de um inglês comedor de ópio*, ele o explicou com o seguinte comentário:

> Essa palavra, tão quase ininteligível em 1821, tão intensamente escolástica e, consequentemente, quando rodeada de palavras familiares e vernáculas, tão aparentemente pedante, mas, por outro lado, tão indispensável ao pensamento exato e ao pensamento amplo, tornou-se, desde 1821, demasiado comum para precisar de qualquer desculpa.[64]

A ciência objetiva era quantificada e orientada para os dados; exigia paciência, observação precisa e medição exata. Privilegiava as competências, o discernimento e a sensibilidade de um observador cientificamente treinado, que sabia quais fatos selecionar e quais as anomalias significativas, registrando tudo em cadernos bem-organizados. No estudo das drogas, isso privilegiava a medição cuidadosa das externalidades – dosagem, tempo de início, registro dos sintomas – em detrimento do que era agora descrito como "introspecção", que tendia a moldar os fenômenos mentais em narrativas agradáveis ao auto-observador. A criatividade desse gênero era a fonte da arte, mas não tinha lugar na ciência positivista ou materialista. A primeira geração de investigadores psicológicos, ansiosa por se distinguir dos pretendentes literários da experiência, como De Quincey, e por produzir resultados que correspondessem às novas exigências e padrões de objetividade, abordou o estudo das drogas com uma sobriedade autoconsciente.

Quem era considerado um observador treinado e em que consistia esse treino? Um número crescente de profissionais era formado em universidades e escolas de medicina, mas um diploma acadêmico ainda estava longe de ser uma qualificação necessária. A distinção era tanto cultural como técnica, enraizada no "cartesianismo informal dos refinados". Seus critérios raramente eram explicitados, mas o Barão Ernst von Bibra – ele próprio um amador abastado e não o produto de uma universidade – deu um exemplo revelador em 1855, ao relatar sua primeira experiência com haxixe. Havia ingerido 14 grãos (cerca de um grama) de *charas* egípcio, notando seu "sabor amargo, resinoso, mas não repugnante", e cerca de duas horas mais tarde viu-se sob a influência de um efeito muito mais forte do que tinha previsto. Olhando para uma parede apainelada, viu as janelas do seu escritório transpostas para ela, e reparou que podia "'mover' essa parte do meu quarto para longe e, assim, transformar o meu escritório num apartamento infinitamente grande". Mas também "podia, à minha vontade, fazer desaparecer todas essas ilusões e também suprimir minha hilaridade". Concluiu: "Se, excitado por uma overdose de haxixe ou de ópio, um muçulmano selvagem torna-se um assassino, um malaio é tomado por um frenesi descontrolado, ao passo que, na mesma situação, um médico europeu, erudito e culto, efetua observações sobre si mesmo".[65]

Desde seus primórdios na Royal Society, a ciência experimental dependia fortemente dos conhecimentos adquiridos noutras partes do mundo, mas tinha sido sempre necessário reformulá-los em termos que os transformassem de coloridas histórias de viajantes em dados científicos testáveis. Quando, por exemplo, Robert Knox passou sua amostra de "*bangue*" a Robert Hooke, em 1672, disse ao seu amigo que "em português o chamam de *banga*", dando a entender que era bem conhecida dos farmacêuticos e boticários noutras partes da Europa.[66] Havia muitos representantes desses ofícios em Lisboa que poderiam ter descrito os efeitos da droga, sem contar os inúmeros cingaleses, habitantes de onde Knox tinha obtido a droga, mas Hooke apresentou-a à Royal Society como uma descoberta inédita. Antes de as experiências com drogas serem admitidas no estatuto de conhecimento científico, tinham de ser relatadas em inglês por um observador treinado.

Os critérios para a elaboração de relatórios objetivos eram discriminados tanto em termos de gênero como de raça. O ensino superior formal era quase exclusivamente para homens, e a ciência médica continuou a ser um domínio predominantemente masculino até o início do século XX. Nesse meio, as mulheres raramente eram utilizadas como cobaias em experimentos, sobretudo com drogas que poderiam provocar desinibição e perda de decoro. Esse era um risco do qual as mulheres estavam bem conscientes e que se tinha verificado nas primeiras experiências com o óxido nitroso. Thomas Beddoes era um defensor declarado dos direitos das mulheres que, no início das experiências de Humphry Davy, em 1799, tinha acabado de dar o primeiro curso de palestras científicas públicas para mulheres em Bristol. Ele e Davy tinham inicialmente como objetivo um equilíbrio de gênero entre os seus voluntários, mas a experiência da primeira mulher, que se transformou em uma "maníaca temporária", saindo correndo do laboratório e na rua, "intimidou de tal forma as senhoras que nenhuma, depois desse acontecimento, conseguiu ser convencida a olhar ou ouvir falar de óxido nitroso sem horror!"[67] As exibições públicas de desinibição eram suficientemente fáceis para os indivíduos do sexo masculino rirem delas como um episódio extravagante ou enquadrá-las, em retrospectiva, como uma busca heroica pelo conhecimento; mas nenhuma mulher poderia, como Humphry Davy, despir-se até a cintura numa câmara hermética cheia de óxido nitroso e lançar-se numa dimensão desconhecida de puro pensamento.

Nem todas as autoexperiências eram públicas, mas todas tinham uma dimensão pública, uma vez que precisavam ser passíveis de demonstração e replicação. Como observou a historiadora Naomi Oreskes, os polos opostos da prática experimental do século XIX – heroísmo e objetividade – aprisionaram as cientistas num duplo dilema. A objetividade era também vista como uma qualidade masculina, exigindo a capacidade de observar os dados de forma desapaixonada, em vez de os colorir com sentimentos.[68] Consequentemente, as experiências femininas com drogas estavam em grande parte confinadas a histórias de casos médicos, testemunhos de pacientes e, em raras ocasiões, a serem cooptadas para as experiências dos seus familiares masculinos.[69] As mulheres que autoexperimentavam encontravam-se mais frequentemente fora do mundo da ciência, por exemplo, em círculos literários ou ocultistas, embora mesmo nesses casos suas práticas fossem frequentemente não documentadas, uma vez que a confissão pública as expunha a um potencial escândalo. As primeiras mulheres cientistas profissionais só se envolveram em experiências com drogas no século XX e, mesmo assim, eram suscetíveis a serem visadas e "expostas" pela imprensa.

O mundo científico que o jovem Freud habitava na Universidade de Viena era dominado pelos discípulos de Helmholtz e Wundt e pelos progressos surpreendentes que faziam no mapeamento da mecânica da sensação e da percepção. No entanto, os efeitos das drogas na mente e os processos biológicos e nervosos que lhes são subjacentes permaneciam um profundo mistério. Wundt tendia a considerá-los, juntamente com os sonhos e a loucura, como fenômenos inadequados para um estudo objetivo. No entanto, fora do laboratório, sobretudo para os médicos que viam a medicina tanto como arte quanto como ciência, as respostas subjetivas provocadas pela pergunta "Como se sente?" eram indispensáveis. O popular e abrangente estudo de farmácia de James Johnston, *The Chemistry of Common life* (A química da vida comum, em tradução livre) – publicado pela primeira vez em 1855 e reimpresso regularmente durante décadas – observava "como o nosso conhecimento é muito defeituoso, tanto da natureza química como da ação fisiológica dos narcóticos a que nos entregamos", e insistia que esse defeito deveria ser resolvido pelo único método atualmente eficaz: "a experiência direta no homem".[70]

Muitos especialistas no estudo das drogas que alteram a mente rejeitaram as restrições do positivismo e as exigências sóbrias do novo eu científico. Viam o seu campo de estudo como um caso particular em que os dados mais significativos eram irredutivelmente privados e subjetivos. Essa posição foi defendida de forma mais eloquente e influente pelo médico francês Jacques-Joseph Moreau, cujo tratado de 1845, *Hachich et l'aliénation mentale,* (O haxixe a e alienação mental, em tradução livre), continuou a ser o tratamento mais autorizado dos efeitos mentais da cannabis durante o resto do século. Moreau anunciou na página de abertura: "Conheci os efeitos do haxixe através da minha própria experiência e não apenas pelos relatos de outros", e prosseguiu:

> De fato, só há essencialmente apenas uma abordagem válida para o estudo: a observação, que, nesses casos, quando não está centrada no próprio observador, toca apenas as aparências e pode levar a conclusões

> grosseiramente falaciosas. Devo começar por referir este ponto, cuja veracidade é inquestionável: a experiência pessoal é aqui o critério da verdade. Desafio o direito de alguém falar sobre os efeitos do haxixe se não estiver falando por si próprio e se não tiver estado em posição de os avaliar à luz de uma utilização repetida e suficiente.[71]

As experiências de Moreau com haxixe envolviam grandes doses orais que o mergulhavam em horas de alucinação, uma experiência que o levava para muito além dos limites da objetividade e da postura desencarnada do observador treinado. Desafiou a presunção de que a autoexperimentação estava comprometida por sua natureza dupla; pelo contrário, insistiu, as drogas que afetam a mente exigiam um investigador que ocupasse os papéis de observador e de usuário. Um observador poderia notar que um usuário que tivesse consumido uma grande dose de haxixe estava deitado, incapaz de se mover ou falar, e assumir que estava sedado ou semiconsciente; qualquer pessoa que tivesse tomado a droga, no entanto, reconheceria que a razão pela qual ele não era capaz de conversar devia-se ao fato de que sua mente corria muito depressa para formar e expressar pensamentos coerentes. Como alienista praticante – foi médico residente no Hospital Bicêtre em Paris –, Moreau estava perfeitamente consciente dos limites do exame externo com pacientes mentalmente perturbados. "Vemos apenas a superfície das coisas", escreveu ele; "podemos ter a certeza de que estamos em condições de compreender esses doentes quando eles nos contam as suas observações?" A experiência com o haxixe, argumentava ele, oferece um vislumbre privilegiado do mundo tal como aparece àqueles cujos processos mentais estão igualmente perturbados: "Para compreender uma depressão comum, é necessário ter experimentado uma; para compreender os delírios de um louco, é necessário ter delirado ele próprio, mas sem ter perdido a consciência da sua loucura".[72]

Moreau chegou a acreditar que o uso mais eficaz do haxixe na terapia mental era dá-lo não aos pacientes, mas aos seus médicos. Isso poderia fornecer-lhes o *sens intime*[73] – como diríamos hoje, a experiência vivida – de fenômenos mentais como a obsessão, a despersonalização ou o delírio, permitindo-lhes compreender as condições das quais tratavam, experimentando-as em si próprios.

Quando escreveu "Über Coca", Freud estava na confluência dessas duas tradições. Ele tentava entrelaçar a objetividade com a introspecção, combinando os pontos fortes de ambas as abordagens. Seu professor em Viena, Ernst Brücke, situava-se diretamente na tradição objetiva, sendo um membro de pleno direito do grupo de materialistas empenhados que se autodenominavam Escola de Medicina Helmholtz. Mas foi a escola introspectiva da autoexperimentação que gerou as descrições mais penetrantes da ação da cocaína, indo muito além da linguagem limitada da neuroanatomia. Ao escrever em primeira pessoa, Freud tinha se alistado na tradição heroica da descoberta, que incluía Davy, Moreau e Mantegazza; mas sua habitual cautela significava que ele terceirizava o heroísmo a outros. "O efeito de grandes doses de coca", escreveu ele, "foi investigado por Mantegazza em experiências consigo mesmo."[74] O próprio Freud nunca excedeu sua dose inicial de 50mg e tinha descoberto que "uma primeira dose ou mesmo doses repetidas de coca... não produzem qualquer desejo compulsivo de continuar a usar o estimulante".[75] Mantegazza era, ele reconheceu, um "elogista entusiasmado" da droga, cujo relatório tinha "despertado muito interesse, mas pouca confiança" entre os profissionais médicos; Freud julgou, no entanto, que "encontrei tantas observações corretas" no seu relatório que "estou inclinado a aceitar suas alegações".[76]

A essa altura, Freud começou a tomar pequenas doses de cocaína regularmente, fora do contexto de sua pesquisa, e achou-a útil, agradável e fascinante em igual medida. Confessava a Martha que "o meu cansaço é uma espécie de doença menor; chama-se neurastenia";[77] com a cocaína, no entanto, logo notou "o desaparecimento de elementos no estado geral de bem-estar de uma pessoa que causam depressão"[78] e, em junho, escreveu a Martha, que estava "forte como um leão, feliz e alegre".[79] A cocaína, descobriu também, era um potenciador do desempenho. "A pessoa se sente" – o pronome impessoal situa a sua afirmação entre a experiência pessoal e os dados objetivos – "mais vigorosa e capaz de trabalhar". A cocaína "prepara a pessoa para o esforço intelectual", no qual "o trabalho mental e físico intenso e duradouro pode ser realizado sem fadiga".[80] Significativamente, ele descobriu que esse aumento da energia nervosa, ao contrário do produzido pelo álcool ou pela cafeína, não era "seguido por qualquer sensação de lassidão ou outro estado de depressão". Se Beard tinha razão ao afirmar que as múltiplas manifestações da neurastenia eram sintomas de uma única causa subjacente, a cocaína poderia ser o remédio soberano que tantos procuravam.

Mas a cocaína tinha ainda outra qualidade: além de antidepressiva e de aumentar a energia, era um poderoso euforizante. Freud citou a afirmação de Mantegazza de que ela produzia um "estado de felicidade muito aumentada".[81] No auge de sua intoxicação com coca, ele rascunhou: "Deus é injusto porque fez o homem incapaz de sustentar os efeitos da coca durante toda a vida. Prefiro ter uma vida de dez anos com coca do que uma vida de 1000000000 séculos sem!".[82] Na opinião de Mantegazza, esse era o efeito primário da droga, e ele construiu sua visão expansiva de uma sociedade utópica futura estruturada em torno da embriaguez extática. Observações semelhantes eram recorrentes na literatura sobre outras drogas intoxicantes, desde o ópio ao óxido nitroso e ao haxixe. Moreau, por exemplo, tinha identificado a felicidade como a principal manifestação da intoxicação por haxixe:

> Num dado momento da intoxicação, quando uma efervescência inacreditável se apodera de todas as faculdades mentais, manifesta-se um fenômeno psíquico, talvez o mais curioso de todos, e que eu me desespero para transmitir adequadamente. Trata-se de uma sensação de bem-estar físico e mental, de contentamento interior, de alegria indefinível, impossível de analisar, de compreender, de explicar... A essa felicidade, tão agitada que todo o ser treme convulsivamente, segue-se uma suave sensação de lassidão física e mental, uma espécie de apatia, de insciência, uma calma completa, à qual a mente se abandona com prazer.[83]

Se existisse algo como um centro da felicidade no cérebro e se houvesse drogas capazes de estimulá-lo à vontade, essa seria uma descoberta de enormes consequências. Mas também seria perigosa: o que impediria os consumidores de drogas de perseguirem esse prazer a todo o custo, em detrimento de seus concidadãos e de sua própria sanidade mental? Como alienista, Moreau estava muito ciente de que a felicidade e o riso podiam ser vistos como estados patológicos, maníacos ou histéricos; daí a sua insistência em que a felicidade do haxixe era, apesar de sua extravagância e irracionalidade, a expressão de uma mente racional e saudável. Humphry Davy e seu círculo haviam observado, de modo semelhante, que os indivíduos riam frequentemente de forma estrondosa sob a influência do óxido nitroso, mas que, momentos depois, eram incapazes de explicar o que os tinha levado a rir: uma reação que seria normalmente considerada um sintoma de perturbação mental, mas que surgia repetidamente em voluntários perfeitamente saudáveis. Como uma felicidade tão profunda não pode ter outra causa além do próprio gás?

Para Mantegazza, o êxtase da cocaína era um estado mental alterado que tinha o potencial de reorientar os seus usuários para uma sociedade revolucionária, construída em torno do prazer. Freud, por outro lado, teve o cuidado de apresentar sua elevação de humor como essencialmente moderada, ressaltando que "a excitação e a euforia duradoura" que se manifestam após 50 a 100 mg de cocaína "não diferem em nada da euforia normal de uma pessoa saudável".[84] A ênfase em "normal" e "saudável" tinha dois objetivos: primeiro, sublinhar que a cocaína não alterava a personalidade nem ameaçava o eu sóbrio; e, segundo, contrariar as associações pouco saudáveis que o termo "euforia" tinha começado a adquirir. Originalmente, euforia significava simplesmente sentir-se bem: a experiência de saúde, tal como descrita pelo paciente. Freud a entendia nesses termos como um sintoma positivo, um sinal de que as necessidades do corpo e da mente estavam satisfeitas, como o ronronar de um motor bem afinado. Outras vozes médicas, no entanto, começaram a concebê-la como um sinal de perigo, análogo à sensação paradoxal de relaxamento e contentamento por vezes descrita por aqueles que são resgatados das últimas fases do afogamento. Estava particularmente associada às fases mais avançadas do consumo, em que os doentes eram frequentemente descritos como exibindo uma "euforia ou esperança mórbida" à medida que seu estado se agravava.[85] O médico francês Charles Féré, em um estudo sobre a doença em 1892, afirmava que as "crises de euforia" podiam ser encontradas em epilépticos e histéricos, considerando-as uma dissociação perigosa do corpo que levava os doentes a confundir a doença com a saúde.[86] A euforia, nesse uso médico de então, era o prazer com um asterisco. Quando produzida por um estímulo não natural, como uma droga, podia ser a ilusão de um sujeito que, sob a sensação de prazer, estava, na realidade, sendo envenenado.

Talvez fosse prudente que Freud minimizasse os efeitos eufóricos da cocaína, mas seu interesse por eles foi mais longe. Perguntou-se, tal como Moreau o fizera com o haxixe, se a euforia induzida pela cocaína seria, de alguma forma, o seu efeito principal, e não apenas um efeito secundário de suas propriedades estimulantes. Seria possível que a droga induzisse uma mudança mental que permitisse ao sistema nervoso acessar reservas inexploradas de energia? Assim como as visões do ópio ou do haxixe não residiam nas drogas em si, mas nas dimensões – de outro modo inacessíveis – às quais elas permitiam acessar, o aumento da energia física e nervosa com a cocaína poderia ser o produto de uma mente otimizada para um nível superior de funcionamento.

Se essa hipótese fosse verdadeira, deveria ser mensurável, e Freud voltou-se para a experimentação com instrumentos de precisão, método preferido por seu professor Ernst Brücke. A euforia era uma sensação subjetiva, mas a energia mental ou física gerada por ela devia ter correlações objetivamente mensuráveis. A cocaína, como Freud já tinha aprendido ao experimentá-la em vários amigos e colegas, tinha efeitos diferentes em indivíduos diferentes; deveria, portanto, ser possível verificar se o aumento da energia física se correlacionava simplesmente com a dose administrada ou se aqueles que experimentavam maior euforia também evidenciavam uma resposta estimulante mais poderosa. Para testar essa hipótese, Freud utilizou dois aparelhos experimentais: um dinamômetro, que media a pressão exercida sobre ele e bloqueava a agulha no ponto de pressão máxima, e um neuroamoebímetro, uma tira metálica vibratória que registava os tempos de reação. Foi a primeira e – como se verificou posteriormente – a única vez que Freud fez experiências em seres humanos vivos: predominantemente em si mesmo, uma vez que sua reação à cocaína parecia mais previsível e mais positiva do que a dos voluntários que recrutou.

Em janeiro de 1885, publicou os resultados em um pequeno artigo intitulado "Contribution to the knowledge of the effect of cocaine" (Contribuição para o conhecimento do efeito da cocaína, em tradução livre). A partir de colunas tabuladas de datas, doses, pressões mecânicas e tempos de reação, conseguiu demonstrar que a sensação subjetiva de aumento da força e da energia induzida pela cocaína era objetivamente real: quando tomavam a droga, ele e os voluntários exerciam mais pressão no dinamômetro, mantinham-na durante mais tempo e tinham tempos de reação mais rápidos. Conseguiu também demonstrar que esse aumento de energia começava logo que se sentia a adrenalina da euforia, antes de a maior parte da droga ter sido absorvida pela corrente sanguínea. A partir daí, concluiu que a ação estimulante da cocaína não era produzida diretamente pelo sistema nervoso, mas era "indireta, efetuada por uma melhoria do estado geral de bem-estar".[87]

Os métodos híbridos de Freud, tal qual seu estilo literário igualmente híbrido, produziram um resultado surpreendente: ele utilizou a medição física para seguir uma alteração subjetiva na consciência e produziu dados objetivos que sugeriam que a mente era a fonte de um efeito fisiológico. A essa altura, passou de dissolver a cocaína em água a cheirar o pó. Essa via era muito mais eficaz: a droga é parcialmente decomposta e tornada inativa no estômago, mas as membranas nasais transmitem-na diretamente para a corrente sanguínea. A inalação também torna o início dos seus efeitos mais rápido e pronunciado.

A essa altura, o interesse médico e farmacêutico pela cocaína aumentava, e outros médicos começavam a saudá-la como uma droga milagrosa. A Parke-Davis expandia seu fornecimento e a gama de preparações;

John Pemberton, um empresário de medicamentos patenteados na Geórgia, anunciou uma nova bebida à base de cocaína, a Coca-Cola, apregoando-a como "um grande revigorante do cérebro".[88] "Über Coca" foi reimpresso, e Freud, que os médicos e farmacêuticos interessados consideravam agora a principal autoridade médica sobre a droga, trabalhava numa versão expandida. Suas experiências engenhosas tinham feito a quadratura do círculo entre a objetividade e a introspecção; seu estilo de escrita inovador captava as sensações subjetivas da cocaína, enquanto seu trabalho de laboratório as sustentava com dados quantitativos. Ele tinha em vista uma cura para a doença nervosa da época, um potenciador de desempenho para corrigir a disparidade crescente entre os poderes da mente humana e as exigências da vida moderna, e o mundo estava correndo para acompanhar suas descobertas.

O que poderia dar errado?

Capítulo Dois

DEUSES PROTÉTICOS

ENTRE OS COLEGAS QUE FREUD HAVIA RECRUTADO para suas experiências com o dinamômetro estava um jovem estagiário do departamento de oftalmologia do Hospital de Viena, Karl Köller. Ao engolirem suas doses de cocaína em água, ambos notaram a sensação instantânea de entorpecimento em volta dos lábios e da garganta, que Freud descrevera após sua primeira experiência. Köller, porém, estava particularmente atento a ela. Seu grande interesse profissional era a fisiologia ótica – a ponto de Freud achá-lo, em privado, um pouco tedioso – e percebeu imediatamente que isso poderia tornar a cocaína inestimável para a cirurgia ocular. Mesmo os analgésicos mais potentes eram incapazes de impedir os espasmos de reflexo e o pestanejar, tornando procedimentos comuns, como a remoção de cataratas, quase insuportavelmente dolorosos. O palpite de Köller foi facilmente validado: ele pingou a solução de cocaína no olho de um sapo e descobriu que podia tocar na córnea protuberante sem fazê-lo piscar. Organizou imediatamente uma demonstração em que, na presença de testemunhas, incluindo um oftalmologista sênior, repetiu o procedimento com um cão.

O artigo de Köller sobre sua descoberta foi lido perante a Sociedade Médica de Viena em 17 de outubro de 1884. "A cocaína", anunciou ele, "foi proeminentemente trazida ao conhecimento dos médicos vienenses pela compilação minuciosa e pelo interessante artigo terapêutico do meu colega de hospital, Dr. Sigmund Freud."[1] Freud ficou inicialmente entusiasmado com o fato de "um colega ter encontrado uma aplicação notável para a coca na oftalmologia". A sua nova descoberta estava em marcha. Entretanto, tornou-se gradualmente claro que essa seria a única aplicação médica incontroversa da cocaína, e que Freud tinha sido relegado a um papel secundário. Ele havia sido o primeiro a propô-la na imprensa: "Über Coca" concluía com uma série de sugestões terapêuticas para a droga, incluindo a observação, no último parágrafo, de que seu "acentuado efeito anestesiante quando em contato com a pele," poderia levar a "muitas outras aplicações".[2] À medida que a carreira de Köller decolava, Freud começou a perguntar-se por que razão ele próprio não tinha dado o passo, óbvio em retrospectiva, de aplicar sua sugestão à cirurgia. Por vezes, amaldiçoou-se por sua preguiça; mais tarde, sem cavalheirismo, culpou a influência dispersiva de Martha. Quarenta anos mais tarde, concluiu que a causa principal era o fato de a cocaína ter sido, em última análise, uma distração da sua especialidade em neurologia e de ele nunca ter dedicado devidamente sua atenção a ela. Na medida em que sua investigação sobre a cocaína tinha sido uma busca oportunista de progressão na carreira, foi ironicamente adequado que o prêmio fosse atribuído a outro. Köller aproveitou o sucesso para se dedicar a uma lucrativa clínica de oftalmologia em Nova Iorque; mais tarde, Freud referiu-se a ele como "Coca Köller".

O episódio teve um eco curiosamente preciso das investigações de Humphry Davy sobre o óxido nitroso. Em suas *Researches chemical and philosophical* (Pesquisas químicas e filosóficas sobre o óxido nitroso, em tradução livre), de 1800, Davy havia feito uma sugestão muito semelhante, de que o gás era "capaz de destruir a dor física" e, consequentemente, poderia "provavelmente ser usado com grande vantagem durante as operações cirúrgicas".[3] Mas a sugestão não foi adiante e, quando a anestesia com óxido nitroso surgiu, cinquenta anos mais tarde, já tinha sido praticamente esquecida. Tanto Davy como Freud estavam absortos pelos novos estados de consciência que exploravam e pelas questões profundas que levantavam sobre a natureza da mente e suas relações com o corpo – especificamente, em ambos os casos, a natureza da ligação entre o estímulo químico e o prazer. Ambos estavam interessados em medir e registar dados fisiológicos, mas o foco principal era introspectivo, mapeando imagens de pensamento e sensação anteriormente inexploradas.

Freud pode ter demorado a reconhecer a importância da descoberta de Köller, mas ela serviu como um estímulo imediato para a nascente indústria da cocaína. Nos Estados Unidos, a Parke-Davis aumentou a produção e, em 1887, era um dos vários fornecedores que ofereciam a droga pura a preços de atacado, que tinham baixado de um dólar por grão para apenas 2 cents.[4] Seis meses após a publicação do artigo de Köller, o preço da cocaína da Merck, já elevado a 6 marcos por grama, quadruplicou, e a Merck seguiu a Parke-Davis na importação de extratos brutos de cocaína dos Andes em vez de enviar folhas de coca não transformadas a granel para a Europa. Sob pressão da concorrência norte-americana, a Merck justificou o aumento de preços com a publicidade de que sua cocaína era da mais alta qualidade, uma afirmação que sustentou com a utilização do seu produto por Freud em "Über Coca".[5]

No entanto, foi outra das sugestões terapêuticas de Freud que fez com que suas investigações sobre a cocaína passassem de prometedoras a desastrosas. Como parte do argumento de que se tratava de um remédio para a fraqueza nervosa e a depressão, ele difundiu a alegação com que a Parke-Davis tinha originalmente lançado a droga nos EUA, de que era "um antídoto para o hábito do ópio", eliminando os desejos e as dores da abstinência.[6] A prova disso, como Freud havia notado, foi em grande parte extraída da *Therapeutic Gazette*, a revista farmacêutica interna da Parke-Davis, que agora publicava regularmente histórias de casos e testemunhos de curas bem-sucedidas do ópio. Esses casos haviam sido um estímulo significativo para as pesquisas de Freud, sobretudo porque ele tinha em mente um paciente experimental.

Na carta a Martha em que anunciou pela primeira vez o seu interesse pela cocaína, escreveu que pretendia experimentá-la em casos de doença cardíaca, exaustão nervosa e "particularmente na terrível condição que se segue à retirada da morfina (como no caso do Dr. Fleischl)".[7] Ernst von Fleischl-Marxow era um brilhante colega mais velho de Freud, professor júnior de Ernst Brücke na Faculdade de Medicina de Viena, onde tinha realizado estudos pioneiros sobre a atividade elétrica nos nervos e no cérebro. Freud o idolatrava; como escreveu a Martha, "admiro-o e amo-o com uma paixão intelectual, se é que me permite tal expressão".[8] Durante anos, Fleischl viveu com uma lesão terrível. Tinha infectado o polegar direito com um bisturi durante uma autópsia, e a amputação que se seguiu deixou-o com danos nos nervos e dores constantes e, muitas vezes, excruciantes. Suportou sua condição estoicamente e da forma mais graciosa possível, mas, em 1884, já dependia da morfina para tratá-la, injetada em doses cada vez maiores. Seu crescente vício em drogas, combinado com a dor que elas suprimiam apenas parcialmente, o estavam destruindo.

Fleischl foi um dos primeiros a saber da descoberta da cocaína por Freud; entusiasmado, pediu-lhe que experimentasse nele a cura por meio da cocaína. Os efeitos foram instantâneos: as dores desapareceram, a cocaína levantou-lhe o ânimo e rapidamente conseguiu reduzir e, depois, dispensar completamente a morfina. Fleischl escreveu uma breve nota sobre o sucesso do seu caso, na qual teorizou que os opiáceos e a cocaína eram, de alguma forma, antitéticos um ao outro. Freud, escrevendo "Über Coca" no mesmo momento, incluiu o caso de um paciente anônimo que tinha substituído com sucesso a morfina pela cocaína e "após dez dias foi capaz de dispensar completamente o tratamento com coca".[9]

Mas o milagre foi de curta duração. No espaço de uma semana, Fleischl consumia cocaína em quantidades que Freud nunca imaginara serem possíveis. Nos três meses seguintes, regressou à morfina, mas consumia também pelo menos um grama de cocaína por dia, injetada por via subcutânea. Gastava cem vezes mais do que Freud, mesmo nos seus períodos de consumo mais regular. Desenvolveu insônia, paranoia e um delírio de destruir os nervos, em que sentia cobras rastejando pela sua pele. Freud passou noites angustiantes com ele, durante as quais Fleischl falava louca e incessantemente: "Cada nota do mais profundo desespero era ouvida", fazendo Freud pensar "se alguma vez na minha vida experimentarei algo tão perturbador". Dor, exaustão, morfina e cocaína: "tudo isso forma um *conjunto* que não pode ser descrito".[10]

Essa era uma dimensão da cocaína que as cautelosas autoexperiências de Freud não tinham conseguido descobrir. Confrontado todas as manhãs com a tela "Em caso de dúvida, abstenha-se" na sua parede, ele nunca sentira a necessidade de mais do que "uma dose efetiva" de 50 mg, nem de seguir uma dose com outra.[11] Pelo contrário, relatou sentir "uma leve repulsa" diante da perspectiva de tomar uma segunda dose antes que a primeira tivesse perdido o efeito. Para suas descrições de doses elevadas, baseou-se em Mantegazza, que "experimentou as mais esplêndidas e coloridas alucinações, cujo teor era assustador durante um curto período de tempo, mas invariavelmente alegre a partir daí".[12] Mantegazza, no entanto, mastigava folhas de coca, o que estabelecia um limite prático para a quantidade de cocaína que absorvia. Dependendo da potência da folha, as doses mais extravagantes correspondiam provavelmente a cerca de um grama distribuído ao longo de um dia e uma noite; e seu método de ingestão gradual, combinado com os outros alcaloides e minerais da folha, atenuava os efeitos nervosos que o método de injeção de Fleischl acentuava. As experiências de Freud em animais haviam demonstrado que doses elevadas produziam efeitos físicos indesejáveis – aumento da pulsação e da pressão sanguínea, perturbações gástricas –, e ele presumia que, tal como no caso da cafeína, doses mais elevadas se revelariam autolimitantes.

Freud estava, no entanto, fortemente investido na crença de que a cocaína era uma droga milagrosa, uma crença agora compartilhada por muitos dos seus colegas médicos. Em março de 1886, *o Chambers's Journal*, uma popular revista britânica de artes e ciências, descreveu-a como uma "descoberta que ultrapassou suficientemente o padrão normal de grandeza para poder figurar como uma das maravilhas da época". Em 1884, com o apoio de Freud, "brilhou como um meteoro perante os olhos do mundo médico, mas, ao contrário de um meteoro, suas impressões provaram ser duradouras".[13] Era comercializada sob várias formas – como pó para inalação, xarope, pastilha ou cigarro de ervas – para uma enorme variedade de doenças, e sua reputação e imagem públicas refletiam as afirmações entusiásticas dos seus promotores. Os consumidores encontravam alívio sintomático para as afecções dos brônquios e dos seios nasais, bem como um estado de espírito elevado. Em um mundo moderno, em que a fadiga e a depressão eram endêmicas, prometia um alívio milagroso para um sofrimento crônico anteriormente intratável.

Era igualmente popular como estimulante mental, e os médicos faziam parte das categorias de trabalhadores cerebrais a quem ela particularmente atraía. Em outubro de 1888, um artigo na *Edinburgh Review* relacionava a cocaína com o papel heroico exigido da medicina no mundo moderno. Os médicos, argumentava o artigo, estavam mais ocupados do que nunca, com um trabalho complexo e exigente que oferecia um estímulo ilimitado "às mentes mais esclarecidas e visionárias". O médico moderno "tem espaço para o exercício muscular; tem de estar sempre em busca de novas informações, o que mantém o organismo mental em atividade". Em todos esses aspectos, a cocaína era "inestimável como remédio interno", aumentando não só a resistência e o humor, mas também a capacidade intelectual.[14] O retrato vívido que Freud apresentou da mente e do corpo estimulados pela cocaína, funcionando vigorosamente em todos os cilindros para satisfazer as exigências do mundo moderno, se encaixava perfeitamente na autoimagem da profissão médica moderna.

O caso de Fleischl foi uma estreia médica, embora não no sentido que Freud desejava. A ele, logo se juntaram outros. Em julho de 1885, a revista neurológica *Centralblatt für Nervenheilkunde* publicou um comentário do seu editor, o médico e superintendente de asilo Friedrich Albert Erlenmeyer, descrevendo a nova condição de dependência de cocaína. Erlenmeyer, autor de um dos primeiros livros sobre a dependência da morfina e o seu tratamento, prestou muita atenção às novas e emergentes formas de desejo de consumir drogas. No ano seguinte, escreveu outro artigo para o *Centralblatt*, declarando a cocaína o "terceiro flagelo da humanidade", depois do álcool e do ópio. A terceira edição do seu livro incluía uma pequena passagem creditando a Freud o papel de pioneiro da terapêutica com cocaína e acrescentando que "ele recomenda sem reservas o emprego da cocaína no tratamento do alcoolismo".[15] Era uma acusação difícil de contestar, especialmente depois de Ernst von Fleischl-Marxow ter se tornado o primeiro paciente a ser diagnosticado com uma dupla dependência de morfina e cocaína, adquirida sob a supervisão de Freud.

Apesar da grande antiguidade do ópio, a dependência era um diagnóstico moderno. Médicos e farmacêuticos gregos e romanos clássicos haviam constatado que quem consumia ópio regularmente era obrigado a aumentar a dose, e já fazia cinquenta anos que Thomas De Quincey descrevia, em pormenores, as agonias da abstinência. No entanto, esse fator continuava a ser menos preocupante para os médicos do que o perigo mais agudo do ópio, a sua estreita janela de dosagem: apenas duas ou três vezes a dose eficaz poderiam ser suficientes para induzir uma depressão respiratória potencialmente fatal. Mas o ópio – e, a partir de cerca de 1850, o seu extrato sintético mais potente, a morfina – eram demasiado valiosos para o alívio da dor para que os médicos os evitassem com base nesses fatores. Havia muitas outras drogas que precisavam ser tomadas todos os dias, e o uso crônico era uma preocupação menor numa época em que o ópio estava amplamente disponível e era relativamente barato.

Em muitos aspectos, Fleischl era típico do primeiro grupo de pessoas a ser diagnosticado como "narcomaníaco", mais tarde conhecido como "toxicodependente". A doença foi originalmente descrita por médicos especializados em doenças nervosas e que ofereciam cuidados residenciais a pacientes particulares, e ainda não se tinha tornado familiar fora desse meio. Foi formulada pela primeira vez na década de 1870 como "desejo mórbido" por médicos como Eduard Levinstein, diretor de uma dessas instituições no bairro de Schöneberg, em Berlim. Em 1877, Levinstein publicou o primeiro livro sobre o desejo mórbido por morfina (*Morphiumsucht*), descrevendo seus sintomas com base nas notas de casos de seus pacientes, complementadas com experiências em animais sobre a dose e a toxicidade. Ele não via o desejo como uma doença mental, mas como uma nova adição à "categoria de outras paixões humanas, como o fumo, o jogo, a ganância pelo lucro, o excesso sexual, etc".[16] Era igualmente claro que não se tratava de um déficit intelectual: de fato, muitos dos seus pacientes eram "autoridades em assuntos militares, artistas, médicos, cirurgiões, com nomes da mais alta reputação".[17]

Na sua opinião, a toxicodependência era, em última análise, um subproduto, ou efeito secundário, da civilização moderna: uma consequência do avanço da ciência, da velocidade acelerada da vida, da difusão global do conhecimento, do marketing de massas, da escolha do consumidor e da liberdade individual. Como tal, era curiosamente simétrica ao estado de enervação da neurastenia, que muitos dos seus portadores tinham inicialmente buscado tratar com morfina. George Miller Beard considerava que os perigos das drogas tinham se "alargado e multiplicado grandemente com o progresso da civilização, especialmente nos tempos modernos".[18] Agrupava-a com outras doenças da "sobrecivilização" – suicídio, sexo antes do casamento, homossexualidade –, como um subproduto indesejado, mas inevitável, das invenções que considerava serem os principais motores da modernidade: a imprensa, a máquina a vapor e o telégrafo.

À medida que o número de casos aumentava e os médicos especialistas se multiplicavam, tornou-se claro que essa doença da civilização tinha duas classes principais de vítimas. Uma era a dos pacientes particulares ricos; a outra era a dos próprios médicos. Em 1883, o médico americano J.B. Mattison afirmou que seus colegas formavam o maior grupo de *habitués*, ou viciados em morfina, do país, podendo incluir até um terço de todos os médicos, cirurgiões, dentistas e enfermeiros. No início do século XX, segundo as estimativas do importante farmacologista alemão Louis Lewin, cerca de 40% dos toxicodependentes eram médicos, e outros 10% eram esposas de médicos.[19] Em 1886, a cocaína começava a ser comparada, por alguns médicos, à morfina em termos de perigos: como dizia o *British Medical Journal*, "já descobrimos que esta doce rosa do nosso ramo terapêutico tem um espinho amargo". Sua prevalência era particularmente elevada entre os anestesistas e os cirurgiões, especialistas que trabalhavam diariamente com esta droga. Os toxicodependentes da cocaína não sofriam as mesmas agonias de abstinência que os morfinistas, mas podiam ser mais insidiosos: o especialista irlandês em toxicodependência Conolly Norman escreveu no *Journal of Mental Science*, em 1892, que "a cocaína é mais sedutora do que a morfina; agarra-se à sua vítima mais rapidamente, e o seu poder é no mínimo igual".[20]

Os perigos da morfina e da cocaína foram consideravelmente ampliados pelo método moderno de administração que partilhavam. Na primeira frase de seu livro, Eduard Levinstein observou que a nova condição estava intimamente ligada ao "método de Pravaz" de injeção subcutânea, nomeado em homenagem ao cirurgião francês Charles Pravaz, que, em 1853, concebeu e encomendou uma seringa hipodérmica, feita inteiramente de prata, para dispensar 1 centímetro cúbico de líquido por meio de uma agulha fina e oca.[21] A Guerra Civil dos Estados Unidos e a Guerra da Crimeia na Europa tinham consolidado as injeções de morfina na medicina dos campos de batalha e, durante a década de 1870, o Pravaz, juntamente com os frascos e comprimidos de morfina, tornou-se um elemento indispensável na mala do médico.

Na sequência da adoção da anestesia cirúrgica na década de 1840, a injeção subcutânea marcou uma nova era triunfante na medicina. Ao longo da história da humanidade, a dor tinha sido uma constante universal: todos os seres vivos esperavam sofrer dores insuportáveis num dado momento de suas vidasa e, frequentemente, no momento da morte. Com a combinação da morfina e da agulha hipodérmica, no entanto, a dor anteriormente intratável podia ser eliminada completamente, mais ou menos de forma instantânea. A crescente conscientização do perigo que isso representava pode ser observada em um dos primeiros textos que ensinaram a nova técnica, o *Manual of hypodermic medication* (Manual de medicação hipodérmica, em tradução livre), do médico da Filadélfia

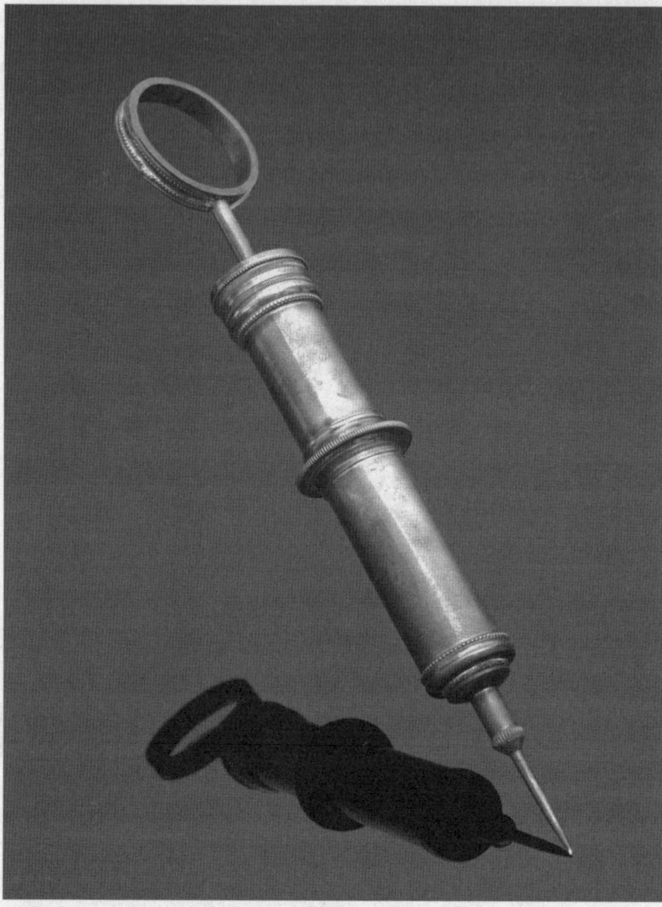

5. O novo diagnóstico de "desejo mórbido" ou de dependência estava estreitamente associado à utilização crescente da agulha hipodérmica.

Fonte: Seringa hipodérmica, Europa, 1871-1900. Museu da Ciência, 71 Londres. Atribuição 4.0 Internacional (CC BY 4.0).

Philips Bartholow. Em suas primeiras edições, em 1869 e 1873, Bartholow mencionava apenas brevemente o hábito da morfina; em 1879, porém, o tema já mereceu um capítulo completo e a advertência de que "a introdução da seringa hipodérmica colocou nas mãos do homem um meio de intoxicação mais sedutor do que qualquer outro que tenha contribuído até agora para o seu desejo de estimulação narcótica".[22]

Com as novas drogas e o novo método, a dor podia ser instantaneamente eliminada, e o prazer, espontaneamente criado. As duas sensações tinham sido associadas nas experiências com óxido nitroso de Humphry Davy, nas quais ele propôs que elas eram formas opostas de estímulo: o gás, ele teorizou, eliminava a dor ao inundar temporariamente os mesmos nervos com prazer. Thomas Beddoes havia saudado a descoberta como a aurora de uma nova era científica em que o homem "passaria a dominar as causas da dor e do prazer, com um domínio tão absoluto como o que exerce atualmente sobre os animais domésticos".[23] Com a morfina, a cocaína e o Pravaz, a profecia de Beddoes concretizou-se, mas revelou-se mais controversa do que ele imaginara. A euforia em doses ilimitadas revelou-se um problema médico de pleno direito. Eduard Levinstein, em seu *Die morphiumsucht, eine monographie in ärztlicher und socialer Beziehung* (A dependência da morfina: uma monografia sob o ponto de vista médico e social, em tradução livre), de 1877, relacionou-a com o problema da dependência, sugerindo que as dores da abstinência eram uma imagem espelhada dos prazeres iniciais da droga: "Em seguida, vem o oposto dessa euforia, desse elevado grau de autossatisfação: um profundo estado de depressão".[24] O controle da dor, a grande descoberta da medicina moderna, deixava uma sombra sinistra.

Outros clínicos fizeram eco ao alarme do Dr. Erlenmeyer perante o novo flagelo da humanidade, e o diagnóstico de "cocainomania" se juntou depressa ao de morfinomania. Ao mesmo tempo, as empresas farmacêuticas promoviam vigorosamente a cocaína como o milagre da época. Em sua brochura promocional de 1885, a Parke-Davis celebrou-a como uma "panaceia universal" que pode "substituir a comida, tornar o covarde corajoso, o silencioso eloquente".[25] Citava neurologistas que a tinham utilizado com sucesso no tratamento de distúrbios nervosos, incluindo um que a recomendava para o tratamento de enjoos matinais na gravidez. A Parke-Davis afirmava que seu valor estava também a ser reconhecido no tratamento dos hábitos alcoólicos e opiáceos. Uma das autoridades citadas era o "Dr. Sigmund Freud de Viena", que havia curado um caso de dependência grave de morfina em dez dias com o método da cocaína e "é da opinião de que existe um antagonismo direto entre a morfina e a cocaína". A opinião de Freud foi partilhada por seu paciente, o Dr. Fleischl, que acrescentou que a cocaína era tão eficaz no tratamento do vício do álcool "que os asilos para embriagados podem agora ser totalmente dispensados".[26]

No verão de 1885, a Parke-Davis contactou Freud para que avaliasse o seu produto, tal como fizera para a Merck. Freud aceitou e voltou a utilizar o dinamômetro para medir seus efeitos:

> Examinei os efeitos fisiológicos da cocaína muriaticum [cloridrato] produzida por Parke Davis e posso afirmar que seu efeito é totalmente igual ao da preparação Merck com o mesmo nome. Quando tomada internamente, produz a euforia caraterística da cocaína. Os aumentos da força muscular foram medidos com o dinamômetro após doses iguais de cocaína Parke e Merck, e verificou-se que eram iguais. A cocaína de Parke, quando aplicada numa solução a 2%, anestesia a córnea e a conjuntiva do olho da mesma forma que o produto da Merck.[27]

Freud estava utilizando seus conhecimentos profissionais para defender um produto farmacêutico comercial, em um processo que moldava suas aplicações e a forma como seus efeitos eram compreendidos. Suas propriedades euforizantes podem ter sido uma fonte de ansiedade para os especialistas em toxicodependência, mas, para os farmacêuticos e clínicos gerais, eram um apelo de venda supremo. A "sensação de contentamento e bem-estar" que gerava era, segundo um médico, um remédio soberano para a depressão – "os blues, em outras palavras".[28] Outros médicos testemunharam, no jornal de Parke-Davis, os poderosos benefícios para "os nervosos e deprimidos" e em casos de melancolia. Um deles elogiou "a precisão quase matemática do efeito" no restabelecimento dos nervos exaustos.[29] A euforia, para aqueles que a comercializavam, não era uma causa ou um sintoma da neurastenia, mas um remédio para ela, exatamente como Freud esperava quando começou suas investigações.

No outono de 1885, com uma bolsa de viagem que lhe foi concedida pela Universidade de Viena, com base na recomendação calorosa de Ernst Brücke, Freud fixou residência em Paris para estudar no Hospital Salpêtrière, sob a orientação do mundialmente famoso neurologista Jean-Martin Charcot. Era uma missão excitante, mas assustadora: foi lançado a um mundo de conferências, visitas a hospitais e compromissos sociais com os luminares da profissão que pretendia exercer, numa cidade deslumbrante e intimidante, falando muito pouco francês e tentando sobreviver com rendimentos compatíveis com a pobreza. Começou a consumir cocaína com mais regularidade, de uma forma que englobava tanto a medicina como o prazer. Depois da austeridade do Hospital Geral de Viena e da estreita orientação biomédica da tutela de Brücke, ficou igualmente impressionado com o carisma de Charcot, com o seu estilo de vida *bon vivant* e com a sua atenção ao doente como um sujeito vivo, encarnado e em conflito. Suas cartas a Martha descrevem Charcot como “um padre mundano de quem se espera uma inteligência pronta e um apreço pela boa vida”.[30] Ele confidenciou-lhe que usava cocaína para acalmar os nervos, vencer a timidez e a falta de jeito para falar durante jantares formais e como um remédio para a neurastenia “produzida pelas fadigas, preocupações e excitações dos últimos anos”.[31]

Para o público em geral, os novos fármacos que transformavam a medicina eram sobretudo encontrados numa das maravilhas comerciais da época, a farmácia moderna. Até meados do século anterior, as farmácias eram normalmente bancas pouco iluminadas, com prateleiras cheias de frascos de “simples”: pós e preparações líquidas de medicamentos e produtos químicos básicos, embalados por encomenda em rolos de papel ou pequenos frascos. No entanto, na década de 1880, as grandes lojas comerciais metropolitanas, em particular, tinham se tornado palácios de consumo e templos do progresso médico. Suas entradas espelhadas e em vidro laminado eram portais para interiores iluminados a gás ou eletricidade, nos quais um arco-íris de pílulas, comprimidos e pastilhas de cores vivas se dispunha ao longo, atrás e por baixo dos reluzentes balcões de atendimento. O que o distinguia, e ainda hoje se encontra, era o garrafão: um frasco de vidro em forma de decantador, muitas vezes colocado em filas regradas na fachada da loja ou nas prateleiras superiores, cheio de líquidos de cores berrantes e iluminado para brilhar como uma pedra preciosa. Os corantes de anilina que forneciam sua cor falavam da promessa brilhante da química industrial moderna, enquanto a forma do garrafão também sugeria o souk[I] oriental com as suas mercadorias exóticas de aromas, poções e elixires de pérolas ou rubis dissolvidos. As expectativas dos clientes em relação aos novos medicamentos eram influenciadas pelo cenário, que os enquadrava tanto como milagres da ciência moderna quanto como poções misteriosas e quase mágicas.

Os "simples", incluindo a cocaína pura, estavam disponíveis nas novas farmácias, mas os mais vendidos eram as misturas patenteadas, com marcas e anúncios arrojados. Os fabricantes de produtos farmacêuticos, como a Parke-Davis e a Merck, forneciam os chamados produtos "éticos", fabricados de acordo com normas laboratoriais limpas e modernas, com doses de potência e pureza conhecidas e rotuladas com exatidão. Além desses, existia um mercado mais vasto de medicamentos "patenteados" – uma designação incorreta, uma vez que seus ingredientes não eram normalmente enumerados e muito menos patenteados. Eram tipicamente compostos por enchimentos inertes, como sabão, terebintina e cera – uma marca líder, Holloway's Pills and Ointments, demonstrou não conter mais nada[32] –, mas, na década de 1880, muitos incluíam narcóticos e estimulantes como o ópio, a morfina e a cocaína. Esses medicamentos muitas vezes recebiam o nome de uma figura popular, como "Xarope

---

[I] Mercado tradicional árabe, especialmente comum nas cidades do Norte da África e do Oriente Médio.

6. No final do século XIX, as farmácias eram uma maravilha da era moderna do consumo.

Fonte: Peter Elfelt, Domínio Público, via Wikimedia Commons.

calmante da Sra. Winslow" ou "Elixir do Godfrey", e seus alcaloides amargos eram compensados com xaropes de sabor adocicado. O fato de esses medicamentos "funcionarem" estava essencialmente na mente do consumidor, que provavelmente se sentiria melhor depois de tomá-los. Algumas marcas eram potentes coquetéis de euforizantes de largo espectro, que viriam a ser classificados como "drogas" nas décadas seguintes: um produto básico das farmácias britânicas, por exemplo, a "Clorodina do Dr. J. Collis Browne", continha clorofórmio, éter, morfina e cannabis. No rótulo, era anunciado como "uma caixa de remédios em si".

Os efeitos das novas drogas de farmácia, as promessas e ameaças que representavam, eram um elemento básico das colunas dos jornais e do moinho da ficção popular, que se tornou comum em revistas americanas como *a Lippincott's* e a *Scribner's* e que, na década de 1890, se espalhou pela Grã-Bretanha, dando início ao que ficou conhecido como a "Era dos Contadores de Histórias".[33] A questão dos estimulantes foi examinada com um olhar cético por H. G. Wells em seu conto "O novo acelerador", que apareceu juntamente com o último episódio da história de sucesso de Sherlock Holmes, de Conan Doyle, *O cão dos Baskerville*, na *The Strand Magazine* em dezembro de 1901, uma edição que vendeu cerca de meio milhão de exemplares. Como a maioria das histórias sobre drogas da época, girava em torno de um cientista autoexperimentador. O célebre Professor Gibberne, perito no campo dos "soporíferos, sedativos e anestésicos", está "à procura de um estimulante nervoso completo para preparar pessoas lânguidas para o estresse destes dias agitados" e tropeça em "algo que revolucionará a vida humana".[34] O narrador, um vizinho de Gibberne, aceita uma dose do composto que o professor batizou de Novo Acelerador. Pouco depois de ingerir uma solução diluída em água, nota que o mundo exterior abrandou quase até a paralisação e percebe que suas próprias ações se desenrolam em incrementos impossivelmente minúsculos do tempo normal.

Os dois perambulam pela elegante cidade costeira britânica de Folkestone, depressa demais para serem perceptíveis aos transeuntes, que observam em pormenores grotescos e em câmera lenta. A experiência é igualmente estimulante e perturbadora: anuncia um futuro em que as pessoas poderão selecionar a velocidade em que se movem no tempo, capazes de viver um dia numa fração de segundo. Gibberne se entusiasma com as possibilidades que isso abrirá: "A conveniência de assegurar um longo e ininterrupto período de trabalho no meio de um dia cheio de compromissos não pode ser exagerada".[35] Ele começa a trabalhar num Retardador, uma droga para diluir a potência alarmante do Acelerador e talvez conseguir o efeito oposto, permitindo que uma longa e entediante passagem de tempo ocorra num instante subjetivo. Entretanto,

> O seu aparecimento no mercado numa forma conveniente, controlável e assimilável é uma questão dos próximos meses. Poderá ser obtido em todas as farmácias e drogarias, em pequenos frascos verdes, a um preço

elevado, mas, tendo em conta suas extraordinárias qualidades, não excessivo; se chamará Gibberne's Nervous Accelerator [Acelerador Nervoso de Gibberne, em tradução livre], e ele espera poder fornecê-lo em três dosagens: uma em 200, uma em 900 e uma em 2000, distinguidas por rótulos amarelos, cor-de-rosa e brancos, respectivamente.[36]

Wells, então jornalista científico e escritor de ficção, seguia de perto as descobertas médicas e farmacêuticas e ficou intrigado com a perspectiva de um estimulante que pudesse aumentar a energia disponível para o sistema nervoso. O seu "Novo Acelerador" era uma extrapolação fantástica da cocaína, juntamente com os estimulantes glandulares e elétricos mais drásticos e improváveis. Vislumbrava a perspectiva emocionante e aterradora de um mundo em que as drogas poderiam afrouxar os laços entre os indivíduos a ponto de estes passarem a habitar não apenas mundos mentais privados e subjetivos, mas também realidades completamente diferentes. Refletia um mercado moderno, em que as drogas que alteram a mente passavam sem esforço da descoberta deslumbrante ao mercado de massas, reescrevendo silenciosamente a condição humana nesse processo. Tudo isso se passava sem qualquer supervisão ou meio de controle eficaz, e a história termina com a despreocupação de Gibberne:

> Como todas as preparações potentes, será suscetível a abusos. No entanto, discutimos muito bem esse ponto e decidimos que se trata de uma questão puramente de jurisprudência médica e que está totalmente fora do nosso âmbito. Iremos fabricar e vender o *Accelerator*, e quanto às consequências – veremos.[37]

Em 1887, o *British Medical Journal* declarou que "uma reação inegável contra as pretensões extravagantes anunciadas em nome dessa droga já se instalou".[38] No entanto, o julgamento não estava de modo algum estabelecido. Para alguns, os perigos da cocaína eram uma acusação ao consumismo; para outros, ao estresse da vida moderna; para outros ainda, expunham a existência de uma minoria de degenerados morais.

As opiniões dos médicos, dos farmacêuticos e do público em geral variavam bastante. Muitos médicos continuavam a considerar a cocaína útil, ou mesmo indispensável, para aplicações que iam da oftalmologia à depressão, da anestesia local às queixas gástricas, e consideravam que seus perigos eram inflados. A injeção trazia claramente seus próprios riscos – septicemia, dependência, colapso nervoso –, mas havia poucos indícios de que consumidores habituais de vinhos e pastilhas de coca experimentassem algo pior do que um ligeiro alívio sintomático para as suas dores de dente, asma ou "the blues".

A contribuição seguinte de Freud para o debate, o seu artigo de 1887 "Craving for and Fear of Cocaine" (Desejo e medo da cocaína), mostrou como se tinha tornado difícil falar em meio a essa divisão. Freud argumentou que a dependência da cocaína não era uma doença, mas, sim, um sintoma de outras perturbações mentais. Classificou como patética a caracterização de Erlenmeyer da droga como o "terceiro flagelo" da humanidade, argumentando que "todos os relatos de dependência de cocaína e de deterioração resultante dela se referem a dependentes de morfina", cujo abuso da droga fazia parte de um padrão previamente estabelecido de autodestruição caótica.[39] Para defender esse ponto de vista, foi obrigado a recuar na sua recomendação de que se tratava de um remédio para a dependência da morfina, uma afirmação que agora atribuía a Parke-Davis, cuja publicidade a tinha levado "à atenção geral dos médicos – e também, infelizmente, dos viciados em morfina".[40]

Reconheceu que havia raros exemplos de cocainomania, mas estes eram mais corretamente atribuídos à agulha hipodérmica, um dispositivo que oferecia gratificação imediata, mas com o risco de uma rápida escalada de tolerância, levando o consumo de cocaína a níveis tóxicos e causando agitação física, delírio e mania de perseguição. Freud ignorou o fato de ele próprio ter recomendado a injeção na imprensa em 1885 e de Fleischl ter utilizado esse método – se não com a aprovação explícita de Freud, pelo menos sob a sua vigilância, na época em que Freud utilizava seu caso anônimo como uma história de sucesso. Ao salvar a cocaína das "calúnias" contra ela, foi empurrado para a autocontradição e a falsidade – ou, no mínimo, na leitura indulgente do seu primeiro biógrafo Ernest Jones, para o apagamento inconsciente dos fatos que minavam sua posição.[41]

A denúncia da cocaína por Erlenmeyer conquistava o terreno cauteloso da opinião médica e, em retrospectiva, marcou o fim das ambições pessoais de Freud em relação à droga. No entanto, outras figuras médicas não estavam dispostas a declará-la um flagelo da humanidade. Freud concluiu seu artigo citando longamente o relatório autoexperimental de William Hammond, um ferrenho defensor da cocaína que não tinha qualquer intenção de mudar de opinião. Hammond estava entre os médicos mais ilustres dos Estados Unidos: tinha servido como cirurgião-geral do Exército da União durante a Guerra Civil e trabalhado energicamente para profissionalizar a medicina em tempos de guerra. Foi afastado do cargo de forma controversa por se recusar a administrar o emético calomelano, que continha mercúrio, a funcionários enfermos: alegou que não era seguro nem eficaz, o que mais tarde se veio a provar correto. Exigiu um tribunal marcial, que o demitiu com base em vagos motivos de "irregularidades", mas acabou por forjar uma carreira de sucesso como neurologista, tornando-se professor de doenças nervosas na Universidade de Nova Iorque em 1874.

Hammond abordou a cocaína como um libertário, um racionalista que incansavelmente desmascarava as alegações de espiritualistas e charlatões, e um defensor de novos tratamentos químicos, como o lítio para a mania. Ele a testou de um modo mais completo do que Freud jamais havia feito:

> Comecei injetando um grão [cerca de 65 miligramas] da substância sob a pele do antebraço, a operação foi realizada às 20h. O primeiro efeito ocorreu em cerca de cinco minutos e consistiu em uma sensação agradável que parecia percorrer todo o corpo... Ao tomar o pulso cinco minutos após a injeção, ele estava em 94, enquanto imediatamente antes da injeção estava em apenas 82. Com esses fenômenos físicos, houve uma sensação de euforia e um aumento da atividade mental bem marcantes, semelhantes

> aos que normalmente se seguem a uma ou duas taças de champanhe. Eu estava escrevendo naquele momento e percebi que meus pensamentos fluíam com maior liberdade e eram expressos de maneira incomum.[42]

Alguns dias depois, Hammond dobrou a dose, elevando-a para 130 mg. Ele observou as mesmas sensações físicas e um "grande desejo de escrever", o que resultou em um texto "totalmente coerente, lógico e tão bom, se não melhor, em termos gerais, quanto qualquer coisa que eu tivesse escrito anteriormente". Nas noites seguintes, ele aumentou ainda mais a dose, até injetar 12 grãos, quase um grama, nível em que "a ação do coração aumentou, ficando irregular em ritmo e força a tal ponto que fiquei com receio de consequências graves".[43] Isso não o impediu de fazer uma última experiência heroica com 18 grãos, bem mais de um grama, tomados em quatro injeções com intervalo de cinco minutos entre elas. "Nesse caso", ele registrou:

> senti que minha mente estava ficando fora de controle e que eu estava me tornando um agente irresponsável... Acho que perdi a consciência de todos os meus atos cerca de meia hora após terminar a administração da dose. Provavelmente, no entanto, outros humores foram afetados, pois, no dia seguinte, quando desci as escadas, três horas depois do meu horário habitual, encontrei o chão da minha biblioteca cheio de enciclopédias, dicionários e outros livros de referência, e uma ou duas cadeiras viradas.[44]

"Certamente, neste caso", concluiu Hammond, "estive muito perto de tomar uma dose fatal e não aconselharia ninguém a repetir a experiência."[45] No entanto, ele não observou nenhum desejo mórbido ou sintoma de abstinência, ponto que enfatizou em uma palestra para a Sociedade Neurológica de Nova York em 1886, intitulada "The So-Called Cocaine Habit" (O assim chamado hábito da cocaína, em tradução livre). Ele disse ao público que o vício em cocaína era, na realidade, "semelhante ao vício em chá e café, e diferente do vício em ópio":[46] tratava-se de uma "euforia mental prazerosa" que não criava dependência metabólica. Bastava força de vontade para resistir, "e nada parecido com parar de beber álcool ou fumar tabaco". Hammond não contestou o testemunho de Erlenmeyer de que existiam viciados em cocaína, assim como existiam viciados em café, e enfatizou que a associação da cocaína ao vício em morfina era "uma combinação extremamente ruim".[47] Em sua opinião, porém, a cocaína não era um flagelo para a humanidade, mas simplesmente mais uma adição à longa lista de substâncias que eram prejudiciais em doses inadequadamente altas. Ele continuou a apreciar regularmente uma taça de vinho de coca "ao final de suas tarefas diárias".[48]

A resposta à palestra de Hammond revelou uma profunda falta de consenso entre os médicos de Nova Iorque. Um médico do Brooklyn havia testemunhado sete casos de dependência de cocaína – cinco médicos e dois farmacêuticos – e acreditava firmemente que ela causava danos fisiológicos "ainda mais desfavoráveis do que a morfina".[49] Outros, no entanto, consideravam-na eficaz em casos de depressão, bem como por injeção para o alívio da ciática, como anestésico em operações de hemorroidas ou no tratamento da conjuntivite. Um deles acreditava firmemente que o alarme sobre suas propriedades viciantes estava criando "preconceito contra um remédio muito útil".[50] Freud havia enfatizado em "Über Coca" que as respostas individuais à cocaína variavam amplamente: de ansiedade a euforia, de aumento de energia a tontura ou náusea. Ele também observou uma grande variação na resposta à dose: "Encontrei não poucos que permaneceram imunes a 5cg [50mg], que, para mim e para outros, é uma dose eficaz",[51] essa foi uma das razões pelas quais ele realizou a maioria de seus testes com dinamômetro em si mesmo. Em particular, "os fenômenos subjetivos após a ingestão de coca diferem de pessoa para pessoa, e apenas alguns experimentam, como eu, uma euforia pura".[52]

Uma opinião médica ortodoxa e consensual parecia difícil de se alcançar quando se tratava de drogas que alteravam a mente. As opiniões dos médicos eram fortemente influenciadas por experiências pessoais, que variavam muito; a experiência, por sua vez, tendia a confirmar os preconceitos que a precediam. Para cada William Hammond, havia um caso como o de William Halsted, o cirurgião mais brilhante dos Estados Unidos, residente no hospital Bellevue, em Nova Iorque. Halsted foi um dos primeiros a adotar a cocaína, tendo visitado Viena em 1880 e lido o artigo de Köller sobre anestesia com cocaína após sua publicação. No final de 1884, ele já estava fazendo experiências com a droga em suas cirurgias, anestesiando nervos e músculos com precisão e testando em quais procedimentos cirúrgicos ela poderia ser usada. À noite, injetava a substância em seus assistentes e estudantes de medicina em diferentes partes do corpo, e eles passaram a inalá-la antes de sair para o teatro ou de se reunir na opulenta casa de Halsted na 25th Street.[53]

Na primavera de 1885, seu vício havia saído do controle e sua vida profissional desmoronou. Ele faltava às palestras, delegava operações aos colegas e, na reunião de abril da Sociedade Cirúrgica de Nova York, onde normalmente brilhava com sua sagacidade e expertise, apresentava-se confuso e desorientado. Nessa época, ele havia saído do Bellevue e se trancado em casa com grandes quantidades de cocaína. Quando acompanhado, ele era dominador e agitado, atropelando as visitas com monólogos "sobre tudo sob o sol, desde o trânsito de Vênus até os gonococos".[54] Seus colegas médicos intervieram, enviando-o a um cruzeiro pelo Caribe com apenas cocaína suficiente para reduzir suas doses a zero. Halsted deitou-se em seu beliche, calculando obsessivamente quanto tempo seu suprimento duraria, até que uma noite invadiu o armário de remédios do capitão. Quando o navio voltou para a Flórida, ele estava exausto, insone, paranoico e atormentado por dores musculares que o mantinham tenso há semanas. Ao retornar a Nova Iorque, ele se internou, sob pressão de amigos e colegas, em um manicômio residencial em Providence. Após vários meses de desintoxicação em um sanatório, recuperou-se e se tornou o primeiro professor de cirurgia da Universidade Johns Hopkins.

Não houve consenso, na época ou posteriormente, sobre porque Halsted sucumbiu tão desastrosamente à cocaína, ou mesmo se ele realmente se recuperou do vício. Sua primeira biografia, publicada em 1930, mencionou rápida e discretamente o episódio, caracterizando-o como um acidente que acometeu muitos dos primeiros usuários de cocaína, que, na época, eram "bastante inocentes quanto ao seu caráter viciante"; a narrativa se concentrou em como ele "superou o vício com força e determinação sobre-humanas e voltou a ter uma vida esplêndida de conquistas".[55] Um relato posterior de um amigo íntimo, o neurocirurgião Harvey Cushing, aprofundou-se mais, observando que, antes de usar a droga, Halsted era "um indivíduo rigoroso, bastante ostentoso, didático e agitado". A cocaína ampliou todas essas tendências, e "a verdade é que ele nunca a venceu". Em vez de destruir suas habilidades, porém, Cushing sugeriu que a cocaína aumentou sua exigência, tornando-o ainda mais obsessivo com detalhes e higiene, e "toda a escola de cirurgia de Halsted, que eu chamava de Escola de Segurança em Cirurgia, pode ter sido resultado desse vício em drogas".[56]

Histórias ainda mais alarmantes do que a de Halsted surgiam regularmente na literatura médica. O toxicologista alemão Louis Lewin, que, na década de 1880, se estabeleceu como uma autoridade internacional em plantas e drogas que alteram a mente, escreveu que um de seus pacientes, que sofria de neuralgia facial, recorria à morfina para aliviar a dor até ser apresentado à cocaína. Ele logo passou a usar mais de um grama por dia, embebido em tampões de algodão e inserido entre os dentes:

> As palavras do infeliz homem foram as seguintes: "Com relação à ação sobre minha personalidade, posso declarar honestamente que os últimos cinco anos podem ser considerados os mais felizes da minha vida, e devo isso principalmente à cocaína. Nada pode refutar esse fato evidente". Sua carta de doze páginas termina com estas palavras: "É necessário tempo para levar minha concepção do mundo a um ponto que se baseia nesta frase: 'Deus é uma substância!'"[57]

À medida que o vício se espalhava entre médicos, dentistas, cirurgiões e suas famílias, o risco para a população em geral, sem supervisão, tornou-se mais alarmante. A livre disponibilidade de drogas como a cocaína nas farmácias foi acompanhada por um mercado próspero de manuais de automedicação e outros guias que incentivavam o público a evitar os honorários médicos, aprendendo os rudimentos da farmacologia. Os boticários e as farmácias sempre alimentaram uma subcultura de automedicação entre o público – "curar-se por conta própria", como se dizia no século XVIII –, e as novas drogas permitiam que os indivíduos experimentassem estados inéditos de humor e percepções, em um espectro que se estendia da euforia leve e controlável ao excesso, à compulsão e ao colapso mental.

Naquela época, assim como hoje, as evidências e opiniões médicas eram tendenciosas em relação aos casos testemunhados pelos médicos, nos quais as autoexperiências tinham dado terrivelmente errado. É difícil estimar quantos leigos realizaram experiências seguras e produtivas, pois havia muitos desincentivos para divulgar o uso pessoal de drogas; mas um exemplo excepcionalmente bem documentado deixa claro que alguns indivíduos do público geral desenvolveram uma compreensão das drogas consideravelmente mais sofisticada do que a da maioria dos médicos. Entre 1895 e 1914, o engenheiro britânico James Lee seguiu carreira em projetos de construção e mineração nas colônias, principalmente no sul e leste da Ásia. Em 1935, após se aposentar, ele publicou suas memórias sob o título *Underworld of the East: Being Eighteen Years' Actual Experience of the Underworlds, Drug Haunts and Jungles of India, China and the Malay Peninsula* (O Submundo do Oriente – Dezoito anos de vivência entre os antros de drogas e as selvas da Índia, da China e da Península Malaia, em tradução livre). A história de Lee oferece uma perspectiva bastante diferente da literatura médica, uma abordagem racional e prática ao uso de drogas e ao gerenciamento de seus prazeres e dores:

> A vida de um usuário de drogas pode ser feliz, superando em muito qualquer outra, ou pode ser de sofrimento e miséria; isso depende do conhecimento do usuário. O período mais interessante só será alcançado após muitos anos e somente se a saúde perfeita tiver sido mantida.[58]

As experiências de Lee podem ter sido excepcionais, mas sua formação não foi. Ele fazia parte da nova geração de trabalhadores britânicos, educados pelo Estado após a Lei da Educação de 1870, com acesso a uma rede de sociedades científicas e bibliotecas, ansiosos por expandir seus horizontes pessoais. Filho de um comerciante, ferro do nordeste industrial da Inglaterra, ele se tornou aprendiz de engenheiro em Sheffield e Teesside aos 17 anos, antes de se mudar para Londres para assumir um cargo de assistente de ensino em uma escola de mecânica. Aos 21 anos, candidatou-se a uma vaga anunciada como capataz de mineração em Assam. Ele estava, segundo escreveu, entediado com a vida na Inglaterra: "Era muita monotonia; um lugar onde havia pouca liberdade real e onde era preciso fazer exatamente o que os outros faziam. Usar o mesmo tipo de roupa, com colarinho e gravata, e falar sobre futebol e corridas de cavalos, ou ser considerado sem graça".[59]

A carreira de Lee no mundo das drogas começou durante sua primeira missão em um distrito rural remoto de Assam, no nordeste da Índia, onde logo começou a sofrer de calafrios e febres causados pela malária. O médico local prontamente lhe aplicou uma injeção de morfina, que o deixou "simplesmente ronronando de satisfação", e o mandou para casa com um kit de seringas e um tubo de comprimidos de morfina. Em pouco tempo, Lee se viu "ansioso pela tarde, quando o dia de trabalho terminasse e eu pudesse tomar uma dose maior e deitar-me sonhando sonhos cor-de-rosa".[60] O médico lhe ensinou o básico sobre injeções seguras; ele aprendeu a ferver e esterilizar as agulhas e a reconhecer os sinais de sepse. Depois de algumas semanas, ele percebeu que sua tolerância à morfina estava aumentando e decidiu abandonar o hábito, mas isso se mostrou mais fácil de dizer do que fazer. À medida que reduzia a dose, era atormentado por cãibras, insônia e uma "horrível sensação de depressão e melancolia".[61] Voltou ao médico, que lhe disse: "Senhor, a morfina é um medicamento muito estranho, é simultaneamente o céu e o inferno. É muito difícil abandoná-la, mas é possível".[62] Com isso, injetou em Lee meio grão de cocaína.

Lee achou a nova droga "estimulante e revigorante, produzindo uma sensação de bem-estar, alegria e bom humor", mas, depois de um tempo, ela lhe causou insônia.[63] Desta vez, o remédio do médico foi convidá-lo para sua casa para fumar alguns cachimbos de ópio à noite, e o sono foi restaurado. Lee, no entanto, decidiu se livrar do hábito que adquiriu inadvertidamente. O vício, que na maioria da literatura sobre drogas é o destino final, foi, no caso de Lee, apenas o início da jornada: "Comecei então a usar drogas cientificamente", escreveu ele.[64] Lee reconheceu que, usada sem moderação, a cocaína acabaria reduzindo o usuário a um esqueleto nervoso, assim como a morfina se tornaria um beco sem saída, que consumiria totalmente a existência desperta; mas a combinação, usada com prudência, o resgatou de ambas as tendências destrutivas. Ele desenvolveu um regime no qual alternava as duas drogas, diminuindo uma e substituindo-a pela outra em doses cuidadosamente calibradas, e desenvolveu um regime de desintoxicação que ele descreve em detalhes, grão por grão. "Essas duas drogas", observou ele, como Ernst Fleischl havia feito, "são, de certa forma, antídotos uma para a outra": cada uma poderia ser usada para reduzir o desejo pela outra, e ambas gradualmente diluídas.

> Admito que, no final, tive um pouco de desejo, mas não foi nada demais, e eu estava ficando mais livre disso a cada dia. Ainda assim, decidi que o sistema não era perfeito e pretendia continuar experimentando e pesquisando até encontrar uma cura infalível e fácil.[65]

Ele passou a usar esse regime de cura em suas viagens de volta à Inglaterra: as seis semanas de viagem eram suficientes para permitir que ele desembarcasse em Portsmouth saudável e livre das drogas. A percepção mais ampla a que isso o levou foi que "uma droga sozinha significa desastre": somente com combinações de diferentes drogas seus efeitos desejáveis poderiam ser mantidos.[66] À medida que ele perseguia seu autodenominado "hobby" ao longo dos anos, descobriu que períodos de abstinência total também eram necessários para permitir a recuperação física completa.

Um aspecto particularmente valioso da narrativa de Lee é que ele parece totalmente ignorante quanto aos debates sobre a cocaína. Ele claramente não estava familiarizado com Freud e a controvérsia sobre a cura com morfina e cocaína, bem como parecia não ter ouvido falar de Thomas De Quincey, Charles Baudelaire ou qualquer outra literatura popular sobre drogas que insistisse que os efeitos nocivos das drogas sempre superariam seus prazeres. Ele evitava jornais e a companhia de seus compatriotas europeus, que raramente encontrava nos cantos remotos da Índia e, mais tarde, no arquipélago malaio e na China. Em vez disso, ele absorvia informações de seu médico hindu e das populações locais em suas viagens, cujos locais tradicionais ele procurava e frequentava. Ele se casou com uma mulher local chamada Mulki, que havia fugido de um casamento arranjado nas Províncias Centrais para uma vida de trabalho árduo nas minas de Assam. Entretanto, sua principal fonte de conhecimento eram suas próprias experiências. Ao longo dos anos, desenvolveu uma desconfiança saudável em relação à opinião médica ocidental, que geralmente se baseava em muito menos conhecimento do que o seu. Em uma de suas viagens de volta à Europa, seus planos cuidadosamente elaborados de desintoxicação foram frustrados por seu companheiro de cabine, um jovem estudante de medicina:

> Logo ele descobriu que eu estava usando drogas e me deu uma palestra sobre as terríveis consequências do vício. Perguntei se ele já havia usado alguma vez, e ele confessou que não, e que estava falando com base no que tinha ouvido.
>
> Pouco depois, perdi minha seringa.[67]

"A morfina combina uma bênção e uma maldição", escreveu Louis Lewin, ecoando o médico indiano de Lee, embora, para Lewin, a diferença fosse que "se for administrada pelas mãos de um médico, seu poder é divino".[68] Mas o resultado, muitas vezes, parecia depender não tanto da experiência médica, mas do caráter e da situação do usuário. A diferença entre um James Lee e um Ernst Fleischl estava ligada à forma como adquiriram seus hábitos e ao que estava em jogo ao abandoná-los. A dependência de Lee foi acidental, e superá-la era uma questão de orgulho e autoestima; Fleischl, por sua vez, sentia uma dor constante e agonizante, da qual a abstinência da morfina e da cocaína o libertava imediatamente. Diante dessa perspectiva, ele teve atitudes completamente diferentes de seu normal: ocultando seu hábito, mentindo para os amigos e usando cocaína em excesso autodestrutivo. Para amigos e autoridades médicas, isso parecia uma transformação dramática de personalidade, como se o sujeito tivesse sido dominado por um segundo eu, uma força alienígena ou demoníaca. Quando Harvey Cushing escreveu suas memórias sobre William Halsted, em 1931, ele descreveu como a cocaína o transformou de um "cirurgião brilhante, rápido e espetacular" em um monstro de egoísmo e autoindulgência. Nessa época, já havia uma expressão bem estabelecida para essa transformação. Halsted havia se tornado, nas palavras de Cushing, "um personagem Jekyll e Hyde".[69]

The Strange Case of Dr Jekyll and Mr Hyde (O médico e o monstro) surgiu em 1886, justamente quando Sigmund Freud publicava seus artigos sobre a cocaína, e rapidamente se estabeleceu como a metáfora definidora da mudança de personalidade induzida por drogas. O clássico pode ser interpretado de inúmeras maneiras: junto com Frankenstein, ou Prometeu, como uma história de arrogância científica; como uma parábola da luta entre o bem e o mal pela alma do homem; como uma psicogeografia da cidade moderna, com suas residências elegantes na parte alta da cidade secretamente conectadas ao submundo sombrio de seus cortiços e favelas. Em seu nível mais literal, porém, é a história do desastre que um brilhante pesquisador médico traz para si ao fazer experiências com um pó branco intoxicante.

Robert Louis Stevenson, que sofria de exaustão nervosa crônica, escreveu a versão final de seu romance em três dias e noites, sustentado por uma rotina desordenada de tônicos e estimulantes nervosos, incluindo

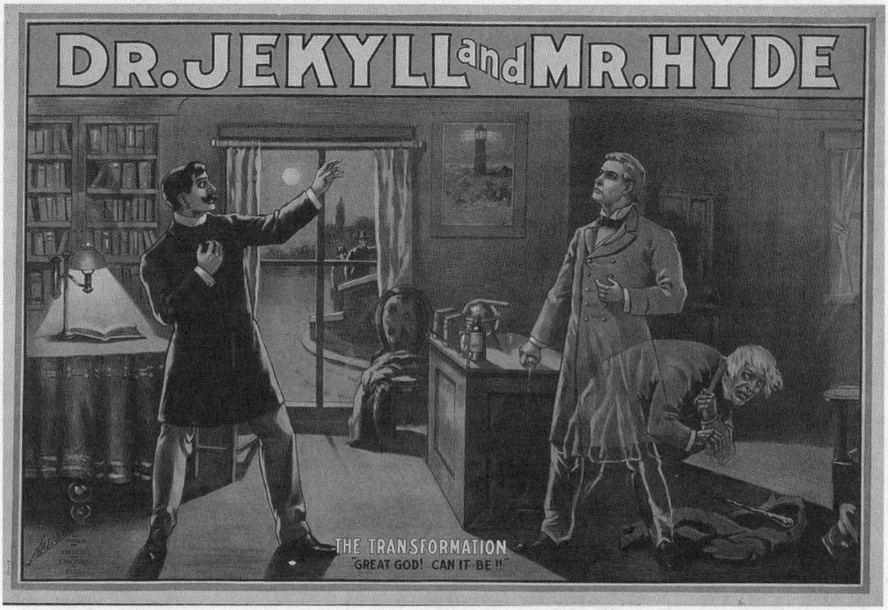

7. O médico e o monstro (1886) tornou-se a parábola clássica da autoexperimentação e dos perigos das drogas que alteram a personalidade.

Fonte: Dr. Jekyll e Mr. Hyde, (O médico e o monstro) c. 1880. Biblioteca do Congresso, Divisão de Impressões e Fotografias, LC-DIG-ds-04518.

vinho de coca.[70] No entanto, independentemente de ter sido uma inspiração direta ou não, a primeira reação do Dr. Jekyll à sua poção é uma euforia pura, quase como um hino saído da pena de Paolo Mantegazza:

> Havia algo estranho nas minhas sensações, algo indescritivelmente novo e, justamente por sua novidade, incrivelmente doce. Sentia-me mais jovem, mais leve, mais feliz no corpo; por dentro, estava consciente de uma imprudência inebriante, uma corrente de imagens sensuais desordenadas invadindo minha imaginação como uma enxurrada...[71]

Essa euforia, no entanto, estava longe de ser normal ou saudável. Faltava-lhe a inocência da verdadeira felicidade: era algo "mais perverso, dez vezes mais perverso", uma sombra reprimida que se apoderara de seu anfitrião anteriormente sóbrio. Hyde ainda estava consciente de sua identidade como Dr. Jekyll, mas, ao abandonar seu eu científico sóbrio, "o pensamento, naquele momento, me fortaleceu e me encantou como vinho".[72] A fonte do mal, ao que parece, era seu hábito, ao longo dos anos, de reprimir o desejo de prazer, cuja satisfação ele achava "difícil de conciliar com meu desejo imperioso de manter a cabeça erguida e usar uma expressão mais séria do que o comum diante do público".[73] Ele vivia "uma vida de esforço, virtude e controle" e, com a poção, libertou inadvertidamente um impulso atávico, um eu reprimido que aproveitou a oportunidade para se apoderar dele.

A história surgiu originalmente para Stevenson na forma de um pesadelo e, ao acordar, ele decidiu que daria "um ótimo conto de terror".[74] Não se tratava de um tratado moral e não oferecia resposta à questão de se Jekyll estava certo em "esconder seus prazeres" ou o que ele poderia ter feito em vez disso.[75] Assim como o usuário de cocaína, seu alter ego tinha maiores reservas de energia e uma inteligência mais aguçada do que seu eu normal, e Jekyll achou algo estranho no brilho sobrenatural que encontrou no espelho. O vislumbre de "duas naturezas que disputavam o campo da minha consciência", como diz Jekyll, confrontou-o com a percepção de que seu eu instintivo e básico estava fadado a ter vantagem. A poção, nesse sentido, alertava para as consequências de uma sociedade sob a influência de drogas cada vez mais estranhas e poderosas, todas dando rédea solta à "dualidade primitiva do homem".[76] Quando Jekyll vê o rosto monstruoso no espelho:

> Não senti repugnância, mas, sim, um salto de alegria. Aquilo também era eu. Parecia natural e humano. Aos meus olhos, refletia uma imagem mais viva do espírito, parecia mais expressivo e único do que o rosto imperfeito e dividido que eu estava acostumado a chamar de meu.

O médico e o monstro foi uma sensação popular e uma influência generalizada nas muitas ficções góticas do *fin-de-siècle* que giravam em torno da figura ambivalente do experimentador de drogas. Muitas vezes, o protagonista-vítima era um "trabalhador intelectual", uma categoria de alto risco para neurastenia e uso excessivo e arriscado de drogas estimulantes: como o renomado fisiologista francês Charles Richet os descreveu na *Popular Science Monthly*, "venenos da inteligência".[77] Uma mente excepcional não era defesa contra elas; quanto mais aguçado o intelecto, mais suscetível estava a se voltar destrutivamente contra si mesmo sob sua influência. Estudiosos enfraquecidos há muito corriam o risco, pelo menos na ficção, de enlouquecer como resultado de noites sem dormir sob a influência do café ou do chá, mas a chegada de novos estimulantes potentes permitiu aos autores estender as consequências ao domínio do sobrenatural. O autor de fantasia best-seller George Griffith, por exemplo, em seu conto "Genius for a Year" (Gênio por um ano, em tradução livre), de 1899, imaginou um autor atormentado por suspeitas de sua mediocridade artística e levado a experimentar um pouco de haxixe enviado por seu irmão de Calcutá. Após a primeira dose, ele parecia observar a si mesmo a distância enquanto ele, ou seu alter ego, escrevia página após página sem esforço, com os olhos ardendo "com uma luz feroz que poderia ser tanto loucura quanto genialidade".

À medida que o efeito da droga passava, "seus dois seres pareciam se fundir e se tornar um", e ele caiu em um sono sem sonhos.[78] Quando acordou e leu seus rabiscos noturnos, reconheceu os escritos como uma obra-prima, algo além de qualquer coisa que tivesse escrito anteriormente. Por um ano, a genialidade o possuiu, mas, ao reler seu romance quase concluído, "ele viu que era lindo, mas, totalmente estranho a ele. Quem o havia escrito?". Em um lampejo de clareza, engoliu todos os seus comprimidos de haxixe restantes, e "visões de esplendor caótico se perseguiam em uma corrida precipitada pela dança da morte de seus sentidos expirantes". Ele foi encontrado morto, sua mesa de trabalho "repleta de páginas cheias das mais hediondas bobagens", terminando em um "rabisco ininteligível".[79]

Um destino semelhante se abateu sobre o protagonista de "The Novel of the White Powder" (O caso do pó branco, em tradução livre), de 1895, em que "um pó branco de aparência inocente, do qual um pouco foi dissolvido em um copo de água fria", transformou gradualmente Francis, um jovem ansioso e estudioso, em "um amante do prazer, um ocioso despreocupado e alegre das calçadas ocidentais, um caçador de restaurantes aconchegantes e um excelente crítico de danças extravagantes".[80] Seus amigos, que culpavam suas longas horas de estudo por "um pequeno problema no sistema nervoso", ficaram inicialmente encantados, mas sua irmã ficou preocupada quando notou uma marca estranha em sua pele, entre o polegar e o indicador. Logo, Francis se confinou em seu quarto, recusando visitas; quando seus amigos finalmente arrombaram a porta, ele foi encontrado em um estado avançado de horrenda decomposição física.

Machen se inspirou tanto em *O Retrato de Dorian Gray* (1890), de Oscar Wilde, quanto em *O médico e o monstro*, e o desfecho visceral e alucinatório antecipou o horror popular do século XX, particularmente o de seu grande admirador, H. P. Lovecraft. O pó branco estimulante revelou-se um lote tóxico que estava se decompondo nas prateleiras úmidas da farmácia local há décadas, mas seu verdadeiro perigo era que proporcionava um prazer imerecido, uma influência corruptora que negava o senso de vergonha e – um refrão característico na ficção de terror de Machen – a repulsa por si mesmo. A dissolução final de Francis em seu quarto reflete as teorias do *fin-de-siècle* sobre doenças nervosas e degeneração, associando a gratificação de uma droga como a cocaína com o "vício solitário" da masturbação: um prazer vazio e mecânico que, longe de aumentar as reservas de energia nervosa no sistema, as esgota irremediavelmente.

O envolvimento mais prolongado com a cocaína na ficção da época foi, é claro, nas histórias de Sherlock Holmes, e o tratamento dado por Arthur Conan Doyle ao tema é uma ilustração eloquente da mudança na opinião pública ao longo da década de 1890. As primeiras aventuras do grande detetive são as mais generosamente repletas de referências a drogas. Inicialmente, o trabalho de detetive de Holmes parece quase ficar em segundo plano em relação às suas autoexperiências: no primeiro conto publicado, "Um Escândalo na Boêmia", ouvimos falar dele "alternando de semana em semana entre a cocaína e a ambição", até que "saiu dos sonhos criados pela droga e estava no encalço de algum novo problema".[81] Em "As cinco sementes de laranja", publicado na revista *The*

Strand Magazine em novembro de 1891, Dr. Watson o descreve como "um autointoxicado por cocaína e tabaco".[82] Mas foi com o lançamento de *O Signo dos Quatro*, em 1890, ano em que a revista *The Strand* se consolidou como a principal fornecedora de ficção ilustrada e Sherlock Holmes se firmou como sua estrela indiscutível, que seu vício em drogas ficou definitivamente estabelecido. Nas famosas linhas iniciais:

> Sherlock Holmes pegou seu frasco no canto da lareira e sua seringa hipodérmica em seu elegante estojo de couro marroquino. Com seus dedos longos, brancos e nervosos, ele ajustou a delicada agulha e enrolou a manga esquerda da camisa. Por algum tempo, seus olhos repousaram pensativamente sobre o braço e o pulso musculosos, pontilhados e marcados por inúmeras marcas de picadas. Finalmente, ele enfiou a ponta afiada, pressionou o pequeno pistão e recostou-se na poltrona forrada de veludo com um longo suspiro de satisfação.[83]

"O que vai ser hoje", perguntou o Dr. Watson, "morfina ou cocaína?" Essa é a única ocasião em que Holmes é descrito como usuário de morfina: nas histórias subsequentes, seu hábito se limita à cocaína. Pode ser que Doyle tenha decidido que injetar morfina parecesse muito com uma condição médica, enquanto a cocaína poderia ser interpretada como um vício ou excentricidade de caráter. Ainda médico em exercício nessa época, Doyle estava familiarizado com ambas as drogas: de fato, em 1891, ele passou alguns meses estudando oftalmologia em Viena, onde a descoberta da anestesia com cocaína por Köller havia transformado a cirurgia ocular. O tom da opinião médica conservadora foi capturado com autenticidade nos comentários desaprovadores do Dr. Watson sobre o hábito de Holmes: "É um processo patológico e mórbido, que envolve aumento da alteração tecidual e pode, por fim, deixar uma fraqueza permanente" – um diagnóstico que soa sério, mas que é tão vago que poderia se referir a qualquer coisa, desde masturbação até ficar acordado até tarde ou viver nos trópicos. No entanto, consegue levar Holmes a fazer a declaração mais clara e duradoura de suas motivações. "Minha mente", ele responde,

> se rebela contra a estagnação. Deem-me problemas, trabalho, o criptograma mais obscuro ou a análise mais complexa – e estarei no meu habitat natural. Nessas horas, posso dispensar qualquer estimulante artificial. Mas abomino a rotina monótona da vida. Anseio por exaltação mental. Foi por isso que escolhi esta profissão – ou, melhor dizendo, a criei –, pois sou o único no mundo.[84]

Aqui, Doyle coloca as drogas estimulantes no centro do mundo profissional e da vida interior de Holmes. Ele é um trabalhador intelectual, ansiando por estímulos, mas também entregando-se a uma tendência neurastênica e autodestrutiva. Ele é descrito, em outro momento, como uma vítima de "humor sombrio", oscilando constantemente entre o trabalho obsessivo e períodos de depressão – na fossa –, nos quais ele não fala com ninguém por dias a fio.[85] Ao mesmo tempo, ele é um esteta comprometido: seu kit de injeção feito à mão o caracteriza como um conhecedor, tanto quanto seu cachimbo de espuma do mar e seu violino Stradivarius. Doyle estava, nessa época, imerso nos escritos "amarelos" e decadentes de Oscar Wilde, que conheceu em 1889 em um jantar no Langham Hotel, em Bloomsbury, oferecido por J. M. Stoddart, editor da *Lippincott's Magazine,* o que levou à publicação de *O Signo dos Quatro* e *O Retrato de Dorian Gray.* Holmes é um amante da arte e do prazer, tentadoramente imune à opinião pública; parece provável que Doyle tivesse Wilde, entre outros, em mente ao elaborar o caráter boêmio e o estilo de vida de seu personagem lânguido, cosmopolita e sofisticado. Holmes continua sendo incomum entre os detetives por agir não por sede de justiça ou compaixão pelas vítimas do crime, mas, simplesmente, por desejo de se divertir. Sua investigação é uma arte praticada pela arte em si.

À medida que as histórias de Sherlock Holmes cresciam em popularidade ao longo da década de 1890, o uso de cocaína pelo personagem passou a sugerir um lado sórdido e de má reputação, algo que Doyle não havia pretendido. No início da década de 1900, as histórias de Holmes foram adquiridas pela *Collier's*, uma importante revista do lucrativo mercado americano, com vendas de mais de 250.000 exemplares por semana. Mas a *Collier's* estava simultaneamente publicando uma série de artigos investigativos intitulada "The Great American Fraud" (A Grande Fraude Americana), que expunha a prevalência de narcóticos em medicamentos patenteados, uma campanha que contribuiu para a regulamentação do comércio farmacêutico por meio da Lei de Alimentos e Medicamentos Puros de 1906. Um detetive que injetava cocaína estava em desacordo com os novos tempos, e Doyle, que já vinha mencionando cada vez menos o uso de drogas por seu herói, tomou medidas para acabar com isso. No conto "O jogador desparecido", publicado na *Collier's* em novembro de 1904, Dr. Watson anunciou que havia conseguido "livrar" Holmes da "mania das drogas" que ameaçava impedir sua notável carreira.[86]

Outros ajustes foram feitos quando o ator e escritor americano William Gillette levou Sherlock Holmes ao palco, primeiro nos Estados Unidos, em 1899, e depois em uma temporada triunfante no Lyceum Theatre de Londres, em 1901. A cena da injeção do início de "O Signo dos Quatro" foi incluída, mas a conversa entre Holmes e Watson foi reescrita:

> WATSON: Essas drogas são venenosas – lentas, mas com final certeiro. Elas envolvem alterações teciduais de caráter muito grave.
> HOLMES: Exatamente o que eu quero! Estou entediado com meus tecidos atuais e atrás de um novo lote!
> WATSON: Ah, Holmes – estou tentando salvá-lo! (Coloca a mão no ombro de Holmes)
> HOLMES: (Sério por um instante; coloca a mão direita no braço de Watson) Você não pode fazer isso, meu velho – então, não perca seu tempo.[87]

A satisfação lânguida do hábito de Holmes desapareceu, substituída pela autopiedade fatalista do viciado em drogas condenado.

8. O ator William Gillette na produção da Broadway de Sherlock Holmes, em 1899. Holmes (Gillette) injeta cocaína em si mesmo, enquanto o Dr. Watson (Bruce McRae) observa com desaprovação.

Fonte: Napoleon Sarony, Domínio Público, via Wikimedia Commons.

A cocaína foi retirada da Coca-Cola em 1905 e proibida de venda geral nos EUA pela Lei Harrison sobre Narcóticos, de 1914, e na Grã-Bretanha pela Lei sobre Drogas Perigosas, de 1920. Mais tarde, Sigmund Freud raramente mencionava o "episódio da cocaína", termo adotado por seu biógrafo Ernest Jones. A biografia escrita por Jones tratou do assunto com um relato breve, parcial e evasivo; posicionou o fato como uma diversão à parte da narrativa principal da vida e obra de Freud, ou talvez um colapso nervoso a ser discretamente ignorado.

Em *A Interpretação dos Sonhos* (1900), Freud escreveu sobre seu sonho com a "Injeção de Irma", no qual ele foi confrontado com um erro médico do passado; o sonho o levou a se lembrar da morte de Fleischl, mas ele interpretou que deveria se permitir superar a culpa persistente pela tragédia. Os detalhes condenatórios do caso Ernst Fleischl só foram totalmente expostos décadas mais tarde, quando cópias de suas cartas a Martha, há muito classificadas como confidenciais, foram descobertas em seus arquivos.[88] Em *Um Estudo Autobiográfico*, de 1935, ele relatou seu estudo sobre a cocaína em um parágrafo, referindo-se a ele como "um interesse secundário, embora profundo". Ele sugeriu que Carl Köller o havia superado na descoberta de suas propriedades anestésicas porque Freud havia interrompido sua rotina de trabalho para visitar Martha. Como lembrou, ele ficara bastante feliz por Köller ter recebido o crédito, "e não guardei rancor da minha noiva pela interrupção do meu trabalho".[89]

Nesses escritos posteriores, Freud não fez nenhuma referência às qualidades estimulantes e eufóricas da cocaína, tampouco a quaisquer insights iniciais que a droga pudesse ter lhe dado sobre a conexão causal entre estados mentais e respostas fisiológicas. No entanto, ele nunca perdeu completamente o interesse na busca por métodos para aumentar a soma de energia nervosa em seu organismo. Em 1923, submeteu-se a outro experimento menos conhecido nessa linha: a terapia de rejuvenescimento, desenvolvida pelo endocrinologista austríaco Eugen Steinach, que afirmava que sua operação poderia devolver aos seus pacientes uma "segunda juventude" ao "revitalizar o sistema glandular".[90] De acordo com a teoria de Steinach, a fadiga e a perda de vitalidade na velhice eram causadas por uma diminuição da testosterona; isso poderia ser interrompido e revertido por uma vasectomia parcial nos homens e pela aplicação de raios X nos ovários nas mulheres. Assim como o jovem Freud havia teorizado que a cocaína poderia aumentar as reservas de energia da mente e do corpo, Steinach argumentava que seu procedimento de "vasoligação" restaurava a potência dos canais seminais e aumentava os níveis de vigor e energia disponíveis para o sistema metabólico.

Freud havia sido diagnosticado naquele ano com o câncer que acabaria por levá-lo à morte – e talvez tenha sido persuadido de que o tratamento retardaria seu avanço.[91] A opinião médica ortodoxa considerava o "Steinaching" uma prática excêntrica, juntamente com as terapias com "glândulas de macaco" promovidas para rejuvenescimento na época; em 1923, Conan Doyle publicou o clássico conto de suspense de Sherlock Holmes, "O homem que rastejava", no qual os tratamentos experimentais de um professor idoso com "soro de antropoide" fazem com que ele corra pelas paredes externas de sua casa à noite, como um macaco.[92] O trabalho de Steinach foi uma continuação da terapia hormonal testada pela primeira vez por Charles Brown-Séquard em suas autoexperiências com sangue, sêmen e testículos esmagados na década de 1880, enquanto Freud investigava a cocaína. Como costuma acontecer com autoexperiências pioneiras, levou algum tempo para que as aplicações produtivas dessas pesquisas surgissem. Em 1894, a "medicina glandular" produziu sua primeira droga promissora, extraída da glândula adrenal e denominada adrenalina. Ela agia no sistema nervoso de maneira semelhante à cocaína, dilatando as pupilas e aumentando a ação do coração. A adrenalina estimulou a busca por novas drogas estimulantes e, em 1929, foi descoberto um composto sintético com propriedades semelhantes: a anfetamina. Com o uso médico da cocaína – nessa época restrito principalmente à anestesia local –, a anfetamina assumiu muitas das aplicações que lhe haviam sido atribuídas na década de 1880: de estimulante no campo de batalha a potenciador cognitivo, de pílula para emagrecer a antidepressivo. Em pouco tempo, sua promessa médica foi prejudicada pelo uso não médico como droga recreativa, assim como havia acontecido com a cocaína meio século antes.

Em 1929, o mesmo ano em que a anfetamina foi sintetizada, Freud refletiu em *O Mal-estar na Civilização* sobre se tais drogas eram remédios para a doença da civilização ou sintomas dela. "O que decide o propósito da vida", escreveu ele, "é simplesmente o programa do princípio do prazer"; no entanto, a busca pelo prazer não pode deixar de entrar em conflito com a realidade.[93] Nessa luta milenar, "o método de influência mais cru, mas também um dos mais eficazes, é o químico – a intoxicação". As drogas nos dão uma vantagem sobre nossas circunstâncias: "não apenas o prazer imediato, mas também um grau muito desejado de independência do mundo externo", oferecendo uma fuga temporária da dor, da fadiga ou do tédio.[94] No entanto, elas nunca podem realmente resolver nossos conflitos com o mundo externo e, muitas vezes, acabam enfraquecendo nossa capacidade de lidar com eles. Em si mesmas, elas não são nem doença, nem cura; seus benefícios e perigos, como afirmou James Lee, dependem de como as utilizamos. Elas têm desempenhado um papel duradouro e íntimo no controle da civilização sobre as forças da natureza: fazem parte de um formidável conjunto de ferramentas que se estende desde o domínio do fogo até as tecnologias modernas que ampliam nosso alcance mental por meio de tudo, desde a escrita até a fotografia e o telefone. Na era moderna:

> O homem tornou-se, por assim dizer, uma espécie de deus protético. Quando coloca todos os seus órgãos auxiliares, ele é verdadeiramente magnífico; mas esses órgãos não cresceram nele e ainda lhe causam muitos problemas às vezes... As eras futuras trarão consigo novos e provavelmente inimagináveis avanços nesse campo da civilização, e aumentarão ainda mais a semelhança do homem com Deus. Mas, no interesse de nossas investigações, não esqueceremos que o homem atual não se sente feliz em seu caráter divino.[95]

Como Freud reconheceu em sua prática psicanalítica, um dos obstáculos mais difíceis à terapia era o desejo de seus pacientes de não serem curados. A dor e o prazer não eram tão facilmente separados; de maneiras diferentes, tanto satisfazer nossos instintos quanto abandonar nosso sofrimento são perspectivas difíceis e assustadoras.

PARTE II

PARA ALÉM DO VÉU

AS DROGAS E OS LIMITES DA CONSCIÊNCIA

9. "Sonhos de Éter", ilustração para Les Merveilles de la Science, (As marvilhas da ciência), uma obra popular do professor de química Louis Figuier (1868).

Fonte: Domínio Público, via Wikimedia Commons.

Capítulo Três

UM MUNDO DE EXPERIÊNCIA PURA

EM 1882, WILLIAM JAMES, DE QUARENTA ANOS, recém-nomeado professor assistente de filosofia em Harvard, montou um experimento privado nos laboratórios de química da universidade. Seguindo o procedimento descrito por Humphry Davy na Pneumatic Institution quase um século antes, ele aqueceu suavemente um béquer de vidro com nitrato de amônio, coletou o óxido nitroso que escapava em um reservatório de gás e o inalou, com uma caneta e um caderno à sua frente. Alguns minutos – ou talvez uma eternidade – depois, ele se viu olhando para "folha após folha de frases ditadas ou escritas durante a intoxicação".[1]

A experiência ficou gravada de forma indelével na mente de James e permaneceu vívida por décadas. Seu significado, porém, era uma questão com a qual ele lutaria pelo resto da vida. "O ponto principal da experiência", escreveu ele em sua primeira descrição publicada, "é a sensação tremendamente emocionante de uma intensa iluminação metafísica. A verdade se revela em profundidade, sob evidências quase ofuscantes."[2] Ele incluiu uma longa sequência de anotações que fez sob o efeito da droga em um apêndice ao seu breve artigo sobre a filosofia de G. W. F. Hegel na revista *Mind*, uma das principais publicações da nova psicologia:

> Reconciliação de opostos; sóbrio, bêbado, tudo igual!
> O bem e o mal reconciliados em uma risada!

Escapa, escapa!
Mas –
O que escapa, O QUE escapa?
...
Há uma reconciliação!
Reconciliação – econciliação!
Por Deus, como isso dói! Por Deus, como isso *não* dói!
Reconciliação de dois extremos.
Por Deus, nada além de ada!
Isso parece insensatez, mas é pura sensatez![3]

"Para o leitor sóbrio", ele admitiu, isso pode "parecer um disparate sem sentido", mas mesmo assim ele não se desculpou por enviá-lo a uma revista acadêmica. "No momento da transcrição", lembrou ele, foi "fundido no fogo da racionalidade infinita". Se parecia absurdo para o leitor, era porque ele nunca havia experimentado essa reconciliação de opostos por si mesmo.[4] "Recomendo fortemente que outros repitam o experimento", acrescentou ele, "que, com gás puro, é suficientemente curto e inofensivo".[5]

James foi persuadido a fazer a autoexperiência por um panfleto independente, The Anaesthetic Revelation and the Gist of Philosophy (A Revolução Anestésica e o Cerne da Filosofia, em tradução livre), publicado em 1874 por Benjamin Blood, um homem natural de Amsterdã, no interior do estado de Nova York, sem credenciais acadêmicas, mas com um currículo recheado de ocupações que incluíam engenheiro, desenvolvedor de patentes, jogador, fisiculturista, pugilista profissional, prodígio da matemática e colaborador assíduo das páginas de cartas dos jornais locais. Na breve resenha que escreveu para a *Atlantic Monthly* sobre a publicação, James confessou inicialmente estar "mais do que cético quanto à importância da chamada descoberta do Sr. Blood" e previu que "a maioria dos leitores consideraria isso uma loucura".[6] No entanto, ele ficou cativado pela confiança majestosa da oratória de Blood – "Você tem o maior dom da eloquência superior desde Shakespeare", disse-lhe mais tarde[7] – e decidiu que não iria "uivar com os lobos ou

10. O jovem William James no Brasil, 1865.

Fonte: Houghton Library, Domínio Público, via Wikimedia Commons.

juntar-se à multidão para zombar dele".[8] Mais tarde, ele reconheceria que aquilo havia sido um passo crucial para sua filosofia madura e continuou sendo "um dos pilares ou marcos" de sua visão da mente até sua última obra publicada.[9]

Blood teve seu primeiro contato com o óxido nitroso em 1860, da mesma forma que milhares de americanos ao longo do século XIX: "através do uso necessário de anestésicos" na cadeira do dentista. Quando voltou à consciência, ainda abalado por sua "revelação ou insight do mistério imemorial" totalmente inesperado, ele questionou médicos e dentistas em busca de uma explicação para sua epifania:[10]

> Descobri que quase todos os hospitais e consultórios odontológicos têm suas lembranças de pacientes que, após uma breve anestesia, proferiram fragmentos confusos de algum significado inarticulado que sempre tinha a ver com o mistério da vida, do destino, da continuidade, da necessidade e abstrações cognatas, e todos perguntando: "O que é isso? O que tudo isso significa ou representa?"[11]

Blood recebeu poucas respostas além de sorrisos e encolher de ombros, mas não conseguiu deixar essas questões importantes de lado. Ele procurou usar o gás novamente para mais experiências em intervalos regulares, até que, após quatorze anos, elaborou sua revelação anestésica em uma filosofia completa. Ele persuadiu James a seguir seu método com o mesmo argumento com o qual o próprio James procurava convencer seus leitores: de que essa percepção era de uma ordem diferente das categorias usuais da filosofia e só poderia ser obtida por experiência direta. "Por Revelação Anestésica", escreveu Blood:

> refiro-me a uma certa condição sobrevivente (ou não condição), na qual está a satisfação da filosofia pela apreciação da genialidade do ser, apreciação essa que não pode ser trazida dessa condição para a sanidade normal dos sentidos – não pode ser formalmente lembrada, mas permanece informal, esquecida, até que voltemos a ela.[12]

Sua revelação, insistiu Blood, não era obscura ou técnica; era apenas difícil trazê-la de volta do lugar onde se encontrava. "A verdade nua e crua", escreveu ele, "é que o estudante moderno de filosofia tem sido confundido, intimidado e desanimado por um esoterismo falso, arbitrariamente técnico em termos e presunções". Na realidade, o segredo do universo estava aberto para nós, mas apenas em certos estados de consciência – uma situação que Blood ilustrou citando Tennyson:

> Como aqui encontramos, em transe, os homens
> Esquecem o sonho que então acontece,
> Até que caiam em transe novamente [13]

A verdade não era revelada durante a transição do estado de vigília para o abraço eufórico e dissociado do gás, mas, sim, no momento em que a consciência desperta retornava. Aqueles que despertavam dela na cadeira do dentista frequentemente a vislumbravam à medida que se difundia e se dispersava, deixando apenas uma sensação fraca e decrescente de terem visitado outro mundo. Blood, por meio de suas autoexperiências, aprendeu a compreendê-la aplicando os preceitos do pensamento idealista alemão, particularmente os de G. W. F. Hegel.

"O nó ou torção inveterado ou permanente que confunde a filosofia", explicou ele, era a questão da "identidade e da diferença".[14] O mundo nos parece um todo unificado, mas, assim que começamos a descrevê-lo, colocamos suas partes componentes em oposição umas às outras: mente e matéria, realidade e aparência, razão e emoção, algo e nada. A realidade, tal como a percebemos e descrevemos, é criada a partir dessas oposições, e os filósofos, desde os antigos gregos, têm visto o conflito entre elas como a força motriz do universo. Hegel, no entanto, mostrou que os opostos podem ser vistos não como os blocos de construção da realidade, mas como uma etapa em um processo, tese e antítese: em um nível mais elevado de observação, eles se resolvem em uma unidade, presidida pelo espírito do Absoluto que une mente e matéria. Essa dissolução dos opostos não pode ser alcançada pela razão, uma vez que transcende os princípios da lógica binária. No entanto, ela pode ser experimentada diretamente sob a influência do óxido nitroso, na qual os opostos coexistem sem contradição: "O Uno permanece, os muitos mudam e passam". É uma filosofia, mas igualmente um estado extático presidido pela luz radiante de Cristo, e Blood transmitiu isso com a força oracular da profecia:

> Este mundo não é mais aquele terror alienígena que me foi ensinado. Desprezando as ameias sombrias e ainda abafadas de onde recentemente Jehovan trovejou, minha gaivota cinza levanta suas asas contra o anoitecer e percorre as léguas escuras com um olhar destemido.[15]

Humphry Davy, no Boxing Day[I] de 1799, foi o primeiro a descobrir que a inalação de óxido nitroso era capaz de criar um estado de consciência no qual a mente parecia existir independentemente do mundo material. Ele levou sua autoexperiência ao limite, sentando-se em uma caixa fechada, projetada pelo engenheiro James Watt para ser utilizada por pacientes fracos demais para inalar, e enchendo-a com 20 litros de gás a cada 5 minutos. Após uma hora e quinze minutos, quando sentiu que seu organismo estava saturado, saiu da caixa e inalou mais 20 litros de gás de uma bolsa gigante de seda. Nesse momento, ele registrou que "perdeu contato com todas as coisas externas" e foi projetado para um mundo composto inteiramente de eventos mentais. Ele "existia em um mundo de ideias recém-conectadas e recém-modificadas", que se combinavam "de tal maneira que produziam percepções perfeitamente novas".[16]

Até então, tais estados só haviam sido experimentados *em situações extremas*: em visões, possessões ou êxtases, durante traumas físicos ou convulsões, como resultado de práticas espirituais rigorosas e extensas, ou no momento da morte. Agora, eles podiam ser experimentados à vontade por qualquer pessoa com um aparato químico básico. Era curioso que esse

[I] Data em que os patrões oferecem presentes, caixas com donativos e gorjetas aos seus empregados – um dia após o Natal.

estado de consciência se tornasse disponível experimentalmente justo quando a filosofia idealista alemã estava fazendo sua passagem para o mundo anglófono. Thomas Beddoes, empregador de Davy, era um leitor voraz de alemão e, em 1793, escreveu talvez o primeiro comentário britânico sobre Immanuel Kant;[17] em 1799, Samuel Taylor Coleridge acabara de voltar de seus estudos na Alemanha quando ele e Davy forjaram sua profunda amizade por causa de um saco de seda verde com o gás. A filosofia de Kant propunha que a experiência e o conhecimento humanos eram incorporados, limitados pelos sentidos e por categorias de pensamento rígidas, como tempo e espaço. Sob o óxido nitroso, no entanto, à medida que o mundo físico se afastava, essas categorias se dissolviam e a mente se libertava para explorar o que William James mais tarde chamaria de "um mundo de experiência pura".[18]

A revelação de Davy surgiu, exatamente como Blood descreveu, no momento em que ele estava voltando ao seu estado normal de vigília. As palavras que proferiu "da maneira mais intensa e profética" ecoaram o princípio central da nova filosofia alemã: "Nada existe além dos pensamentos! O universo é composto de impressões, ideias, prazeres e dores!".[19] Como muitos "momentos eureca" famosos na ciência, sua declaração profética pode ter sido menos espontânea do que ele alegou, artisticamente composta em um momento posterior. No entanto, tornou-se a epifania induzida por drogas mais lembrada e citada do século XIX. Raramente se notava, porém, que as duas frases expressavam filosofias bastante distintas. A segunda afirmava uma teoria há muito familiar a Davy, Beddoes e seu círculo, frequentemente chamada de "sensacionismo" ou "associação": que as ideias surgiam de estímulos sensoriais, como conjuntos de pensamentos e sentimentos formados pela repetição e pelo hábito. Mas a primeira afirmação, de que "nada existe além dos pensamentos", era muito mais extrema e marcante. No relato de Davy, ela sugere a influência de Coleridge, que, na época, era escravo da filosofia idealista do bispo Berkeley, e formou a base sobre a qual Benjamin Blood levantou sua teoria setenta anos depois.

Nesse ínterim, as experiências com óxido nitroso seguiram um caminho tortuoso até a aplicação definitiva da droga na cadeira do dentista.

Inicialmente, muitos tentaram seguir Davy em seu mundo de pensamento puro, mas poucos obtiveram sucesso. Sua epifania foi sustentada pelo projeto visionário da Pneumatic Institution, com seu senso efusivo de possibilidade; aqueles que tentaram o experimento fora de Bristol, mesmo aliados próximos de Beddoes e Davy, como James Watt, foram "muito menos afetados" do que esperavam. Watt ficou se perguntando se havia, por engano, sintetizado o gás errado.[20] Mesmo entre os voluntários de Davy, muitos tiveram uma experiência bem diferente. A romancista Maria Edgeworth, uma observadora mordaz das experiências da Pneumatic Institution, notou que as tentativas dos voluntários muitas vezes produziam "nada além de enjoo e tontura". Apesar do uso pioneiro do placebo por Davy, na forma de um saco de ar normal, ela considerou que a expectativa desempenhou um papel importante na experiência. "Fé, muita fé", concluiu Edgeworth, "acredito eu, é necessária para produzir qualquer efeito".[21]

Aqueles que conseguiram atingir a euforia prometida ficaram, como a maioria dos voluntários de Davy, mais impressionados com a onda espontânea de prazer do que com qualquer transcendência metafísica. Na maioria dos casos, as descrições faziam eco às publicadas por Davy, e a visão consensual da experiência que emergiu se baseava fortemente em suas frases mais famosas. A primeira experiência registrada nos Estados Unidos, em 1808, pelo estudante de medicina William Barton – futuro professor de botânica da Universidade da Pensilvânia –, combinou a visão de Davy com o elogio de Robert Southey:

> Meus pulmões pareciam estar se dilatando e continuaram a transmitir essa sensação de aumento até que supus que ocupavam todo o laboratório com sua imensidão. Agora eu estava totalmente insensível às impressões das coisas externas, e o deleite extático que então encantou minhas faculdades prejudica minha fraca tentativa de descrevê-lo. Esse êxtase indescritível deve ser o que os anjos sentem; e bem poderia o poeta Southey exclamar, ao experimentá-lo, que "a atmosfera do mais alto de todos os céus possíveis deve ser composta desse gás".[22]

Apesar de relatos tão espetaculares, o óxido nitroso não conseguiu estabelecer uma aplicação médica convincente. Davy antecipou seu uso eventual na anestesia cirúrgica, assim como Freud fez com a cocaína: ele incluiu, em suas perspectivas para pesquisas futuras, a proposição de que, "como o óxido nitroso, em sua ampla aplicação, parece capaz de destruir a dor física, ele provavelmente pode ser usado com grande vantagem durante operações cirúrgicas".[23] No entanto, essa sugestão foi ignorada por meio século. A maioria dos cirurgiões permaneceu firmemente contra a anestesia até a década de 1840, em parte por razões práticas – a sala de cirurgia não era lugar para reações químicas inflamáveis – e em parte devido à teoria médica predominante de que a dor não podia ser eliminada da cirurgia, uma vez que manter os pacientes conscientes era essencial para sua sobrevivência.

Enquanto isso, as experiências científicas com o gás se transformaram na busca por curiosos prazeres. O jovem naturalista alemão Christian Friedrich Schönbein, que viria a descobrir o ozônio e inventar a célula de combustível, passou alguns meses de 1826 na Grã-Bretanha, onde se hospedou com um químico experimentalista e acumulou um "bom estoque" de óxido nitroso em seu laboratório doméstico. Em uma tarde ensolarada, um grande grupo se reuniu no jardim para inalar o gás intoxicante ao ar livre. Vários jovens o fizeram com "sinais indubitáveis de bem-estar e prazer", levando um senhor mais maduro, por sua vez, a "dançar e devastar o canteiro de flores adjacente em seu êxtase – para o deleite do público". Schönbein, impressionado com a combinação peculiarmente britânica de filosofar de forma rebuscada e com humor obsceno, especulou: "Talvez se torne costume para nós inalar o gás do riso no final de um jantar, em vez de beber champanhe."[24]

O apelido duradouro "gás do riso" já era usado em 1824, quando apareceu no cartaz de uma noite de variedades no Adelphi Theatre, em Londres, oferecendo "Ilusões Incomuns, Metamorfoses Maravilhosas, Química Experimental, Pinturas Animadas etc."[25] As convenções da demonstração pública do óxido nitroso foram rapidamente estabelecidas. Um mestre de cerimônias, geralmente assumindo a persona de um educador científico, apresentava o equipamento de laboratório, descrevia as

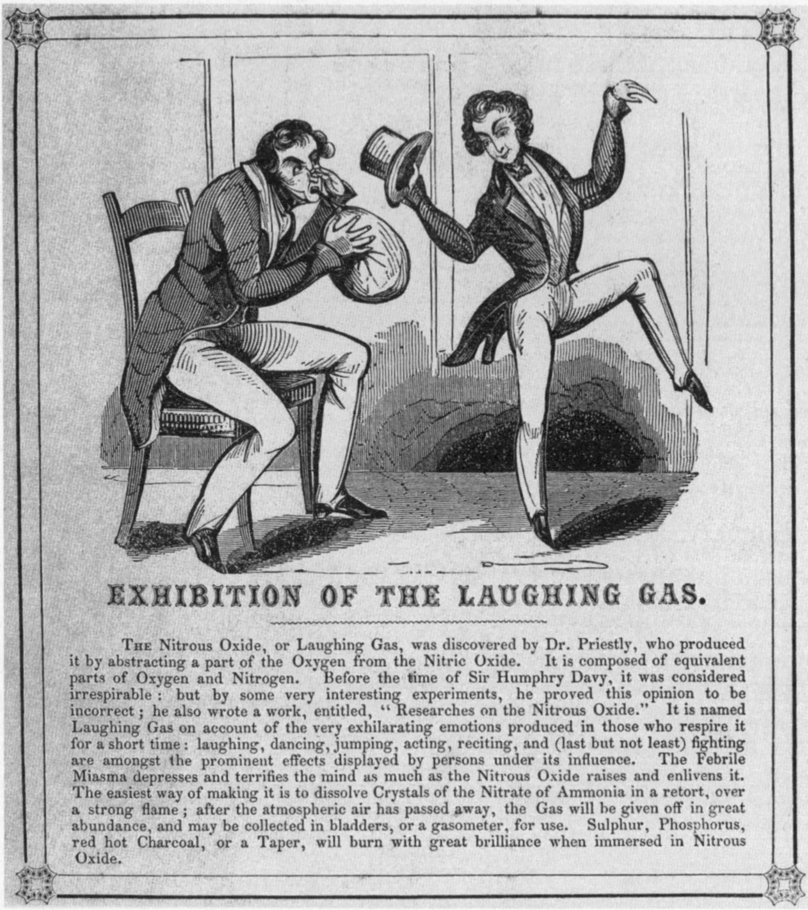

11. O óxido nitroso ganhou seu apelido duradouro de "gás do riso" na década de 1820, quando as autoexperiências com ele se tornaram um elemento básico do entretenimento popular.

Fonte: Coleção Wellcome (Domínio público).

propriedades químicas do gás e convidava voluntários para inalá-lo. Frequentemente, o primeiro a se oferecer era um colaborador, que zombava ruidosamente antes de se submeter (mulheres não eram permitidas) a uma lufada de gás e passava a se comportar de maneira escandalosa – girando, recitando poesia, provocando brigas –, para o deleite do público. Mais voluntários se seguiam, cada um tentando superar o anterior.

Os efeitos do gás se mostraram muito mais espetaculares nesse contexto do que em laboratório. O primeiro show com óxido nitroso registrado nos Estados Unidos ocorreu na Filadélfia, em 1814, e foi descrito por um editor e panfletista local, Moses Thomas, que forneceu uma ideia vívida do que aconteceu. A experiência fazia parte de uma série de palestras semanais, e o palco, naquela noite, havia sido isolado tanto do equipamento de laboratório quanto do público, aumentando as expectativas pelo inesperado. Tudo começou com um médico discorrendo sobre "a natureza e as propriedades do óxido nitroso" e demonstrando "uma série de experiências sem importância, às quais seus ouvintes prestaram muito pouca atenção" antes de iniciar o espetáculo prometido. O primeiro voluntário, um jovem de quinze anos, recebeu "uma grande bexiga" cheia do "gás estimulante", que ele inalou, e então

> de repente jogou fora o saco, com um ar de desdém triunfante, e começou a marchar pelo recinto com passos teatrais, até chegar perto da primeira fila, quando percebeu que uma das pessoas sentadas ali segurava uma bengala para se defender de sua aproximação excessiva. Isso ofendeu seu orgulho – ele instantaneamente explodiu em um acesso de raiva: "Aquele tirano", disse ele, "apoderou-se da minha bengala – devolva-a para mim – neste instante – ou serei a sua morte!". No mesmo instante, pulando sobre a mesa e agarrando o homem que tinha a bengala, ele derrubou tudo o que estava em seu caminho, e foram necessários os esforços conjuntos de quatro ou cinco homens para segurá-lo, até que o efeito do gás cessasse e ele se virasse para o público com um ar de alegria e bom humor.[26]

Mais voluntários se seguiram e exibiram "diferentes graus de animação ou ferocidade, dançando, chutando, pulando, lutando e, ocasionalmente, socando qualquer um que estivesse em seu caminho".[27] Esse tipo de comportamento "bobo" era uma característica comum dos experimentos da Pneumatic Institution: os voluntários frequentemente pulavam, subiam ou desciam escadas correndo ou começavam a recitar um poema ou fazer um discurso, antes de retornar à consciência, sem nenhuma lembrança de suas palavras ou ações bizarras. O gás permitia que a mente consciente escapasse das amarras do corpo, mas, ao fazer isso, deixava para trás um corpo à mercê de forças imprevisíveis ou automáticas. Isso, muitas vezes, parecia expressar uma segunda personalidade oculta, que o formato popular das palestras explorava para entretenimento, de maneira semelhante aos shows de hipnose nos palcos de hoje. No palco, a experiência subjetiva era incidental; o cenário era construído para aproveitar ao máximo suas manifestações externas. O momento do retorno à consciência não era interrogado em busca de revelações místicas, mas mantido para causar risadas confusas.

O óxido nitroso era ideal para o circuito de espetáculos itinerantes que se expandiu pelo interior vasto e pouco povoado da América do Norte e do Canadá antes da guerra civil. Ele podia ser apresentado tanto como um milagre da ciência moderna quanto como um entretenimento barulhento, uma novidade, ao mesmo tempo alucinante e edificante, que podia ser apresentada todas as noites, durante anos, diante de uma plateia nova e surpresa. O tanque de gás, os tubos e os sacos respiratórios exigiam um investimento de capital que colocava o entretenimento fora do alcance do público geral, mas, a partir daí, os lucros por dose de gás eram consideráveis. A frase de Robert Southey sobre "a atmosfera do céu", o slogan publicitário perfeito, era frequentemente estampada em marquises e cartazes. Empresários, inovadores, curandeiros, vendedores ambulantes, vigaristas, charlatões e individualistas pioneiros de todos os tipos se dedicaram a isso. Em 1832, Samuel Colt, então com 18 anos, fez uma turnê com um show de óxido nitroso do Canadá a Maryland, com um laboratório móvel, usando seu antigo sobrenome "Coult": ele administrou doses a cerca de 20.000 voluntários a 25 centavos cada, usando o dinheiro arrecadado para financiar testes e protótipos de seu revólver. "As sensações produzidas por ele são altamente prazerosas", escreveu Colt em seu anúncio para um show em Portland, no qual anunciava demonstrações "selecionadas" para senhoras, nas quais "nenhuma sombra de impropriedade acompanha a exibição".[28]

Foi nesse ambiente sombrio, mas enérgico, de inventores e vendedores de sonhos que o óxido nitroso encontrou a aplicação médica que havia escapado aos filósofos da Pneumatic Institution. A figura que primeiro o transformou de agente de prazer em alívio da dor foi um extravagante palestrante médico chamado Gardner Quincy Colton, cuja obra-prima original era um espetáculo chamado "Tribunal da Morte", uma tela gigante em diorama que retratava os males da bebida e as virtudes salvadoras da sobriedade. Ele montava o cenário todas as noites em tendas de avivamento, salões maçônicos, hotéis e salas de aula para ilustrar sua palestra sobre o assunto, cobrando a taxa padrão de 25 centavos por ingresso. No início da década de 1840, ele adicionou o óxido nitroso ao seu repertório, apresentando-o com uma palestra que reforçava o tema. O gás, afirmava ele, oferecia uma demonstração viva do pecado original e revelaria o verdadeiro caráter de qualquer pessoa que o inalasse.

Colton adotou as precauções teatrais habituais – barreiras ao redor do palco, homens fortes posicionados na primeira fila, assentos "seguros" para as senhoras – e garantiu à multidão que o evento seria conduzido "com a propriedade e o decoro que convém ao patrocínio de uma classe inteligente de senhoras e senhores".[29] Devidamente preparados, os voluntários da plateia encenavam aquilo que supostamente eram seus instintos e desejos mais profundos: brigavam, cantavam, riam, dançavam, declamavam, davam ordens à plateia ou revelavam segredos. Colton frequentemente adivinhava como cada voluntário reagiria, uma combinação eficaz de sugestão e desafio. O método era, segundo ele, um guia ainda mais preciso para a personalidade do que a frenologia.

Foi durante uma apresentação noturna em 1844, em Hartford, Connecticut, que o espetáculo de Colton se tornou a improvável inspiração para a grande descoberta médica da época. O anúncio, publicado em um jornal, trazia com a famosa citação de Robert Southey e a garantia de que "oito homens fortes foram contratados para ocupar os assentos da frente, a fim de proteger aqueles sob a influência do gás de ferirem a si mesmos ou a outros".[30] No entanto, um dos voluntários da plateia, um jovem balconista de farmácia, debateu-se violentamente sob a influência do gás e bateu em um banco; ele sofreu um corte grave e um sangramento, mas, como um dentista local na plateia notou, não sentiu dor. Horace Wells, o dentista, inspecionou o equipamento de Colton após o show: um simples saco de borracha preso com uma torneira de madeira a algo parecido com um barril de cidra cheio de óxido nitroso. Como todos os dentistas, o negócio de Wells era limitado pela quantidade de dor que seus clientes estavam dispostos a suportar e, naquele momento, ele próprio estava sofrendo com um dente do siso ocluso e dolorido. Ele pediu a Colton que lhe administrasse o gás enquanto outro dentista o removia. Wells voltou à consciência sem sentir dor, e a revelação que teve era de valor bem mais prático do que um encontro com o Absoluto Hegeliano. Sua declaração profética foi: "Uma nova era na extração de dentes!".[31]

A autoexperiência de Wells deu início à descoberta daquilo que em breve seria batizado de anestesia. Foi um triunfo que definiu uma era para a medicina moderna, mas surgiu de uma série de ciúmes, intrigas, disputas e tragédias pouco edificantes. Em 1845, Wells convenceu o principal cirurgião de Boston, John Collis Warren, do Massachusetts General Hospital, a permitir que ele administrasse o gás durante uma operação. Tudo corria conforme o planejado até que o paciente gemeu alto durante o procedimento; Wells foi vaiado na sala de operações, embora se tenha verificado posteriormente que o paciente estava totalmente inconsciente e que o som tinha sido involuntário. Wells nunca se recuperou da humilhação, caindo numa depressão e acabando por tirar a própria vida. Enquanto isso, seus colegas e rivais no pequeno mundo da odontologia de Boston não perderam tempo em fazer suas próprias experiências. Seu ex-parceiro, William Thomas Green Morton, consultou um químico local chamado Charles Jackson sobre possíveis alternativas ao óxido nitroso e decidiu-se pelo éter dietílico.

O éter é um composto volátil, um meio-termo entre o gás e o líquido à temperatura ambiente, que já era conhecido pelos químicos há séculos como solvente. O médico alemão Valerius Cordus descreveu sua síntese a partir do álcool etílico e do ácido sulfúrico em 1540 e deu-lhe o nome de "óleo doce de vitríolo". "É tão doce", escreveu o médico e alquimista Paracelso na mesma época, "que as galinhas o comem e depois adormecem, mas acordam após algum tempo sem nenhum efeito adverso". Paracelso também observou que "ele extingue a dor". A substância passou a ser comumente utilizada na medicina a partir do século XVIII:[32] sua evaporação fria aliviava as condições pulmonares quando inalado, e alguns médicos também o recomendavam como um tranquilizante para o sistema nervoso. Morton começou seus experimentos em animais e observou que um cão "murchava" quando sua cabeça era mantida sobre uma tigela de éter.[33] Ele mesmo passou a inalá-lo a partir de um lenço embebido e aumentou a dose até ficar inconsciente por sete ou oito minutos. Em setembro de 1846, experimentou-o com um de seus pacientes e removeu um dente sem causar dor.

No mês seguinte, Morton seguiu Horace Wells até a sala de cirurgia do Massachusetts General. Ele havia convencido John Collis Warren de que seu novo composto era muito superior ao óxido nitroso e, na tentativa de patentear sua descoberta, apresentou-o como uma nova substância, à qual chamou de "letheon". Ela deveria ser administrada por meio de um dispositivo patenteado, por ele denominado "cone do esquecimento": essencialmente, tratava-se de um funil de vidro com uma esponja embebida em éter no fundo, que deveria ser mantido sobre o rosto do paciente. O argumento de venda de Morton foi recebido com ceticismo pelos médicos ali reunidos, mas ele obteve sucesso onde Wells havia falhado. O paciente de Warren, um homem de vinte anos com uma malformação congênita no pescoço, inalou o cone do esquecimento e mergulhou em um sono profundo. Morton virou-se para Warren com as palavras: "Seu paciente está pronto, doutor". Ao fazer a primeira incisão, Warren ergueu a cabeça para se dirigir às fileiras lotadas de bancos: "Senhores, isso não é charlatanismo". Após o procedimento, o paciente testemunhou: "Não senti dor em nenhum momento, embora soubesse que a operação estava ocorrendo".[34] Foi um momento famoso, comemorado com a renomeação do teatro para "The Ether Dome" (A Cúpula do Éter, em tradução livre), nome que mantém orgulhosamente até hoje. Todo dia 22 de outubro, ele se torna o centro das atenções do Ether Day (Dia do Éter), quando fitas e broches comemorativos são distribuídos e funcionários antigos do hospital são homenageados.

12. A célebre operação no Massachusetts General Hospital em 22 de outubro de 1846, que demonstrou a eficácia do éter como anestésico cirúrgico.

Fonte: Coleção Welcome (Domínio público).

O desfecho para os protagonistas foi menos triunfante. Morton perseverou durante anos com pedidos de patente, que foram ferozmente contestados por Charles Jackson, que alegava que a ideia de usar éter lhe havia sido roubada. Jackson solicitou à Academia Francesa de Ciências a recompensa de 5.000 francos oferecida por grandes descobertas, a qual lhe foi concedida com a condição de que a dividisse com Morton. Entretanto, Morton recusou, reivindicando o status de único inventor, e acabou persuadindo o Congresso a emitir um projeto de lei de apropriação de US$ 100.000 a seu favor. Isso foi contestado, por sua vez, pela viúva de Horace Wells, que alegou que seu falecido marido tinha direito a uma parte da descoberta, e pelos apoiadores de um cirurgião da Geórgia chamado Crawford Williamson Long, que, segundo se descobriu, já vinha usando éter em seus pacientes há vários anos. O Senado anulou a concessão a Morton com base na multiplicidade de requerentes e, em seguida, Morton faliu em decorrência de processos judiciais infrutíferos contra Jackson, que estava envolvido em disputas judiciais com outro de seus ex-associados, Samuel Morse, sobre a invenção do telégrafo. Enquanto isso, Gardner Quincy Colton abandonou o "Tribunal da Morte" e se reinventou como a Colton Dental Association, abrindo uma série de consultórios e clínicas ao longo da costa leste. Em 1886, ele alegou ter realizado 125.000 extrações dentárias indolores sob o efeito de óxido nitroso.

A tentativa oportunista de William Morton de renomear o éter como "letheon" fracassou assim que seu cheiro forte de solvente chegou às narinas de John Collis Warren, que o reconheceu imediatamente, não apenas pela farmácia do cirurgião, mas também pelas "brincadeiras com éter" entre os estudantes de medicina – que, conforme lembrava, "muitas vezes apareciam de forma conspícua no final de um curso de palestras médicas em certas partes do país".[35] Essas práticas haviam surgido da moda das festas com óxido nitroso no início do século XIX e consolidaram-se porque o éter era mais fácil de manusear: em vez de reações químicas, tubos, bombas e inaladores, bastava uma garrafa de éter e um pano para molhar e segurar sob o nariz.

As "brincadeiras com éter" combinavam experimento e recreação, com um caráter situado entre as travessuras expansivas inspiradas pelo óxido nitroso e a camaradagem barulhenta provocada por doses fortes de álcool. Algumas inalações profundas produziam uma sensação de pressão na cabeça, zumbido nos ouvidos, paladar entorpecido e um crescendo intenso de confusão, que, assim como o óxido nitroso, podia terminar em uma revelação de clareza surpreendente ou uma sensação estranha de déjà vu. O éter é mais tóxico do que o óxido nitroso, e um período prolongado de inalação leva a tropeços, colapsos e desmaios, dos quais o sujeito se recupera rapidamente, mas geralmente com ressaca, náusea, pele irritada ao redor do nariz e uma forte dor de cabeça. Foi após uma sessão desse tipo em Athens, Geórgia, que o cirurgião Crawford Long, que com "vários dos meus jovens associados frequentemente nos reuníamos e o utilizávamos pela excitação que produz", percebeu que estava coberto de hematomas, dos quais não se lembrava de ter sofrido, e começou – supostamente em 1842 – a experimentá-lo em operações cirúrgicas.[36]

Apesar de sua contribuição importante para a cirurgia, as desvantagens do éter eram evidentes desde o início. Era altamente inflamável, cheirava mal como gasolina, produzia erupções cutâneas irritantes, e os efeitos colaterais de uma inalação prolongada em um paciente frágil eram brutais. A busca por uma alternativa prometia grandes recompensas. Um dos primeiros defensores do éter na Grã-Bretanha foi James Young Simpson, professor de medicina e obstetrícia na Universidade de Edimburgo. Os cirurgiões britânicos inicialmente se mostraram céticos em relação à droga milagrosa e, na verdade, à própria ideia de uma descoberta médica surgindo nos Estados Unidos: Robert Liston, o cirurgião mais renomado de Londres, referiu-se a ela como uma "artimanha ianque".[37] Mas seus resultados milagrosos eram evidentes. Liston sustentava que o éter só era útil em operações curtas; Simpson, que percebeu que a substância poderia tornar possíveis procedimentos mais complicados, trabalhou intensivamente com ela em sua clínica em Edimburgo. Durante o verão e o outono de 1847, contratou os serviços de químicos e um assistente, um médico mais jovem chamado James Matthews Duncan. A sala de estar da casa de Simpson logo ficou cheia de frascos de farmácia, e os dois passavam as noites despejando seu conteúdo em pires, inalando-os e fazendo anotações sobre seus efeitos.

Simpson e uma equipe rotativa de assistentes trabalharam com uma variedade de solventes, incluindo acetona (que se mostrou tóxica para os pulmões), nitrato de etila (dor de cabeça intensa), benzeno (zumbido nos ouvidos) e dissulfeto de carbono (dores de cabeça e cheiro repugnante), até que um químico conhecido seu sugeriu o clorofórmio, ou "éter clórico", que anteriormente era usado na fabricação de misturas de pólvora. Em 4 de novembro de 1847, Simpson e seus colegas, juntamente com membros de sua família, sentaram-se à mesa de jantar e inalaram lentamente o vapor de copos. O cheiro era doce, com o aroma refrescante de alcaçuz ou mentol, e, à medida que inalavam, seus olhos brilhavam e uma

13. James Young Simpson, cirurgião e professor de obstetrícia na Universidade de Edimburgo, descobriu as propriedades anestésicas do clorofórmio ao fazer experiências em si mesmo na sua sala de estar.

Fonte: Coleção Welcome (In copyright).

conversa animada fluía. "Isso é muito melhor e mais forte do que o éter", Simpson lembrou-se de ter pensado – e então "estávamos todos debaixo da mesa de mogno em um instante".[38] Ele acordou no chão, olhando para a parte de baixo da mesa e ouvindo uma série de batidas pesadas, enquanto seus companheiros desabavam ao seu lado no tapete. Eles ficaram tão encantados que decidiram tentar novamente.

Como ocorreram em ambiente doméstico, as autoexperiências de Simpson são incomuns por incluírem o testemunho de mulheres. Sua esposa, a irmã dela e a filha estavam presentes na famosa experiência. A sobrinha de sua esposa, Agnes Petrie, está registrada como estando sentada à mesa, inalando clorofórmio, cruzando os braços e adormecendo, enquanto gemia: "Sou um anjo! Oh, eu sou um anjo!"; e, ao acordar: "Como vocês estão aí embaixo?".[39] Elas participaram de várias sessões durante o verão, em uma ocasião testemunhada por uma celebridade visitante, Hans Christian Andersen. Andersen visitou a Escócia em agosto de 1847, e Simpson estendeu um convite para jantar ao "Walter Scott dinamarquês", como os jornais locais se referiam a ele. Após o jantar, para surpresa de Andersen, o éter foi passado de mão em mão:

> Achei de mau gosto, especialmente ver as senhoras nesse estado de embriaguez sonhadora; elas riam com os olhos abertos e sem vida; havia algo desagradável nisso, e eu disse isso, reconhecendo, ao mesmo tempo, que se tratava de uma invenção maravilhosa e abençoada para ser usada em operações dolorosas, mas não para brincar com ela; era errado fazer isso; era quase como desafiar Deus.[40]

O domínio dos anestésicos sobre a dor lançou uma nova luz sobre seu uso para o prazer. Inicialmente, as duas faces das drogas eram vistas como complementares. John Collis Warren considerava um paradoxo encantador que a tortura cirúrgica do corpo fosse agora "acompanhada por um sonho delicioso" ou uma "visão celestial". Outros médicos ficaram impressionados com as questões filosóficas que fascinavam Davy: "Que fenômeno extraordinário isso representa! A compreensão desperta e consciente – o corpo impassível. A alma tornando-se quase uma estranha para o corpo, ainda nesta vida."[41] À medida que a anestesia se espalhava rapidamente pelo mundo, tais mistérios eram amplamente discutidos. "As experiências pessoais dos anestesiados são muito interessantes", observou um relatório de 1847 no periódico escocês *People's Journal*; "A mente parece perplexa sobre o que fazer com sua nova condição", flutuando livre do corpo com a "sensação de que as correntes que a prendem à morada terrena se romperam". Muitos indivíduos experimentaram sensações "da natureza mais curiosa e emocionante". Para alguns, foi um momento de êxtase, uma sensação de que a alma estava banhada "em uma atmosfera de luz e se deleitava na felicidade de um mundo aparentemente diferente", deixando um resplendor fugaz que desaparecia ao acordar. Outros, no entanto – e era impossível prever quem seriam –, tiveram uma experiência bem diferente, encontrando-se em meio a um pesadelo acordado:

Alguns discutem violentamente com seus parentes; outros caem em abismos sem fundo; e horrores de todos os tipos invadem as mentes de outros... Quando esse estado ocorre, o término do processo é uma alegria inexprimível para os anestesiados, mas é uma experiência quase universal que nenhuma dor real é sentida: "Foi como um sonho assustador!" ou "Achei que um demônio tinha me agarrado!".[42]

No entanto, assim que a novidade do éter passou, experiências subjetivas desse tipo raramente voltaram a ser registradas na literatura médica. Suas causas e significados permaneceram um mistério, assim como as razões pelas quais o estado era experimentado de maneira tão distinta por diferentes indivíduos. Mas as descrições clínicas das visões tornaram-se mais curtas e padronizadas, e a experiência subjetiva era mais comumente comparada à embriaguez. John Collis Warren caracterizou-a como um "delírio", um efeito colateral que não significava mais para o médico do que a confusão mental causada por uma febre alta. Ele logo alertou que os prazeres do éter e do clorofórmio eram um convite perigoso ao abuso. Em seu panfleto de 1849, *Efeitos do clorofórmio e do éter clórico forte como agentes narcóticos,* ele escreveu: "Logo fomos despertados de nossos sonhos sobre a influência deliciosa da nova substância pela ocorrência de consequências infelizes e dolorosas".[43]

Uma dessas consequências foi a descoberta de que, em casos raros, o clorofórmio poderia parar o coração e tornar o sonho delicioso tragicamente permanente. Mais comum, porém, era o uso das novas drogas como remédios para a excitação nervosa e o reconhecimento de que isso poderia se tornar um hábito crônico, crescente e destrutivo. "Muitas pessoas de ambos os sexos", registrou Warren, "recorreram a ele com o objetivo de obter o prazer de um delírio temporário."[44] Ele citou o caso de:

> um médico em Nova York que havia alcançado alguma distinção e sofria de problemas mentais, recorrendo ao uso de clorofórmio com tanta frequência que acabou produzindo um delírio; durante o qual cometeu alguns atos extraordinários e, por fim, tirou a própria vida.[45]

Warren se referia a Horace Wells, que passou a usar clorofórmio habitualmente durante a depressão que se seguiu à sua tentativa fracassada de demonstrar o óxido nitroso na sala de cirurgia de Warren. Wells se mudou de Hartford para Nova York, onde vagava pelas ruas em um estado confuso sob a influência da droga e, em 1848, foi preso por jogar ácido sulfúrico sobre os xales de duas profissionais do sexo na rua. Após ser preso, ele tirou a própria vida cortando a artéria femoral. Ele foi talvez a primeira vítima do novo vício, mas Warren enfatizou que "o número de indivíduos que conheço que o usam dessa forma é tão considerável que me leva a acreditar que aqueles que o utilizam em segredo devem ser muito numerosos".[46] Como observou outro médico, o prazer não era simplesmente um curioso subproduto dos novos medicamentos anestésicos, mas uma ameaça à saúde pública: eles "deliciam as sensações animais, enquanto destroem os sentimentos morais; introduzem suas vítimas a um paraíso ilusório; zombam delas com alegrias que terminam em tristezas".[47]

A mudança de foco em relação à subjetividade foi sintetizada por Oliver Wendell Holmes – médico, advogado, poeta e polímata dedicado, professor de Harvard e íntimo da família de William James –, que, em 1846, em correspondência com Henry Morton, cunhou o termo "anestesia". Vários termos competiram inicialmente, mas todos eram muito específicos ("eterização"), muito amplos ("analgesia") ou muito elaborados ("narcotismo etéreo"). Holmes achou que uma descoberta tão importante merecia uma adição à linguagem. "Anestesia", sugeriu ele, "significa insensibilidade", em oposição à analgesia, que denotava apenas a ausência de dor. Ele também propôs que "o adjetivo seria anestésico".[48] Em uma palestra para a Sociedade Phi Beta Kappa em Harvard, em 1870, Holmes contou uma anedota muito citada:

> Certa vez, inalei uma dose bastante forte de éter, com a determinação de registrar, no primeiro momento em que recuperasse a consciência, o pensamento que estivesse mais presente em minha mente. A poderosa música da marcha triunfal rumo ao nada reverberou em meu cérebro e me encheu de uma sensação de possibilidades infinitas, que me transformou em um arcanjo naquele momento. O véu da eternidade foi levantado. A única

grande verdade que sustenta toda a experiência humana e é a chave para todos os mistérios que a filosofia tem procurado em vão resolver, brilhou em mim em uma revelação repentina. A partir de então, tudo ficou claro: algumas palavras elevaram minha inteligência ao nível do conhecimento dos querubins. Quando minha condição natural voltou, lembrei-me da minha resolução; e, cambaleando até a mesa, escrevi, em caracteres malformados e desordenados, a verdade abrangente que ainda brilhava em minha consciência. As palavras foram estas (as crianças podem sorrir; os sábios vão refletir): "Um forte cheiro de terebintina prevalece por toda parte".[49]

A paródia banal de Holmes sobre a revelação anestésica é mais lembrada do que a maioria das experiências a que se refere, graças à sua repetição em fontes proeminentes do século XX, como A *History of western philosophy* (História da filosofia ocidental), de Bertrand Russell (embora Russell tenha atribuído a frase a William James, substituído o éter por gás hilariante e citado erroneamente a terebintina como petróleo).[50] Ela garante ao leitor, em termos urbanos, que as alegações de experiências visionárias sob anestesia são ilusórias: fantasias grandiosas que murcham até desaparecerem sob a luz fria da razão. Era uma mensagem que tranquilizava a geração emergente de estudantes de medicina de Harvard e ressoava com as veneráveis tradições filosóficas de Boston. Os transcendentalistas, apesar de valorizarem a experiência direta, amarem a natureza e terem curiosidade pelas percepções espirituais do budismo, consideravam as substâncias intoxicantes artificiais uma influência corrupta e não confiável. Ralph Waldo Emerson, amigo de Oliver Wendell Holmes e de Henry James sênior, pai de William, deixou clara sua opinião contra os "provedores de alegria animal" em seu ensaio "The Poet" (O Poeta), de 1846:

> Jamais se pode tirar proveito da natureza por meio de um truque. O espírito do mundo, a grande presença serena do Criador, não se manifesta através das feitiçarias do ópio ou do vinho. A visão sublime chega à alma pura e simples, em um corpo limpo e casto. Essa não é uma inspiração que devemos aos narcóticos, mas uma excitação e uma fúria falsas.[51]

Henry Thoreau, escrevendo em seu diário após um procedimento odontológico em 1851, teve uma opinião semelhante. O éter, escreveu ele, não oferecia nenhum "conhecimento espiritual" autêntico àqueles "que atendem às sugestões da razão ou da consciência". No entanto, a experiência de desencarnação foi singular:

> Ao inalar éter, outro dia, fiquei convencido de quão distante um homem pode se separar de seus sentidos. Dizem que isso o deixará inconsciente – mas ninguém pode imaginar o que é estar inconsciente: quão distante do estado de consciência e de tudo o que chamamos de "este mundo", até que tenha experimentado isso... Você é uma mente sã sem órgãos – tateando em busca de órgãos – que, se não recuperasse seus antigos sentidos, ganharia novos.[52]

Era uma experiência estranha, um cérebro desencarnado buscando estímulos no vazio, mas não tinha nenhuma conexão óbvia com as realidades da vida desperta, exceto pelo reconhecimento, como Emily Dickinson expressou em 1861, de que:

> Um único parafuso de carne
> É tudo o que prende a alma[53]

Benjamin Blood, então, era um homem fora do seu tempo quando começou a perseguir sua revelação anestésica na década de 1860. O apogeu dos espetáculos com óxido nitroso e das farras com éter já havia ficado para trás; o milagre médico do gás e dos vapores havia eclipsado seus mistérios metafísicos. Ainda assim, as persistentes questões suscitadas por aquela experiência permaneciam sem resposta. Blood enviou cópias de seu panfleto a todas as figuras eminentes que conseguiu imaginar, mas recebeu poucas respostas. Uma exceção surpreendente foi Alfred, Lord Tennyson, que havia passado recentemente por uma operação e respondeu que "o amigo que segurou minha mão e me deu o lenço" embebido em éter lhe disse que, ao recuperar a consciência, ele "soltou um longo termo metafísico que não conseguiu reformular para mim".[54] Tennyson fez um convite generoso, mas impraticável, para que Blood o visitasse, e Blood arquivou sua carta no dossiê cada vez mais volumoso de experiências inefáveis de seus leitores e correspondentes.

"O que é isso? O que tudo isso significa ou representa?"[55] As perguntas feitas pelos pacientes cirúrgicos incomodavam William James. Como ele havia escrito em sua resenha de 1874 sobre o panfleto, a "interpretação do fenômeno descrito pelo Sr. Blood ainda é deficiente".[56] Nos círculos intelectuais de James, as visões anestésicas podem ter sido descartadas como falhas sem sentido em um cérebro desconectado, mas, em 1882, James foi persuadido por sua breve imersão no mundo da experiência pura a investigar suas fontes e significado e ligar suas percepções à realidade cotidiana.

O ponto de partida foi sua longa luta para compreender a filosofia de Hegel. Ele era instintivamente repelido pelo dogma hegeliano: sua insistência pomposa na verdade absoluta, suas abstrações estéreis, seu desdém altivo pelo pragmático e pelo específico. James acreditava que a filosofia era, em grande parte, determinada pelo temperamento e havia notado, *ad hominem*, que aqueles entre seus colegas que foram levados por Hegel durante sua popularidade na América no início da década de 1880 tendiam a ser pedantes altivos. No artigo que estava escrevendo, "On Some Hegelisms" (Sobre alguns hegelianismos, em tradução livre), ele explicou por que não era hegeliano: conflitos e contradições não podiam ser descartados simplesmente com apelos vagos a uma síntese superior.

No posfácio escrito após sua experiência com óxido nitroso, no entanto, ele declarou que o gás "me fez compreender melhor do que nunca tanto os pontos fortes quanto os pontos fracos da filosofia de Hegel".[57] Agora ele conseguia encontrar libertação no esquema hegeliano, no qual nada era fixo ou definitivo, e tudo constituía uma fase ou aspecto de um todo maior, que só podia ser compreendido em relação ao conjunto. Conflitos e contradições, por essa perspectiva elevada, eram, em última análise, uma questão de ponto de vista – e isso tornava a experiência com óxido nitroso tão válida quanto qualquer outra. As limitações de Hegel eram, concluiu James, em grande parte temperamentais: ele estava determinado a insistir na verdade absoluta de seu sistema com uma rigidez que o tornava sem sentido. Contudo, dentro do mundo radicalmente alterado produzido pelo gás, a verdade absoluta se tornou relativa: ela podia ser reconhecida "tanto em uma risada diante do nada absoluto quanto em um estado de vertiginoso espanto diante de uma infinitude sem sentido".[58]

A revelação anestésica teve consequências igualmente profundas para o outro domínio profissional de James, a psicologia. Seus estudos estavam enraizados na fisiologia e na anatomia e, durante sua visita à Alemanha em 1867, ele estudou com os pioneiros da nova "psicofísica", quando aprendeu sobre os experimentos de laboratório que Wilhelm Wundt e Hermann von Helmholtz estavam usando para medir processos mentais com precisão sem precedentes. Ele testemunhou pensamentos e reações reduzidos às suas partes constituintes e reunidos em tabelas de estímulos e respostas sensoriais, com as lacunas entre eles medidas em frações de segundo. Conceitos como "atenção" foram analisados expondo os sujeitos experimentais a luzes piscantes e pedindo-lhes que pressionassem teclas em resposta, gerando um tempo preciso para o "arco reflexo" da resposta, que poderia ser mapeado em relação às observações das células e fibras nervosas.

James acompanhou de perto esse trabalho experimental, mas sua experiência com o gás reforçou uma sensação crescente de que a tentativa de reduzir a consciência às suas partes constituintes e localizá-la no cérebro era fundamentalmente falha. Ele tinha um pequeno laboratório experimental em Harvard, mas acreditava que seu valor era limitado. A experiência mental, em sua opinião, era um todo caótico, em constante mudança, mas inseparável, cujo momento individual nunca poderia ser reproduzido com precisão, mesmo quando estimulado com exatamente os mesmos estímulos. Processos subjetivos, variáveis e inescrutáveis determinavam a impressão de cada elemento na mente consciente. A "atenção", por exemplo, não era simplesmente um reflexo fisiológico, mas uma função pela qual a mente extraía um fio de um emaranhado de pensamentos, sentimentos e impressões sensoriais, muitas vezes de maneiras que o sujeito não percebia conscientemente. "O que chamamos de 'experiência'", escreveu ele, "é quase inteiramente determinado por nossos hábitos de atenção": não percebemos a imensa maioria do que entra em nosso campo de percepção, mas uma única observação incomum pode permanecer gravada em nossas mentes para o resto da vida.[59] A consciência não era uma cadeia linear de pensamentos discretos ou "átomos de sentimento" que podiam ser extraídos do cérebro, mapeados e tabulados;[60] era, como ele escreveria mais tarde, mais como um rio ou um córrego: "Vamos chamá-lo de fluxo de pensamentos, ou de consciência, ou de vida subjetiva".[61] O fluxo de consciência, como ficaria conhecido, era, sem dúvida, refletido em alguma "ação cerebral" que correspondia a cada um de seus elementos turbulentos, mas essas unidades de atenção ou percepção eram, em última análise, um artefato da medição científica, não do pensamento em si.[62]

Se a filosofia era uma questão de temperamento, a atitude de James em relação à experiência mística era influenciada por sua relação impossivelmente complicada com o pai. Sua exasperação diante dos absolutos dogmáticos de Hegel servia como um substituto para aqueles rigidamente defendidos por Henry James Sr., cujos conflitos com o próprio pai dogmático o colocaram em um caminho resolutamente idiossincrático. Deserdado da vasta fortuna da família e levado pelo Segundo Grande Despertar, renasceu como cristão evangélico antes de sofrer um colapso nervoso – uma "devastação", como passou a chamá-lo – e se converter às doutrinas de Emmanuel Swedenborg, um engenheiro sueco que, em 1744, havia recebido visões divinas e sido dotado (como ele e seus seguidores acreditavam) de visão clarividente. Durante toda a infância de William, seu pai fora um escritor prolífico de tratados proféticos, repletos de ideais platônicos e verdades absolutas, que lutavam para encontrar leitores. Ele era o patriarca de uma família em constante turbulência, mudando-se entre Nova York, Boston e a Europa; a educação de William foi variada e estimulante, e ele aprendeu francês e alemão em suas viagens ao exterior, mas isso o deixou sem raízes e inseguro.

Como filho mais velho, William se viu diante de um conjunto perverso de dilemas. Ele admirava o pai e se esforçava para respeitar suas crenças e prescrições morais, mas não conseguia escapar do fato de que as considerava absurdas. Temia ser forçado a assumir o papel de pessimista e cético racional, mas era incapaz de desempenhar o papel de filho ungido. Incapaz de conciliar o respeito pelo vigor e autoridade de seu pai com sua religiosidade excêntrica, era atormentado por dúvidas sobre sua própria sensatez. Quando jovem, era mentalmente frágil e teve um colapso nervoso mais ou menos na mesma idade que seu pai; foi diagnosticado com neurastenia e lutou durante anos para encontrar uma vocação ou carreira adequada. Nunca experimentou um êxtase religioso como o de seu pai, tampouco a devastação espiritual que o deixava tão vulnerável, apesar de seu poder e carisma. Temia ter perdido um aspecto crucial da experiência humana que deixaria sua filosofia para sempre incompleta. Apesar da fraqueza física, buscou experiências extremas e místicas: sua experiência com óxido nitroso, que alguns de seus alunos e colegas de Harvard consideravam imprudente, fazia parte de um padrão mais amplo de exploração espiritual que abrangia ioga, cura espiritual, e inúmeras sessões espíritas.

Sua epifania com óxido nitroso foi mais do que um avanço metafísico ou psicológico: foi uma profunda liberação emocional. O misticismo não era mais uma língua estrangeira para ele. Pela primeira vez, pôde apreciar como uma visão religiosa como a de seu pai poderia ser mais real do que a realidade cotidiana que compartilhavam. "Não se pode criticar a visão de um místico", diria ele mais tarde;[63] mas, da mesma forma, as visões místicas de uma pessoa não tinham autoridade soberana sobre a realidade vivida por outras. Tanto suas percepções quanto as convicções de seu pai eram igualmente válidas. Sob a influência do gás, talvez fosse possível mapear cientificamente as fronteiras da mente e, ao mesmo tempo, acreditar no impossível.

A jornada de James ao mundo da experiência pura deu urgência ao seu projeto de construir uma nova psicologia que pudesse abranger a experiência mística. À medida que as ciências da mente se estreitavam, excluindo fenômenos que não podiam ser capturados em termos objetivos por medições externas, a experiência subjetiva era empurrada para as margens: a abrangente e poética aceitação de Humphry Davy de um mundo composto de pensamentos havia sido substituída, juntamente com sua concepção romântica de energias, fluxos e forças vitais. Para a geração moderna de cientistas, a revelação anestésica era, como sustentava John Collis Warren, meramente um delírio etílico, e suas alegações de insight místico eram, como sugeria a irônica anedota de Oliver Wendell Holmes, triviais e sem sentido. Eventos mentais privados – aqueles sem causa externa, imperceptíveis a outros observadores – passaram a ser vistos prisma da palavra que agora denotava tais experiências: alucinação.

O termo era de origem surpreendentemente recente, cunhado em 1817 por Jean-Étienne Dominique Esquirol, do Hospital Salpêtrière, em Paris, figura dominante no que era conhecido como alienismo, mas que, na década de 1880, especialmente na Alemanha, passou a ser chamado de psiquiatria. Os objetivos declarados de Esquirol eram relativamente modestos: criar uma única categoria para todos os distúrbios sensoriais. Termos anteriores, como "visão", "aparição" ou "ilusão espectral", eram todos voltados para o visual, e ele queria uma palavra que se aplicasse igualmente a ouvir vozes, sentir uma presença invisível ou insetos sob a pele. Ele também desejava fazer o que concebia como uma distinção primária entre percepções errôneas de fenômenos reais, que ele chamava de "ilusões", e percepções construídas inteiramente pela mente. Interpretar uma sombra fugaz como uma pessoa ou ouvir uma voz em um riacho murmurante eram ilusões; mas, nas alucinações, "tudo acontece no cérebro; visionários e extáticos são alucinadores, sonhadores que estão bem acordados".[64]

Na época de William James, a descrição de Esquirol do alucinador como um "visionário" parecia ultrapassada. Ela remetia à linguagem que prevalecia antes de sua intervenção, quando eventos sensoriais privados podiam ser entendidos como oráculos, mensagens de ancestrais ou espíritos, ou a voz de Deus. A palavra italiana que Esquirol reutilizou, *alucinari*, significava uma mente errante, à deriva de suas amarras: Dante, mais famoso, a havia empregado para descrever os efeitos do canto das sereias em Odisseu. Entretanto, a partir do final da década de 1830, quando a palavra "alucinação" foi adotada na linguagem clínica e depois na cotidiana, ela começou a remodelar o significado da experiência privada. Os estados visionários eram tradicionalmente descritos em termos de "alma" e "espírito", aspectos do eu que podiam receber percepções ou mensagens de uma fonte sobrenatural; o termo "alucinação", porém, carregava o julgamento implícito de que essas não eram mensagens do além, mas erros no funcionamento mental. Isso as tornava, por definição, patológicas – e, à medida que os diagnósticos de doenças mentais se expandiam e os asilos proliferavam, elas eram cada vez mais vistas como sintomas de insanidade.

Em meados do século, a medicina francesa travava um debate acirrado sobre se as alucinações podiam coexistir com a razão. Para os positivistas, os dois eram opostos. Alguns médicos, como Alfred Maury, membro do Institut de France e autor de *Le sommeil et les rêves* (O sono e os sonhos, em tradução livre), de 1861, não hesitaram em afirmar uma equivalência direta entre alucinadores e insanos, "pois o que são estes últimos senão mentes que acreditam em suas alucinações como se fossem fatos sérios?".[65] Maury classificou os sonhos como "alucinações hipnagógicas" e os considerou detritos mentais que surgiam quando a mente racional estava desligada. Na "medicina retrospectiva", termo cunhado em 1869 pelo médico e filósofo positivista Emile Littré, o mesmo argumento foi estendido às visões religiosas do passado: Littré e seus colegas diagnosticaram Moisés, Sócrates e Maomé como epilépticos, histéricos ou paranoicos.

Outros médicos franceses, muitas vezes mais simpáticos ao catolicismo, rejeitavam esses diagnósticos materialistas e anticlericais. Alexandre Brière de Boismont, médico de um asilo em Montmartre, argumentou em seu livro *Des hallucinations, ou Histoire raisonnée des apparitions, des visions, des songes, de l'extase, du magnétisme et du somnambulisme*

(Das alucinações, ou História racional das aparições, visões, sonhos, êxtase, magnetismo e sonambulismo), de 1845, que os santos e visionários históricos expressavam as ideias predominantes da época e, muitas vezes, as utilizavam em projetos de reforma da sociedade e da humanidade. Visões desse tipo só se tornaram patológicas na era moderna, quando foram alienadas do consenso social. No entanto, essa interpretação, assim como a dos progressistas seculares, não deixava margem para compreender as experiências místicas modernas fora do âmbito da doença mental. À medida que o julgamento médico sobre as alucinações se consolidava como ortodoxia, tais experiências tornaram-se menos visíveis na vida normal, especialmente para aqueles que consultavam médicos e temiam ser internados em um asilo. O misterioso fenômeno da dor de membros amputados, por exemplo, era conhecido pelo menos desde que foi descrito nas *Meditationes de prima philosophi.* (Meditações metafísicas), de Descartes; mas, antes que o neurologista americano Silas Weir Mitchell pudesse oferecer o primeiro relato completo da "síndrome do membro fantasma", em 1872, ele foi obrigado a passar muitos anos discretamente obtendo históricos de casos de soldados inválidos que mantinham suas estranhas sensações em segredo por medo de serem internados.

Na década de 1880, o crescimento das instituições psiquiátricas atingiu seu auge nos Estados Unidos e na Europa. Asilos estaduais, municipais e privados enchiam-se de pacientes tão rapidamente quanto eram abertos, mas suas taxas de recuperação e cura permaneciam obstinadamente baixas. Os avanços médicos que estavam transformando a cirurgia, a patologia e as doenças infecciosas continuavam inacessíveis aos distúrbios da mente. Psiquiatras e médicos de asilos teorizaram que muitas doenças mentais eram incuráveis: danos permanentes aos nervos ou ao cérebro causados por hereditariedade, maus hábitos e fraqueza moral. O campo foi reivindicado por médicos como Henry Maudsley, que abandonou a medicina em asilos para editar o influente *Journal of Mental Science* e cujo artigo de 1878, "Hallucinations of the Senses" (Alucinações dos sentidos, em tradução livre), traçou uma linha firme contra qualquer tentativa de ceder a elas, muito menos induzi-las. Havia muitas pessoas, escreveu Maudsley, "sofrendo de alguma forma de distúrbio nervoso" que estavam convencidas da realidade de suas alucinações. "Você me garante", dirão elas, "que estou enganado", mas elas permaneciam inabaláveis.

> O que devemos responder? Eu já respondi algumas vezes: "Como você está sozinho em sua opinião e o mundo inteiro está do outro lado, devo pensar que você é um gênio extraordinário, muito à frente do resto do mundo, ou que é um louco muito atrás dele; e, como não acho que você seja um gênio, sou obrigado a concluir que seus sentidos estão desordenados". Mas o argumento não produz o menor efeito.[66]

As alucinações, escreveu Maudsley, tinham duas causas gerais: um estado mental superexcitado ou uma deficiência física. Os anestésicos, juntamente com outras drogas que alteram a mente, pertenciam à segunda categoria, ao lado de "febres e algumas outras doenças corporais" e do "esgotamento dos centros nervosos", ou neurastenia, resultante de fatores como fadiga, fome ou fraqueza congênita.[67] As visões de Joana d'Arc eram, segundo ele, produtos da primeira categoria – "o entusiasmo de uma mente que se encontrava em uma tensão singularmente exaltada de sentimentos religiosos e patrióticos"[68] –, e as do Profeta Maomé, provavelmente da segunda (epilepsia). Maudsley admitiu que tais visões causaram grande impacto na história, a ponto de "quase levarem ao desespero" pela fraqueza mental da humanidade,[69] mas garantiu a seus leitores que uma boa higiene mental poderia reduzi-las ao mínimo. Ele recomendou o cultivo de hábitos mentais saudáveis, sobriedade física e evitar a introspecção em favor da manutenção do "contato habitual com as realidades em pensamentos e ações".[70]

Era um clima desafiador para defender a revelação anestésica, mas James estava convencido de que era possível estabelecer um caminho intermediário entre uma ciência médica que descartava sua experiência como delirante e uma fé religiosa que afirmava sua própria revelação como verdade absoluta. Em muitos aspectos, as drogas eram a via mais promissora para estudar tais fenômenos em uma era de métodos científicos e experimentação. Ao contrário das experiências místicas espontâneas, os experimentos com drogas eram testáveis e repetíveis: as doses podiam ser controladas com precisão; as variáveis, excluídas; e as respostas fisiológicas, estudadas em condições controladas. Mesmo que os fenômenos sob investigação permanecessem inefáveis e não verificáveis, suas correlações físicas podiam ser observadas, e relatos subjetivos de um grande grupo de sujeitos experimentais podiam ser reunidos e comparados.

Em 1882, justamente quando James realizou seu experimento com óxido nitroso, uma sociedade científica foi inaugurada em Londres com o objetivo de promover precisamente esse tipo de pesquisa. Em 20 de fevereiro, a Society for Psychical Research (Sociedade para Pesquisa Psíquica, em tradução livre) se reuniu pela primeira vez, com a intenção de estudar aparições, experiências místicas, assombrações, transferência de pensamentos, vida após a morte e outros temas que se situavam, nas palavras de seu cofundador, o estudioso clássico e poeta Frederick Myers, "dentro ou fora dos limites da ciência reconhecida".[71] Em dezembro de 1882, o pai de James faleceu, e ele deixou Boston para ficar com seu irmão Henry, em Londres, onde passou noites agradáveis na Royal Society e no Clube Filosófico, junto com o círculo de filósofos e psicólogos britânicos que estudavam experiências anômalas e estados mentais extraordinários. Os gases e vapores anestésicos, tendo conquistado seu lugar de destaque na medicina física, iniciavam agora outra jornada, rumo às profundezas ocultas da mente – ou, talvez, além dela.

Capítulo Quatro

A REGIÃO INVISÍVEL

A INTRODUÇÃO DE JAMES À RECÉM-CONSTITUÍDA Sociedade para Pesquisa Psíquica (Society for Psychical Research, SPR) deu-se por meio do músico e ensaísta Edmund Gurney, um conhecido de seu irmão Henry, que o convidou para jantar com seu clube de discussão de filosofia. Gurney também estudava alucinações e chegava a conclusões muito diferentes das de Henry Maudsley. Em sua visão, tais experiências não eram patológicas, e sim normais; afinal, "não são os sonhos, de longe, os exemplos mais familiares das projeções da mente de imagens que são confundidas com realidades?". As alucinações tinham propriedades diferentes – por exemplo, os sonhos tendiam a desaparecer ao acordar, enquanto as alucinações mantinham sua sensação de realidade –, mas ele concebia ambos num continuum que incluía visões induzidas por drogas. De fato, "os sonhos acordados do envenenamento por haxixe", teorizou ele, poderiam formar "uma espécie de elo intermediário" entre eles.[1] Gurney tinha um interesse particular na possibilidade de projetar alucinações para outras pessoas em estados mentais alterados, como a hipnose, que ele suspeitava ser o meio pelo qual os médiuns operavam nas sessões espíritas. Ele presidiu o Comitê de Mesmerismo da SPR, além de assumir o cargo de secretário honorário.

Ao lado de Gurney, no comando da nova sociedade, estavam dois de seus velhos amigos da Universidade de Cambridge, Frederick Myers e

Henry Sidgwick, que agora era professor sênior de filosofia em Cambridge. Embora tivessem se dedicado a reunir evidências científicas da realidade da experiência mística, nenhum dos três era um adepto convicto da visão de mundo científica. Henry Sidgwick era agnóstico e tinha a mente aberta, mas não estava disposto a aceitar uma visão materialista da mente que descartasse a experiência visionária como ilusória. Ele estava empenhado em estabelecer a realidade da vida após a morte e via a SPR como uma rede de apoio para aqueles que, como ele, coletavam evidências para isso. Seu interesse era mais filosófico do que científico: ele acreditava que, se a perspectiva de uma vida futura fosse removida, os fundamentos morais da sociedade seriam corroídos.

Frederick Myers era um pesquisador nos domínios da ciência e da religião, os quais ele acreditava serem muito restritos para dar a tais experiências o lugar que lhes era devido. Sua jornada o levou do platonismo ao darwinismo, com uma breve conversão ao cristianismo evangélico e uma adesão duradoura à poesia metafísica de William Wordsworth. Sua visão da experiência visionária foi teorizada em termos psicológicos com os quais James sentia uma forte afinidade. Myers enxergava a consciência como um espectro de diferentes frequências mentais, uma visão semelhante ao fluxo de consciência de James. "Não concedo primazia ao meu eu desperto habitual", escreveu ele, "a não ser pelo fato de que, entre meus eus potenciais, este se mostrou o mais apto a atender às necessidades da vida comum".[2]

As alucinações, no esquema de Myers, eram "erupções" de dimensões da mente abaixo do nível da consciência. Myers se referia a essa mente oculta como o "eu subliminar"; ele acreditava que ela se manifestava em patologias como a histeria, mas também era experimentada rotineiramente em sonhos e inspiração criativa, além de poder gerar os insights e visões atribuídos à genialidade. Poderia irromper de formas chocantes ou angustiantes como resultado de um trauma oculto, mas igualmente oferecer funções benéficas, por exemplo, na cura, orquestrando invisivelmente "curas mentais" em casos de doenças nervosas, exploradas com técnicas como hipnose, mediunidade ou escrita automática; ele pesquisou esses fenômenos assiduamente, participando de mais de mil sessões espíritas. Estava particularmente atento à possibilidade de que o eu subliminar pudesse se projetar além do corpo para outras mentes, um poder para o qual ele havia recentemente cunhado o termo "telepatia".

James compartilhava as dúvidas da SPR sobre os métodos e restrições da psicologia materialista e considerava suas especulações com um espírito que oscilava entre o entusiasmo e a ambivalência. Ainda que deixasse a porta aberta para possibilidades sobrenaturais, tinha o cuidado de observar que sua existência ainda não havia sido comprovada: "Os próximos vinte e cinco anos", escreveu ele, "provavelmente decidirão a questão. Ou uma enxurrada de fenômenos confirmatórios, capturados em flagrante, surgirá... ou não surgirá".[3] A SPR se dedicou a reunir tais evidências, e Gurney e Myers começaram a colaborar em uma pesquisa histórica de casos sugestivos – de sonhos preditivos à transferência de pensamentos entre gêmeos, de transes clarividentes às visões de místicos – que surgiu em 1886 como *Phantasms of the Living* (Fantasmas dos vivos, em tradução livre).

Em teoria, as drogas eram um caminho real para o eu subliminar. Ao contrário das experiências místicas ou aparições espirituais, elas podiam ser invocadas sob demanda e repetidas à vontade. Myers levantou a hipótese de que diferentes classes de drogas funcionavam como substitutos para diferentes níveis da mente subliminar: "As descobertas sucessivas de intoxicantes, narcóticos propriamente ditos e anestésicos", escreveu ele em 1886, "formaram três estágios importantes em nosso crescente controle sobre o sistema nervoso".[4] Na prática, porém, elas levantavam questões incômodas, tanto práticas quanto éticas. "Podemos realmente fazer disso um estudo experimental?", ele se perguntou. "É possível induzir alucinações? E, se possível, é seguro?" As drogas eram adequadas às exigências objetivas dos estudos de laboratório, mas seus efeitos eram imprevisíveis. "A ação das drogas na geração de sons e imagens alucinatórias é, no momento, mal compreendida", observou Myers; na única ocasião em que ele mesmo experimentou haxixe, simplesmente adormeceu. Apesar de seu potencial, ele decidiu pecar pelo excesso de cautela: "Não recomendo aos meus leitores que tomem drogas com o objetivo de induzir alucinações".[5]

Alguns membros da SPR, naturalmente, estavam familiarizados com anestésicos da odontologia ou da cirurgia. Edmund Gurney tivera um vislumbre tentador do além na cadeira do dentista, mas, quando voltou para casa e tentou escrever sobre isso para William James, "de alguma forma, a carta pareceu que não teria muito conteúdo, e não foi escrita".[6] O membro com maior experiência era William Ramsay, o químico escocês que ganharia o Prêmio Nobel em 1904 por seu trabalho no isolamento e identificação dos gases argônio, hélio, criptônio, xenônio e neon. Ramsay havia atuado anteriormente em um comitê da Associação Médica Britânica que investigava gases e vapores anestésicos, durante o qual ele mesmo os experimentou "pelo menos cinquenta vezes"[7], e relatou essas experiências em uma reunião lotada da SPR no Westminster Town Hall, em junho de 1893. Ele disse que o éter, o clorofórmio e o óxido nitroso tinham qualidades diferentes, mas todos produziam essencialmente "o mesmo estado mental", que ele caracterizou como uma "curiosa ilusão".[8] No início, impressões desconexas se aglomeravam em sua mente, competindo por atenção com tarefas que lhe haviam sido designadas, como responder a perguntas e reagir a estímulos, como luzes elétricas piscando. À medida que mergulhava mais profundamente sob a influência dessas substâncias, porém, o mundo externo recuava e:

> Uma impressão avassaladora se impôs sobre mim de que o estado em que eu me encontrava era a realidade; que agora eu havia alcançado a verdadeira solução do segredo do universo, ao compreender o segredo da minha própria mente; que todos os objetos externos eram meros reflexos passageiros no espelho eterno da minha mente...[9]

Cada vez que passava pela experiência, Ramsay descobria que era "capaz de penetrar um pouco mais no mistério insondável". Ele leu o famoso relatório de Humphry Davy e estudou a filosofia idealista do bispo Berkeley. Tornou-se mais familiarizado com os estágios da jornada interior e as sensações que os acompanhavam. A cada ocasião, sentia uma certeza mais poderosa de que "eu *conheço* a verdade da teoria da existência

14. Sir William Ramsay, que ganhou o Prêmio Nobel em 1904 por sua descoberta dos gases nobres, relatou à Sociedade de Pesquisa Psíquica, em 1893, sobre a consciência desencarnada induzida pela inalação de óxido nitroso, éter e clorofórmio.

Fonte: Galeria Nacional de Retratos, Londres.

de Berkeley", de que nada existe além dos pensamentos. E, no entanto, cada vez ficava mais impressionado com o fato de que "não é satisfatório perceber que todo o objetivo do universo é dessa natureza". A convicção de que "todos os seres vivos são produtos da minha consciência" era solipsista e, em última análise, desprovida de sentido:

> Às vezes, sinto desespero ao descobrir que o segredo da existência é tão pouco digno de consideração. É como se o véu que esconde de onde viemos, o que somos e o que será de nós fosse repentinamente rasgado, e como se um vislumbre do Absoluto se abatesse sobre nós. A convicção de sua verdade é avassaladora, mas extremamente dolorosa. Eu exclamei: "Meu Deus! É só isso?"[10]

Ramsay encerrou sua palestra destacando um paradoxo no uso de drogas para pesquisa psíquica. Como substâncias materiais, elas eram ideais para o método experimental da ciência: podiam ser administradas em doses controladas a vários sujeitos e em ocasiões repetidas, permitindo uma coleta de evidências muito mais robusta do que os cenários imprevisíveis de sessões espíritas, sonhos ou experiências místicas espontâneas. No entanto, sua materialidade colocava em xeque a autenticidade de seus efeitos místicos, sugerindo que eles poderiam ser simplesmente uma resposta fisiológica, extraída de um cérebro desordenado ou prejudicado, ou um quebra-cabeça criado pela ausência temporária de um eu consciente. "Acredito que um exame desse estado mental não é sem valor", disse ele à Sociedade reunida, mas "devo deixar para outros as especulações sobre a natureza da mudança que ocorreu em meu cérebro com tal estímulo".[11] Benjamin Blood, que havia enviado seu panfleto à maioria dos membros da SPR, leu o artigo de Ramsay com entusiasmo, mas ficou decepcionado com suas conclusões. "A depressão de Sir William diante do tom comum e secular do mistério do mundo", escreveu ele, era inadequada. Sua "desilusão está no fato de que a revelação torna tão intensamente secular, inevitável e familiar o que ele antes considerava necessariamente sagrado, imponente e estranho".[12]

Outros, no entanto, obtiveram sucesso no uso de anestésicos para estimular a atividade espiritual e clarividente. O médico escocês George Wyld era membro tanto da SPR quanto da Associação Nacional Britânica de Espiritualistas, uma organização com objetivos semelhantes, mas mais compatível com a comunidade de médiuns espirituais e seu público.[13] Wyld escrevia livros didáticos ortodoxos sobre doenças do coração, fígado e pulmões, mas também era médico no London Homoeopathic Hospital e um dos primeiros a adotar o mesmerismo. Em 1874, escreveu na revista *The Lancet* sobre os estranhos estados crepusculares que havia testemunhado, em pacientes e em si mesmo, ao se recuperar da anestesia com clorofórmio. Ele os descobriu enquanto sofria de uma dolorosa pedra nos rins e inalava clorofórmio para alívio, momento em que:

> de repente, para minha surpresa, encontrei meu ego, ou alma, ou faculdade de raciocínio, revestido e na forma do meu corpo, parado a cerca de dois metros fora do meu corpo, contemplando aquele corpo imóvel na cama.[14]

Surpreso com essa breve amostra de consciência desencarnada, Wyld passou a perguntar a outros médicos e cirurgiões se eles haviam testemunhado ou vivenciado experiências semelhantes. Os relatos vieram prontamente. Um deles, sob o efeito do clorofórmio, "viu-se, por assim dizer, girando e voando agradavelmente no ar". Um cirurgião afirmou que "os meus pacientes costumavam dizer que, durante as minhas operações,[15] não sentiam dor, mas viam tudo o que eu fazia, como espectadores que observavam e assistiam às operações". Outros, após lerem o relato de Wyld, contribuíram com suas próprias histórias. Algumas eram vislumbres tentadores já conhecidos: um, após anestesiar um paciente, "um eminente crítico e revisor literário", ouviu-o dizer que "achei que, de alguma forma, tinha chegado ao fundo e por trás de tudo" e "compreendido o grande mistério que todos buscavam... mas agora não me lembro de nada além disso".[16] Outros, porém, ofereceram evidências aparentemente concretas de suas jornadas psíquicas. Wyld ficou particularmente impressionado com o caso de uma mulher de Kirkcaldy que, após receber clorofórmio durante o parto, voltou à consciência com a notícia de que tinha visto sua mãe e seu bebê, ambos mortos e juntos no mundo espiritual. Somente após se recuperar é que soube que o seu bebê tinha morrido durante o parto e, várias horas depois, os presentes souberam que sua mãe também havia falecido naquele dia.

Esse era precisamente o tipo de evidência que Gurney e Myers estavam compilando em seu livro *Fantasmas dos vivos*, e Wyld acreditava que isso demonstrava a realidade não apenas de um eu subliminar, mas de uma alma capaz de viajar astralmente para outros planos. Em 1880, ele se tornou presidente da Sociedade Teosófica Britânica, embora seu entusiasmo tenha diminuído depois que conheceu Madame Blavatsky: achou-a "grosseira e rude", lembrando "uma atriz decadente de algum teatro suburbano de Paris", e deixou a Sociedade em 1882.[17] Em 1880, ele publicou um livro, *Theosophy and the Higher Life, or, Spiritual Dynamics and the Divine and Miraculous Man* (Teosofia e a vida elevada, ou A dinâmica espiritual e o homem divino e milagroso, em tradução livre), no qual analisou o mecanismo e o significado dessas experiências. "O clorofórmio produziu lucidez clarividente?", perguntou ele.[18] Os casos que vinha coletando eram, segundo ele, a maneira mais eficaz de validar cientificamente tais fenômenos:

> O cético negará que a crença quase universal dos seres humanos na existência da alma tenha qualquer peso científico. Negará ainda mais a autoridade das revelações espirituais. Desacreditará as experiências dos mesmeristas e negará as afirmações dos extáticos hindus ou cristãos: mas, se ele experimentar anestésicos médicos em si mesmo e descobrir, como eu e outros descobrimos, que a alma pode ser projetada para fora do corpo e existir externamente como o verdadeiro ego, ele poderá, então, ser induzido a acreditar na existência da alma humana.[19]

A teoria de Wyld era de que os anestésicos eliminavam a dor física ao expulsar a alma do corpo – um processo que também ocorria durante o sono, a hipnose, o transe, as visões e as experiências de quase morte, em que "o estado carnal" está "em declínio, e o espiritual, em ascensão".[20] Ele fundamentou sua visão na doutrina de Emmanuel Swedenborg, segundo a qual "todo homem tem uma mente inferior ou exterior e uma mente interior ou superior".[21] A mente interior normalmente permanecia oculta de seu possuidor racional, mas sua realidade estava no cerne das tradições religiosas em todo o mundo e ao longo da história, particularmente no exemplo de Jesus Cristo.

Ao contrário da maioria de seus colegas médicos e membros da SPR, Wyld não tinha problema algum em recomendar amplamente a experiência: "Eu, portanto, conclamaria cientistas, psicólogos e materialistas a realizarem mais experimentos com anestésicos como meio de chegar a uma demonstração experimental da existência e dos poderes da alma humana".[22] Sua explicação foi adotada por muitos de seus colegas espiritualistas e repetida pela autora, ativista política e defensora da Teosofia, Annie Besant, em sua popular obra sobre seus ensinamentos, *A sabedoria antiga* (1897), na qual ela escreveu que "os anestésicos expulsam a maior parte do duplo etérico, de modo que a consciência não pode afetar nem ser afetada pelo corpo denso".[23] O efeito dessas drogas, na visão de Besant, era análogo à prática da mediunidade, na qual o duplo etérico se desprendia do corpo do médium e era capaz de animar objetos estranhos: produzindo aportes a partir do nada, movendo pranchetas e até mesmo assumindo existência física em formas como o ectoplasma.

Pacientes cirúrgicos com inclinação esotérica também forneceram relatos vívidos de viagens astrais. O dramaturgo irlandês J. M. Synge foi submetido a uma cirurgia para remover uma glândula aumentada no pescoço, justamente época em que sua descoberta de Espinosa o estava conduzindo à literatura teosófica e ocultista que moldou a última década de sua vida, orientada para o misticismo. Em seu relato *Under Ether* (Sob o éter, em tradução livre) (1897), ele escreveu que, antes do procedimento, estava deitado na cama lendo Espinosa, "o grande panteísta";[24] na manhã seguinte, na sala de cirurgia, quando o aparelho de respiração de éter foi colocado sobre seu nariz e boca, sentiu que "nuvens de névoa luminosa giravam ao meu redor". "Sou um místico iniciado!", ouviu-se gritar em súbita fúria – e, naquele momento, "minha vida pareceu se extinguir em um grito espiralado para o desconhecido":

> Do período seguinte eu me lembro apenas vagamente. Parecia atravessar épocas inteiras de desolação e felicidade. Todos os segredos se apresentavam diante de mim, tão simples quanto o universo para seu Deus. De vez em quando, algo me lembrava da minha vida física, e eu sorria para o que parecia um momento de infância doentia... Essas lembranças terrenas eram poucas e vagas, pois, no resto do tempo, encontrava-me em êxtases que não tenho poderes para traduzir.[25]

Por fim, as nuvens voltaram a cobri-lo e, quando se dissiparam, ele se viu olhando para a luz a gás suspensa acima da mesa de cirurgia. Sua visão se turvou: "Ah, se eu pudesse me lembrar!", gemeu ele, enquanto as enfermeiras se movimentavam ao seu redor. Ele "percebia cada acontecimento familiar como se tivesse retornado de um país distante".[26] Anos mais tarde, creditou à sua visão, ou viagem astral, a capacidade de ter sintonizado com "os profundos mistérios da vida".[27] Assim concluiu seu ensaio: "Tive uma forte sensação de que havia morrido no dia anterior e voltado à vida, e essa impressão nunca mudou".[28]

Na década de 1880, o termo "psique" passou por uma mudança pronunciada de significado. Se antes tendia a implicar alma ou espírito, agora era usado – como, por exemplo, nas novas disciplinas de psicologia e psiquiatria – para denotar a mente, que, por sua vez, era considerada redutível ao cérebro. Os fenômenos espirituais eram, no entanto, de grande valor para a ciência mental, assim como a aceitação científica era para os pesquisadores psíquicos. Muitos dos psicólogos da nova geração, incluindo Sigmund Freud e Carl Jung, sentiram-se atraídos pelo estudo de sessões espíritas e médiuns. Seu interesse não estava em validar alegações sobrenaturais ou expor fraudes, mas, sim, em estudar os fenômenos psíquicos como manifestações – juntamente com o sonambulismo, a escrita automática e os estados de fuga – de uma mente subconsciente, oculta ou dividida. O eu subliminar e o duplo etérico eram, sob essa perspectiva, não duas teorias opostas, mas duas formulações entre muitos dos fenômenos misteriosos conhecidos como "dupla consciência", um assunto fascinante para cientistas, espiritualistas e o público em geral.

A principal ferramenta para investigar a dupla consciência era a hipnose, uma técnica que havia sido recuperada das teorias desacreditadas do mesmerismo por pesquisadores como o médico escocês James Braid, que havia demonstrado, por meio de autoexperimentos, que ela poderia ser induzida por técnicas simples, como concentrar-se em um ponto ou objeto fixo. O funcionamento da hipnose era vigorosamente contestado, mas parecia inibir o eu crítico e controlador, ou ego, permitindo o acesso a partes da mente além ou por trás da consciência. A psiquiatria francesa liderava o campo, na esteira de seu célebre profissional Jean-Martin Charcot, cujo trabalho com pacientes histéricos no Hospital Salpêtrière, em Paris, havia demonstrado que, sob hipnose, eles podiam manifestar repetidamente não apenas sintomas neurológicos bizarros, mas, em alguns casos, personalidades totalmente distintas. Na década de 1880, vários alunos de Charcot, incluindo Pierre Janet, Alfred Binet e Charles Richet, levaram o procedimento da clínica para o laboratório. Usando a hipnose em voluntários, juntamente com instrumentos como metrônomos, eles mediram a atenção, a sugestionabilidade e a memória, além de empregarem experimentos para separar os aspectos conscientes e inconscientes da mente.

Isso abriu caminho para o escrutínio empírico de uma série de estados crepusculares, como transe, possessão e mediunidade, nos quais a personalidade parecia ser expulsa do corpo por outra entidade, fosse ela subconsciente ou espiritual. No decorrer de sua pesquisa, Pierre Janet desenvolveu o conceito de "automatismos" – ações das quais a personalidade dominante não tinha consciência – e cunhou o termo "dissociação" para descrever a divisão da consciência em duas entidades que não tinham conhecimento uma da outra. Há muito se sabia que alguns indivíduos pareciam abrigar duas personalidades distintas, muitas vezes sem conhecimento ou memória uma da outra. Às vezes, o fenômeno parecia ter sua origem em um acidente, lesão na cabeça ou trauma emocional, mas era mais comumente observado como um efeito temporário de drogas anestésicas. Desde as experiências de Humphry Davy em palcos públicos e salas de cirurgia, uma bolsa de ar com óxido nitroso ou um pano embebido em éter evocava milhares de personalidades subliminares e provocava comportamentos extravagantes, dos quais, ao recuperar a consciência, o sujeito não se lembrava.

Charcot havia levantado a hipótese de que apenas indivíduos histéricos eram suscetíveis à hipnose, mas a prevalência de automatismos e dissociação sob o efeito de anestésicos reforçou a ideia de que, como disse Charles Richet, todos podem possuir, sem saber, "um ego inconsciente, uma atividade inconsciente, que está constantemente atenta, que contempla, que presta atenção, que reflete, que forma inferências e, por fim, que realiza atos – tudo isso sem o conhecimento do ego consciente".[29] "Não é extraordinário", escreveu Alfred Binet em *On Double Consciousness: Experimental Psychological Studies* (Sobre a dupla consciência: estudos psicológicos experimentais, em tradução livre), de 1890, que "existam duas personalidades distintas, dois egos unidos na mesma pessoa?"[30]

Em 1885, Frederick Myers liderou uma delegação da SPR à França para testemunhar as investigações de Pierre Janet sobre hipnose e telepatia, e Charles Richet participou de experimentos semelhantes sob os auspícios da SPR em Londres. Mas se a dupla consciência criou laços entre os espiritualistas e os cientistas, ela também dividiu a nova disciplina da psicologia em campos opostos. Para o grupo cada vez mais dominante de psicólogos de laboratório, as jornadas introspectivas aos reinos inconscientes eram um retrocesso. Wilhelm Wundt rejeitou a busca do que chamou de "perseguição sem sentido por maravilhas".[31] Para ele e seus seguidores, as sessões espíritas e os fenômenos sobrenaturais eram resquícios de uma era passada de superstições, fantasmas e bruxas. Eles consideravam a hipnose, nesses casos, apenas mesmerismo com roupagem científica, produzindo uma tapeçaria de fantasias espalhafatosas e autoengrandecedoras.

Os mistérios da dupla consciência ressoavam muito além das disputas internas da psicologia. Na cultura popular, as drogas e a hipnose assumiram a identidade potente e sinistra de agentes que podiam liberar personalidades ocultas, criar doppelgängers ou conjurar entidades que controlavam a mente. As ficções populares sobre possessão e assombrações, anteriormente consideradas sobrenaturais, foram reinterpretadas à luz da ciência moderna. Em *Trilby* (1894), de George du Maurier, frequentemente considerado o romance mais vendido da era vitoriana, o maligno hipnotizador Svengali transformou a personagem-título em duas personalidades "mutuamente amnésicas", como dizia o jargão psicológico: Trilby, quando não estava sob o feitiço do hipnotizador, não se lembrava de sua existência como cantora famosa. O Dr. Jekyll e o Sr. Hyde eram, na mesma linguagem, personalidades duplas "mutuamente conscientes", cada uma ciente da existência da outra. O romance de Robert Louis Stevenson, com sua droga que alterava a personalidade posicionada no centro do mistério, era frequentemente citado em debates científicos sobre a dupla consciência. Isso levantou questões sobre a própria escrita de ficção: seriam romancistas, cujos personagens muitas vezes pareciam surgir e agir de forma autônoma em suas mentes, adeptos de canalizar o conteúdo subliminar de suas consciências? Charles Dickens era famoso por conversar com seus personagens enquanto realizava suas tarefas diárias; já Stevenson era um caso particularmente sugestivo: ele frequentemente afirmava que "Brownies" ou "pessoas pequenas" vinham a ele em seus sonhos com ideias para suas histórias; e William James ficou fascinado ao descobrir que ele tinha quatro estilos de caligrafia perceptivelmente diferentes.[32]

O jovem H. G. Wells, sempre um barômetro dos interesses científicos de sua época, escreveu uma série de contos na década de 1890 que giravam em torno da dupla consciência e seus mistérios: a relação entre memória e identidade, a definição de personalidade, os limites da sugestão e do controle mental. Em "The Remarkable Case of Davison's Eyes" (O estranho caso dos olhos de Davidson), de 1895, um acidente de laboratório deixa o personagem-título com uma consciência dividida entre sua visão, que contempla um trecho desconhecido e desolado do oceano, e seu corpo cego, mas inalterado, tropeçando pelo laboratório de sua faculdade técnica em Londres. Em "The Story of the Late Mr Elvesham" (A história do falecido Sr. Elvesham), de 1896, um pó misterioso permite que a mente de um homem rico e moribundo tome posse do corpo de um hospedeiro jovem e saudável. Em "The Stolen Body" (O corpo roubado), de 1898, um pesquisador psíquico consegue realizar uma projeção astral, mas um espírito maligno entra em seu corpo vazio. Em "Under the Knife" (Sob a faca) (1897), o protagonista é cloroformado na mesa de operação e se vê, como nos relatos de George Wyld, pairando acima de seu corpo, observando os cirurgiões cortá-lo "como queijo".[33] Como se puxado por um ímã, sua consciência se eleva rapidamente, revelando primeiro o West End de Londres, depois a paisagem do sul da Inglaterra, em seguida os contornos do planeta e, além do sistema solar, a escuridão do espaço, a Via Láctea se afastando e, finalmente, uma sugestão da revelação anestésica, cujos contornos já eram familiares aos seus leitores:

> Será que todo o Universo não passava de uma partícula refratária de algum Ser maior? Será que nossos mundos não passavam de átomos de outro universo, e esses, por sua vez, de outro, e assim por diante, em uma progressão infinita? E o que eu era? Eu era realmente imaterial?... E, então, uma voz, que parecia ecoar até as partes mais distantes do espaço, disse: "Não haverá mais dor".[34]

Nessa época, o éter e o clorofórmio já não estavam mais confinados às salas de cirurgia. Eles estavam amplamente disponíveis nas farmácias, sendo inalados como vapores calmantes para doenças do peito e dos pulmões, como analgésicos para dores e como tranquilizantes de ação rápida

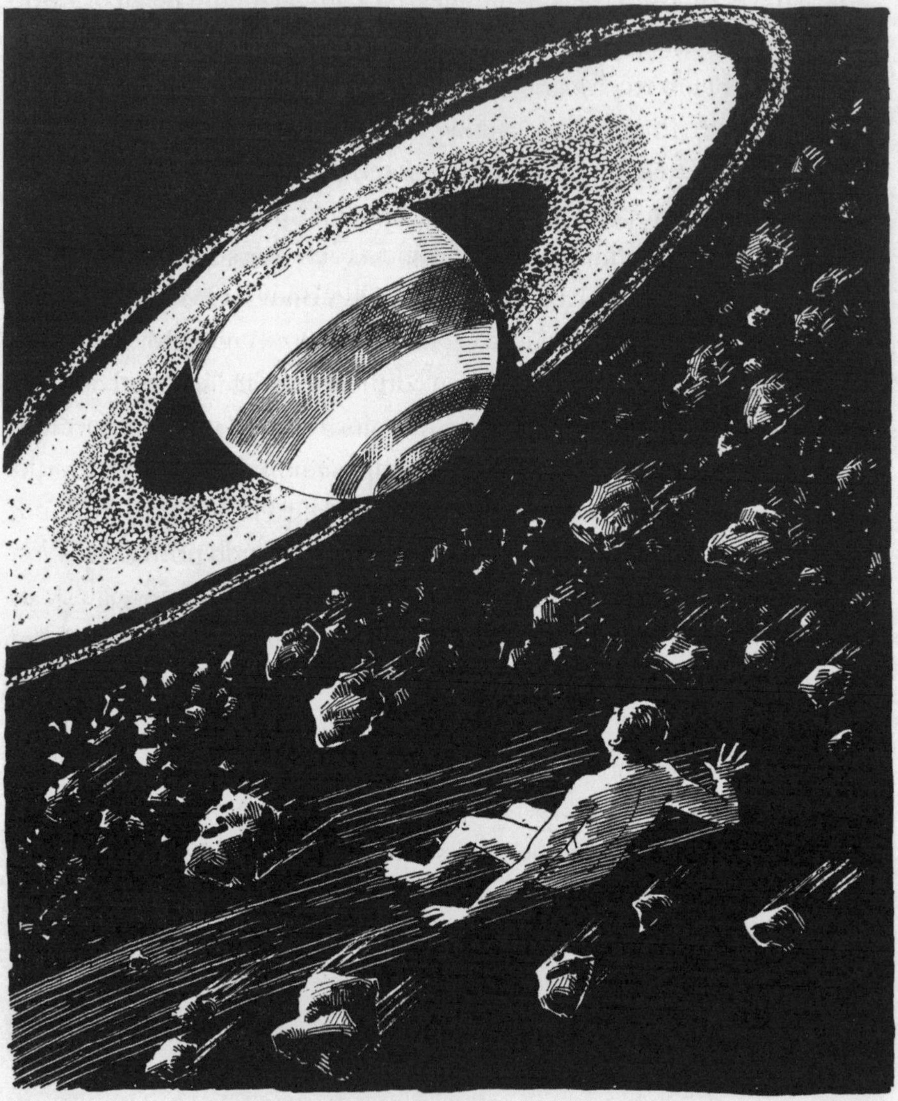

15. Ilustração para o conto de H. G. Wells de 1897, "Under the Knife" (Sob a faca), no qual o clorofórmio leva um paciente cirúrgico a uma viagem cósmica desencarnada.

Fonte: Amazing Stories, 1927.

para ataques de pânico e outras condições nervosas. A partir do final da década de 1880, William James usava clorofórmio regularmente para suas noites de insônia, quando saía "do estado de torpor para o de agitação";[35] ele oscilava frequentemente entre a superestimulação e a exaustão e, como Freud, diagnosticou-se como neurastênico – sua "velha fraqueza", como ele descreveu com tristeza quando estava "muito debilitado em termos de força nervosa".[36] Os xaropes e remédios para tosse patenteados normalmente incluíam uma medida de éter ou clorofórmio para proporcionar uma sensação refrescante quando evaporavam na garganta, bem como uma dose de ópio ou morfina para suprimir o reflexo da tosse.

Nos produtos farmacêuticos, o clorofórmio era preferido por seu cheiro – mais doce e medicinal do que o odor industrial forte do éter – e por seu ponto de ebulição mais alto, que o tornava menos volátil e inflamável, uma vantagem significativa em uma época de interiores de madeira e iluminação a gás frequentemente com vazamentos. Embora fosse geralmente inalado em ambientes domésticos, algumas pessoas que sofriam de nervosismo carregavam-no consigo em público como um remédio discreto para ataques de ansiedade. Médicos e jornalistas comentavam com desaprovação seu uso "ostentoso" em salões de chá e teatros, bem como os ocasionais avistamentos públicos de grupos de jovens mulheres rindo e desmaiando sob sua influência.

Ao mesmo tempo, ele desenvolveu uma reputação sinistra, graças a alguns casos criminais de grande comoção, como o de Henry Howard Holmes, que o utilizou nos assassinatos de um número desconhecido de pessoas em Chicago durante a Feira Mundial de 1893. Nas revistas populares sobre crimes reais, o clorofórmio ganhou uma reputação instantaneamente ligada a crimes e, geralmente, assassinatos. Em casos judiciais, sua descoberta na cena do crime colocava em dúvida os fatos básicos: o relato das testemunhas poderia ser prejudicado por apagões de memória ou, ainda, o fenômeno da dupla consciência poderia significar que aqueles que cometeram delitos estavam mentalmente ausentes e, portanto, eram legalmente inocentes. No final da década de 1890, ele foi associado, no jornalismo sensacionalista e na imaginação popular, a vício, suicídio, estupro e assassinato, assim como ao equívoco duradouro de que um pano embebido em clorofórmio colocado sobre o rosto da vítima produz uma perda instantânea de consciência (na realidade, isso requer respiração profunda e contínua).

Para aumentar o medo e a confusão, havia o fato de que, em casos raros, descobriu-se que ele causava morte instantânea ao parar o coração. Uma ocorrência fatal foi a de Edmund Gurney, da SPR, encontrado morto em um hotel em Brighton, em 1888, com um frasco aberto de clorofórmio ao lado da cama. Gurney sofria de neuralgia facial excruciante, para a qual lhe foram prescritos muitos medicamentos, incluindo hidrato de cloral, beladona e morfina. O veredito do médico legista foi morte acidental, embora, como costuma acontecer em casos semelhantes, houvesse rumores de suicídio. A porta do quarto de hotel de Gurney estava trancada por dentro, e uma bolsa de esponja impermeável encontrava-se sobre seu nariz e boca.[37]

Nesse contexto, era importante que os pesquisadores científicos sinalizassem que suas autoexperiências com anestésicos eram de uma ordem bastante diferente do uso intoxicante ou "recreativo" pelo público não médico. James Crichton-Browne, diretor médico do West Riding Lunatic Asylum, em Yorkshire, conduziu uma série de experiências em seus pacientes, e também em si mesmo, com drogas como morfina, cannabis, hidrato de cloral, esporão-do-centeio, éter e óxido nitroso. Neste último caso, publicado na revista *The Lancet* em 1872, ele invocou o cartesianismo da elegância, sustentando que os aspectos significativos da experiência estavam disponíveis apenas para observadores com formação científica. Os efeitos do gás, escreveu ele,

> em pessoas de calibre mental médio... são agradáveis e estimulantes, mas de forma alguma notáveis; entretanto, em pessoas de poder mental superior, tornam-se emocionantes e apocalípticos. Um trabalhador que inala o gás confessa, ao recuperar a consciência, que se sentiu muito feliz, como se tivesse bebido um pouco demais, e um filósofo anuncia que o segredo do universo lhe fora, por um momento de êxtase, revelado.[38]

Uma das contribuições mais completas e perspicazes para a literatura sobre autoexperimentação veio de uma fonte improvável, Benjamin Ward Richardson, cuja reputação irrepreensível era suficiente para protegê-lo de críticas. Richardson era médico, palestrante e autor prolífico, mais conhecido por sua firme defesa da abstinência total: acreditava que o álcool deveria ser proibido para todos, exceto para usos médicos de emergência. Richardson foi alertado, em sua função de inspetor sanitário, sobre um surto de consumo de éter em Draperstown, nas montanhas Sperrin, na Irlanda do Norte, onde o ativismo vigoroso pela moderação, combinado com um aumento nos impostos sobre o consumo, tornou o éter mais barato e mais disponível do que o álcool. Ao descer de sua carruagem na praça do mercado, os vapores reveladores o atingiram "tão contundentemente como se eu estivesse em uma sala de cirurgia usando spray para uma operação".[39]

Richardson percebeu que muitos dos comerciantes do mercado cheiravam a éter e, "passando ao longo do vento que trazia o vapor da parte baixa da cidade, eu facilmente segui o odor do vapor por várias centenas de metros", até a porta da casa onde estava sendo vendido.[40] Ele passou vários dias compilando um relatório completo, no qual detalhou quem estava usando éter e como: notavelmente, os usuários mais pesados descobriram um método de bebê-lo em vez de inalá-lo, acompanhando uma dose com um copo de água para evitar que evaporasse pela garganta. Ele escreveu sobre sua experiência em um longo ensaio muito divulgado sobre "intoxicação extra-alcoólica", publicado pela primeira vez na *Popular Science Monthly*, em 1878, no qual distinguiu cuidadosamente os efeitos do éter metilado e do éter etílico e descreveu os efeitos deste último em si mesmo. Ele tomou como referência o "trabalho memorável, perfeito e original" de Humphry Davy sobre o óxido nitroso e apresentou suas próprias impressões, com o mesmo espírito científico e heroico:

> Parecia-me que o espaço da pequena sala em que eu estava sentado se estendia para um espaço que não podia ser medido, mas que podia ser compreendido e percorrido; como se minhas faculdades, mentais e físicas,

se adaptassem, naquele momento, à vastidão daquele espaço. Parecia-me que todos os sentidos estavam exaltados em apreciação perceptiva. A luz era brilhante além da expressão, mas não opressiva; o tique-taque de um relógio era como o som musical de um címbalo com eco; e as coisas tocadas pareciam transmitir corrente suave entre elas e os dedos... Aqueles que sentiram essa condição, que viveram, por assim dizer, em outra vida, por mais transitória que fosse, são facilmente levados a declarar, com Davy, que "Nada existe além dos pensamentos! – o universo é composto de impressões, ideias, prazeres e dores!"[41]

Os fios da medicina, da expansão da consciência, da intoxicação, do vício e do crime estavam intimamente entrelaçados na Paris de *fin-de--siècle*, onde o éter e o clorofórmio circulavam entre as *demi-mondaines*[I] boêmias, juntamente com a morfina, o ópio, a cocaína, o haxixe e o absinto com infusão de losna. As substâncias eram frequentemente transportadas em pequenos frascos de vidro e de remédios por asmáticos, tuberculosos e neurastênicos, adicionadas a tônicos e xaropes patenteados e, ocasionalmente, a coquetéis: um morango embebido em éter flutuando no champanhe produzia uma sensação inebriante, com a fruta impedindo que o líquido volátil evaporasse muito rapidamente. As referências literárias ao éter eram abundantes, fosse como um símbolo de decadência, fosse como um recurso literário para transformar uma narrativa realista em um cenário de sonhos e símbolos, em que suas qualidades dissociativas se tornavam um portal para estranhos estados mentais, assombrações psicológicas, duplicações misteriosas e deslizamentos de espaço e tempo.

[I] Em francês no original. Termo usado no século XIX para designar mulheres que viviam à margem da respeitabilidade social – cortesãs, amantes ou figuras da vida boêmia parisiense – e participavam da alta sociedade, mas sem pleno reconhecimento moral.

O éter foi tema do conto "Rêves" (Sonhos), de Guy de Maupassant, publicado em 1882, no qual um grupo de comensais cansados e neurastênicos lamentam o *tédio* que consome seus dias e a insônia e os pesadelos que arruínam suas noites. O médico entre eles garante que o "sonho real", que é "a experiência mais doce do mundo", é um presente da medicina moderna. Seus companheiros de jantar presumem que ele está se referindo ao ópio ou ao haxixe, que eles já experimentaram; um deles responde, cansado: "Eu li Baudelaire e até provei a famosa droga, que me deixou muito doente". Mas o médico está falando do éter, que ele experimentou pela primeira vez para aliviar sua neuralgia, "e do qual, desde então, talvez tenha abusado um pouco". Deitado com um frasco de éter e inalando lentamente, ele lembra que seu corpo:

> ficou leve, tão leve como se a carne e os ossos tivessem derretido e apenas a pele tivesse ficado, a pele necessária para me permitir perceber a doçura de viver, de banhar-me nessa sensação de bem-estar. Então percebi que não estava mais sofrendo. A dor tinha desaparecido, derretido, evaporado. E ouvi vozes, quatro vozes, dois diálogos, sem entender o que era dito.

Ao contrário dos sonhos induzidos pelo haxixe ou das visões "um tanto nauseantes" do ópio, o estado que se seguiu foi de maior clareza mental:

> Eu raciocinava com a máxima clareza e profundidade, com extraordinária energia e prazer intelectual, com uma intoxicação singular decorrente dessa separação das minhas faculdades mentais... Parecia-me que eu havia provado da Árvore do Conhecimento, que todos os mistérios haviam sido revelados, e eu me encontrava sob o domínio de uma lógica nova, estranha e irrefutável. E argumentos, raciocínios e provas surgiam em uma pilha diante do meu cérebro, apenas para serem imediatamente substituídos por alguma prova, raciocínio ou argumento mais forte. Minha cabeça havia se tornado, na verdade, um campo de batalha de ideias. Eu era um ser superior, armado com inteligência invencível, e sentia um enorme prazer com a manifestação do meu poder.[42]

O médico continuou inalando de seu frasco por uma eternidade, levado por seus devaneios cerebrais, até que olhou para baixo e viu que estava vazio. O uso do éter por Maupassant combinava o médico, o sensual e o filosófico de maneiras semelhantes. Ele o experimentou pela primeira vez como remédio para sua lista de condições médicas e neurológicas persistentes, que incluíam enxaquecas, reumatismo, cegueira parcial, hemorragia interna e febres; seus médicos ofereciam opiniões conflitantes sobre suas causas, a maioria das quais foi retrospectivamente relacionada à sua eventual deterioração e morte por sífilis. O uso regular de éter o afetava de forma estranha: ele descreveu aos amigos que via pequenos homens vermelhos sentados em poltronas, sentia a sua alma separar-se do corpo e, mais de uma vez, entrava em casa e se via sentado no sofá.[43]

Ao longo da década de 1890, à medida que sua condição piorava, as alucinações e episódios psicóticos de Maupassant se tornaram mais intensos, fosse por causa de uma doença cerebral degenerativa, fosse pelo uso excessivo de éter e outras drogas. A influência do éter é perceptível nas alucinações auditivas que ele descreve, que começam como um zumbido nos ouvidos, aumentam até atingirem um crescendo e se transformam, durante o devaneio que se segue, em vozes, cujas palavras são muitas vezes inaudíveis ou sem sentido, mas cujo caráter e tom são nitidamente definidos. Vozes sem corpo eram frequentemente descritas tanto na literatura médica quanto na espiritual, sendo experimentadas e interpretadas de várias maneiras. O médico britânico Ernest Dunbar descreveu tê-las ouvido sob o efeito do clorofórmio em um relatório para a SPR:

> Parecia-me que, em algum ponto profundo da minha consciência, vozes discutiam e brigavam... Esse tipo de conversa começava assim: "Então, você vê que nós o pegamos de novo". Então eu pensava: "Ah! Vocês não vão me deixar em paz? Quero descansar". E a resposta vinha: "Nós daremos a última palavra". Com isso, seguia-se um murmúrio e um resmungo, que ocasionalmente se transformava em uma reclamação chorosa dessas vozes. Nunca inalei clorofórmio sem ouvir essas vozes.[44]

Enquanto os pesquisadores psíquicos ouviam comunicações telepáticas, espíritos de falecidos ou vozes de anjos, Maupassant tendia a interpretá-las como duplicações ou divisões de sua própria mente. Em seus últimos anos, no entanto, ele foi incapaz de descartar a possibilidade de que fossem indícios de algo além do eu: não necessariamente espíritos ou demônios, como tradicionalmente concebidos, mas evidências de uma presença incorpórea que assombrava o mundo moderno. Sua exploração ficcional mais profunda dessa possibilidade foi seu conto de 1887, "Le Horla" (O Horla), em que ele abandona o naturalismo elegante de suas obras anteriores em favor de uma narrativa fragmentada, ambivalente e perversa, na qual o tapete é constantemente puxado dos pés do narrador. Em uma série de entradas de diário cada vez mais angustiantes, o protagonista documenta uma dupla consciência ou assombração do eu, em que objetos em seu quarto trancado são movidos. "Devo ser o brinquedo da minha imaginação enfraquecida", conclui ele; ou talvez tenha se tornado um amnésico ou sonâmbulo; "ou fui submetido ao poder de uma dessas influências – sugestão hipnótica, por exemplo – que se sabe que existem, mas que até agora são inexplicáveis".[45] Mas, se ele é louco, como pode ser tão lúcido e racional?

> Alguma perturbação desconhecida deve ter sido provocada em meu cérebro, uma daquelas perturbações que os fisiologistas da atualidade tentam observar e fixar com precisão, e essa perturbação deve ter causado um profundo abismo em minha mente e na ordem e lógica de minhas ideias.[46]

Como sob o efeito do éter, argumentos e provas se constroem com cada vez mais engenhosidade, apenas para serem substituídos por outros. As anomalias persistem e se intensificam, o abismo se amplia; em pouco tempo, ele começa a especular que "alguém possui minha alma e a governa!".[47] Consolida-se a ideia de que os pesquisadores científicos da dupla consciência liberaram uma entidade que se alimenta da mente consciente e sobre a qual eles não têm controle:

16. O autor decadentista francês Jean Lorrain, usuário habitual de éter, cuja ficção explorava seus efeitos psíquicos misteriosos.

Fonte: Frédéric Boissonnas, Domínio público, via Wikimedia Commons.

Mesmer o pressentiu, e há dez anos os médicos descobriram com precisão a natureza de seu poder, mesmo antes que Ele próprio o exercesse. Eles brincaram com essa arma de seu novo Senhor, o domínio de uma vontade misteriosa sobre a alma humana, que se tornara escrava. Chamam isso de mesmerismo, hipnotismo, sugestão... Um novo ser! Por que não? Era certo que isso aconteceria! Por que seríamos os últimos?[48]

A figura literária mais intimamente associada ao éter na França do *fin-de-siècle* foi o romancista, poeta, jornalista e contista Jean Lorrain, cuja coleção de contos sombrios e sarcásticos foi publicada em 1895 sob o título *Nuits d'hôpital* (Noites de hospital, em tradução livre). Lorrain era uma figura extrema mesmo na decadente Paris: um dândi empoado e cheio de joias, fofoqueiro escandaloso, boêmio, satanista amador, morador do submundo gay criminalizado e violento da cidade e, ao mesmo tempo, seu escritor mais bem pago. "O que é um vício?", ele perguntou, dando de ombros. "Apenas um gosto que você não compartilha."[49] Sua autopromoção descarada como o Thomas De Quincey do éter era totalmente condizente com seu caráter, embora as histórias do volume tendam a mencionar a droga apenas de forma indireta e ele nunca descreva suas experiências com ela tão diretamente quanto Maupassant fez em "Sonhos". Sua presença é difusa, rasgando o véu da realidade e pontuando-a com justaposições surreais e flashes de clareza sobrenatural. Ela define o cenário e o clima para histórias como "Un crime mystérieux" (Um Crime Misterioso), em que seu narrador começa assim:

> Foi há dois anos, quando meus problemas nervosos estavam no auge. Eu havia me recuperado do éter, mas não dos fenômenos mórbidos que ele havia causado: ouvir coisas, ver coisas, ataques de pânico noturnos e pesadelos. O sulfonal e o brometo começaram a aliviar os piores sintomas, mas meu sofrimento continuava apesar da medicação. Esses fenômenos eram piores no apartamento do outro lado do rio, na Rue St Guillaume, que eu dividia com eles há tanto tempo. Sua presença parecia ter impregnado as paredes e os móveis, por meio de alguma magia simpática perniciosa... Havia sombras bizarras amontoadas nos cantos, dobras sugestivas nas cortinas das janelas, enquanto as cortinas da porta eram repentinamente animadas por alguma aparência assustadora e indescritível de vida.[50]

Lorrain começou a usar o éter medicinalmente, como alívio sintomático para sua tuberculose crônica – semelhante ao seu rival Maupassant, que uma vez o desafiou para um duelo por plágio.[51] Sua doença e sua automedicação com éter estavam entrelaçadas em sua persona pública altamente cultivada. Amigo íntimo de Joris-Karl Huysmans, cuja obra, *À rebours* (Às avessas), de 1884, se estabeleceu como a bíblia dos decadentistas, a carreira literária de Lorrain abrangeu os mundos do alto esteticismo, do jornalismo bem remunerado, da sensação comercial pulp e da perversão impronunciável. Tal como a obra-prima de Huysmans, muitas das suas histórias não são tanto narrativas, mas, sim, vinhetas, peças de humor ou estudos de estados mentais que se desenrolam em monólogos interiores que antecipam o fluxo de consciência dos modernistas. *Às avessas* inclui uma longa digressão sobre o olfato e os transportes e associações que este pode evocar; o éter, na escrita de Maupassant e, particularmente, de Lorrain, pode ser visto como uma consequência dessa obsessão amplificada até a loucura. Nos salões e cafés, costumava-se dizer que era possível sentir o cheiro da presença de Lorrain na sala antes mesmo de vê-lo. Em sua ficção, o odor e a lógica onírica permeiam toda a obra, trazendo uma confusão de associações: a sala de espera do hospital, o *boudoir*[II], a agonia dos pulmões, a suave dissociação da realidade, o despertar repentino de um pesadelo – e, por fim, a dor das úlceras gástricas que seu hábito lhe infligia com severidade crescente.

Embora seus contos sobre o éter sejam profundamente assombrados, Lorrain não acreditava em fantasmas ou espíritos; como ele poderia ter dito, citando Samuel Taylor Coleridge: "Eu mesmo já vi muitos". Assim como Huysmans, ele investigou o satanismo: os dois eram frequentadores do café Chat Noir, o centro boêmio de Montmartre, onde os discípulos de Jules Michelet discutiam bruxaria e procuravam rituais secretos em porões e catacumbas, e rumores de clãs secretos e rituais ocultos pairam no fundo das suas histórias. No final, porém, nem a ciência, nem o sobrenatural, nem mesmo o éter, ofereciam uma explicação suficiente. "Ah, não culpe o éter!", responde o protagonista do conto "Les Possédés" (Os Possuídos, em tradução livre) a um amigo que tenta entender suas obsessões aterrorizantes:

> No entanto, tenho que ir embora. Com certeza ficaria doente novamente assim que novembro chegasse, quando Paris se torna fantasticamente assombrada. Veja bem, o estranho do meu caso é que não tenho mais medo do invisível, estou apavorado com a realidade.[53]

[II] Em francês no original: "quarto íntimo ou gabinete feminino".

O romance perverso e chocante de Lorrain, *Monsieur de Phocas* (O Sr. de Phocas, em tradução livre), de 1901, marcou o ponto alto escandaloso de sua carreira e o *ne plus ultra*[III] da literatura decadentista francesa. Falido em função de processos judiciais por plágio e obscenidade, ele caiu em esquecimento no novo século e, em 1906, morreu de peritonite após perfurar o cólon com um enema enquanto tentava aliviar suas úlceras intestinais induzidas pelo éter. A droga havia se tornado, como o ópio de De Quincey, seu talismã, sua marca registrada e sua maldição. Ela abriu as portas para uma dimensão invisível da mente, que o hipnotismo e os médicos da mente eram tão incapazes de explicar quanto os médiuns ou exorcistas. Como exclama outro de seus protagonistas exagerados no esboço literário de 1891, "Magic Lantern" (Lanterna mágica, em tradução livre): "Nunca o fantástico floresceu de forma tão sinistra e aterrorizante como na vida moderna!".[54]

Vinte anos após publicar suas primeiras impressões sobre o óxido nitroso na revista *Mind*, William James colocou sua experiência com o gás no centro de sua magistral pesquisa sobre estados místicos, *The Varieties of Religious Experience* (As variedades da experiência religiosa, em tradução livre), de 1902. "O óxido nitroso e o éter, especialmente o óxido nitroso", escreveu ele, "estimulam a consciência mística em um grau extraordinário. Profundezas além das profundezas da verdade parecem reveladas ao inalador",[55] continuou ele, reproduzindo quase literalmente sua percepção original de que "a verdade se revela à vista em profundezas além das profundezas de evidências quase ofuscantes".[56] Essas reflexões maduras culminaram em seu hino mais associado à experiência com drogas:

> Há alguns anos, eu mesmo fiz algumas observações sobre esse aspecto da intoxicação por óxido nitroso e as publiquei. Uma conclusão se impôs

[III] Em latim no original: "nada além disso". O pináculo, auge de algo.

à minha mente naquela época, e minha impressão de sua veracidade permaneceu inabalável desde então. É que nossa consciência normal de vigília, a consciência racional, como a chamamos, é apenas um tipo especial de consciência, enquanto ao seu redor, separadas por uma tela muito fina, existem formas potenciais de consciência totalmente diferentes... Nenhuma explicação do universo em sua totalidade pode ser definitiva se desconsiderar essas outras formas de consciência.[57]

James ainda não havia esgotado sua investigação sobre a natureza ou o significado das experiências místicas, mas, depois de mergulhar em centenas de descrições, desde os diários de místicos medievais até os relatos confessionais do Grande Despertar e as pilhas de correspondência pessoal que agora enchiam seu escritório, ele havia esboçado seus contornos. A incapacidade de descrevê-las satisfatoriamente, concluiu ele, não era prova de sua incoerência, mas de sua autenticidade. Tais experiências eram inefáveis, além das palavras: "Sua qualidade deve ser experimentada diretamente; não pode ser transmitida ou transferida a outros". Elas também eram definidas pelo que ele chamava de qualidade "noética", trazendo consigo a convicção inabalável da verdade: "São iluminações, revelações cheias de significado e importância, embora permaneçam inarticuladas".[58] Eram transitórias, escapando da apreensão consciente quase imediatamente; e também passivas, impossíveis de serem alcançadas pelo exercício da vontade, o que dava a sensação de terem sido concedidas por um poder superior. Eram "absolutamente autoritárias sobre os indivíduos a quem chegavam", como tinham sido para o seu pai, mas não podiam dar aos seus sujeitos autoridade sobre os outros, como o seu pai havia exigido. Implicavam uma verdade adicional, ou síntese, que se aplicava igualmente a ambos os lados: que "abrem a possibilidade de outras ordens de verdade".[59]

A "região invisível" era o termo abrangente que James agora usava para descrever a fonte de experiências que poderiam ser reivindicadas ou descartadas como religiosas ou místicas, patológicas ou induzidas por drogas. Entre os exemplos estavam vários casos dos arquivos da Sociedade para Pesquisa Psíquica, incluindo alucinações espontâneas, escrita automática, aparições e presenças espirituais; mas seu compromisso com a causa da SPR estava diminuindo. Em 1894, ele aceitou a presidência por insistência de Frederick Myers, que o convenceu de que sua fama e status internacionais o tornavam o candidato óbvio, mas ele renunciou no ano seguinte, em favor do ilustre químico Sir William Crookes, inventor do tubo de raios catódicos. Os vinte e cinco anos que James havia originalmente proposto como prazo para o projeto estavam quase acabando, e o mundo não estava nem um pouco mais perto de aceitar a realidade da telepatia ou da vida após a morte. Pelo contrário, havia se movido firmemente na direção oposta: suas inclinações espiritualistas haviam prejudicado seu prestígio e influência em outras causas, com as quais ele estava igualmente comprometido.[60] "Teoricamente, não estou 'mais adiantado' do que estava no início", escreveu ele ao relembrar suas pesquisas psíquicas em 1909; "e confesso que, às vezes, fui tentado a acreditar que o Criador pretendia que esse departamento da natureza fosse *desconcertante*, para despertar nossa curiosidade, esperança e suspeitas em igual medida."[61]

James estava mais contra a ciência redutiva e dogmática do que nunca, mas agora enquadrava sua abordagem à região invisível de maneira diferente. Enquanto a SPR se interessava por seus casos, principalmente como evidência da realidade de outro plano de existência, James defendia sua realidade em seus próprios termos. O fluxo de consciência era uma "confusão vibrante e agitada" de muitos modos diferentes de pensamento e percepção, em que correntes profundas de experiência mística frequentemente se misturavam com a espuma superficial da vida cotidiana.[62] Quer consideremos essas experiências verdadeiras ou ilusórias, elas impactam nossas vidas reais: "O trabalho é realmente feito sobre nossa personalidade finita, pois somos transformados em novos homens, e as consequências em termos de conduta se seguem no mundo natural".[63]

A revelação anestésica pode gerar afirmações que vão contra a ciência e a lógica, mas isso não as torna necessariamente sobrenaturais, nem necessariamente profundas. Pierre Janet chegou a uma conclusão semelhante após sua extensa investigação hipnótica de médiuns espirituais: suas profecias e declarações, embora às vezes notáveis e desconcertantes, eram, em sua maioria, superficiais, previsíveis ou banais. No entanto, a própria experiência de James lhe ensinou que estados mentais extraordinários não podiam ser avaliados com base no testemunho que deles surgiu; e, dada a abundante evidência que reunira sobre o poder transformador das visões, ele concluiu: "Sinto que não temos nenhuma desculpa filosófica para chamar o mundo invisível ou místico de irreal".[64]

Por meio de James e de muitas outras fontes, o modelo da mente e da realidade desencadeado pela revelação anestésica fluiu para a corrente mais ampla de influências que redefiniria a consciência no século XX. A arte e a cultura modernistas da geração seguinte, com suas perspectivas fragmentadas e desconhecidas, dedicaram-se a romper o véu da realidade cotidiana em direção a um mundo de experiência pura. As paisagens mentais induzidas pelo éter de Jean Lorrain, assombradas por suas figuras mascaradas e *doppelgängers*[IV], anteciparam os monólogos interiores de Marcel Proust e James Joyce, as narrativas misteriosas do fluxo de consciência de Arthur Schnitzler e as justaposições impossíveis dos surrealistas. Durante a década de 1880, artistas como Georges Seurat começaram a experimentar o divisionismo e o pontilhismo, mudando o foco da visão do mundo externo para os olhos e a mente do observador; Paul Cézanne e os cubistas deram expressão visual à visão de mundo de James, combinando múltiplas perspectivas do mesmo objeto em uma única tela. As rígidas fronteiras do tempo e do espaço foram flexibilizadas pelas novas tecnologias do fonógrafo e do cinema, que congelavam momentos e percepções transitórias em objetos materiais. Quando Wassily Kandinsky rompeu com a arte abstrata pura em 1910 – "pintando a alma", como ele concebia[65] –, ele se inspirou nas regiões invisíveis que visualizava por meio da meditação sobre as formas-pensamento teosóficas.

Na ciência, o colapso do tempo e do espaço experimentado sob anestesia foi estendido do mundo subjetivo para o mundo objetivo e mensurável. William James propôs, em seus *The Principles of Psychology* (Princípios de Psicologia), que a percepção subjetiva do tempo, ao contrário do tempo

---

[IV] Em alemão no original. Remete à ideia de cisão ou duplicação da consciência.

do relógio, era elástica, refletindo a frequência dos eventos mentais que estavam ocorrendo: "A consciência da mudança é, portanto, a condição da qual depende nossa percepção do fluxo do tempo".[66] Ele relacionou isso ao pensamento de Henri Bergson, a quem considerava o grande filósofo da experiência direta, que argumentava que o tempo reside no corpo assim como as memórias residem no cérebro, como uma dimensão vivida e imensurável da consciência, e que os incrementos rígidos do tempo do relógio são, na melhor das hipóteses, uma simplificação dessa realidade. Quando a formulação do espaço-tempo de Albert Einstein surgiu na década de 1900, ela apresentou um colapso ainda mais profundo da objetividade: o tempo não era uma medida única e universal, mas perspectivista e plural, dependendo, em última instância, da relação entre os objetos. Em 1910, o filósofo espanhol José Ortega y Gasset avançou as ideias de Einstein e outros até a conclusão de que "não existe espaço absoluto porque não existe perspectiva absoluta... a teoria de Einstein é uma prova maravilhosa da multiplicidade harmoniosa de todos os pontos de vista possíveis."[67] Em 1916, Einstein concluiu que "cada corpo de referência tem seu próprio tempo particular".[68] Como James insistiu após sua revelação sobre o óxido nitroso, nenhuma descrição do universo pode ser definitiva sem incluir a face que ele apresenta a cada observador único.

Uma percepção semelhante estava transformando as ciências sociais. Em 1888, o antropólogo Franz Boas foi o primeiro a usar o termo "cultura" no plural, para refletir que "a civilização não é algo absoluto, mas relativo, e que nossas ideias e concepções são verdadeiras apenas na medida em que refletem nossa civilização": além da herança europeia, existem outras culturas e formas de consciência totalmente diferentes.[69] No mesmo ano, W. E. B. Du Bois, de 20 anos, ativista pioneiro dos direitos civis e pan-africanista da geração seguinte, ingressou em Harvard e encontrou seu grande professor em William James, "meu amigo e guia para o pensamento claro", como escreveu mais tarde.[70] Du Bois tornou-se o primeiro estudante negro a obter um doutorado em Harvard e, em 1895, num artigo na *Atlantic Monthly*, adaptou o termo "dupla consciência" para descrever a situação dos negros americanos, obrigados a navegar pelo mundo simultaneamente através da sua própria perspectiva e da perspectiva da cultura branca dominante, que estabelecia suas regras e parâmetros. "É uma sensação peculiar, essa consciência dupla", escreveu ele, "essa sensação de sempre olhar para si mesmo pelos olhos dos outros".[71] O caminho para a identidade negra no mundo moderno envolvia reconciliar "correntes de pensamento vastas e parcialmente contraditórias"[72] em uma síntese superior, a da "alma humana soberana".[73]

O ponto culminante da jornada de James foi descrito em seu ensaio "A World of Pure Experience" (Um mundo de pura experiência, em tradução livre), de 1904, e em uma série de palestras finais – diante do maior público já reunido para uma palestra de filosofia em Harvard –, publicada em 1909 como um livro, *A Pluralistic Universe* (Um universo pluralista). Ele descreveu sua filosofia como "empirismo radical", que definiu como "o oposto do racionalismo": em vez de privilegiar a razão e a abstração, ela insistia na experiência direta e no fato individual. A realidade, nesse esquema, era a soma de todas as experiências, fossem elas materiais ou invisíveis, e nada mais; ela "não deve admitir em suas construções nenhum elemento que não seja diretamente experimentado, tampouco excluir delas nenhum elemento que seja diretamente experimentado".[74] Rejeitava igualmente as restrições da lógica e da razão, a verdade revelada de uma religião e os Absolutos de Platão ou Hegel. Era um mosaico no qual cada peça podia ser encaixada para produzir uma versão coerente do mundo, mas a imagem criada dependia de como eram montadas e de onde o observador se situava. A palavra que James cunhou para designar a totalidade desse mosaico foi "multiverso". Foi uma ruptura final e decisiva com a psicologia de laboratório que tentava isolar as funções da mente e encontrar a base da consciência na fisiologia do cérebro e do sistema nervoso. A consciência e, na verdade, a realidade, afirmava James, eram, em última análise, instantâneos de um processo que era constantemente moldado pelo sujeito que os experimentava.

O último texto que James publicou em vida foi uma breve apreciação, intitulada "Um místico pluralista", sobre a figura que foi fundamental para colocá-lo nesse caminho:

> Há anos que o meu gosto, tanto literário como filosófico, tem sido requintadamente estimulado por um escritor cujo nome, penso eu, deve ser desconhecido para os leitores deste artigo; por isso, não vou continuar a calar-me sobre os méritos de BENJAMIN PAUL BLOOD.[75]

Blood, lembrou James, libertou-o da escolha insatisfatória de responder aos místicos, fosse afirmando suas alegações ou rejeitando-as. Sua revelação anestésica fora um Absoluto, mas um que continha todas as contradições de identidade e diferença, mente e matéria, tese e antítese em seu multiverso, todas resolvidas em seu "toque de trombeta do misticismo oracular".[76] Blood escreveu frequentemente sobre "o Uno" e, por vezes, identificou-o com Deus, mas, em seus escritos posteriores, aproximou-se da visão de James: intitulou seu último livro *The Pluriverse* (O Pluriverso, em tradução livre). Havia apenas a experiência; quanto à região invisível além dela, como Blood escrevera em uma carta a James após sua experiência com óxido nitroso em 1882, a derradeira verdade é: "nós não sabemos!".[77]

PARTE III

A SATURNÁLIA DOS SENTIDOS

AS DROGAS E A IMAGINAÇÃO CRIATIVA

17. Um desenho sob a influência do haxixe feito por Jean-Martin Charcot quando era um jovem estudante de medicina, por volta de 1850.

Fonte: www.meisterdrucke.pt/impressoes-artisticas-sofisticadas/Jean-Martin-Charcot/362431.

Capítulo Cinco

CONTOS DOS CONSUMIDORES DE HAXIXE

EM ABRIL DE 1892, A REVISTA BRITÂNICA *CHEMIST AND Druggist* publicou um relato das viagens e aventuras no Marrocos do químico industrial e magnata farmacêutico Silas Burroughs, cofundador da inovadora e extremamente bem-sucedida Burroughs Wellcome & Company. Burroughs havia parado em um café mourisco em Tânger para tomar café (e chá de hortelã verde para seu guia) quando decidiu experimentar a cannabis que também era oferecida no local. Um menino cortou algumas folhas da planta de cânhamo indiano e as misturou com tabaco, e Burroughs deu "algumas tragadas" no longo cachimbo de madeira. Tudo "ficou brilhante" ao seu redor, e ele foi "instantaneamente transportado para o sétimo céu do prazer imaginário". Sua descrição, narrada ao repórter da *Chemist and Druggist*, parece uma fantasia das páginas de As Mil e Uma Noites:

> Você é transportado, como Aladim, para a Alhambra iluminada pelo luar e ouve a música de suas fontes e riachos, ou desce o Mar Vermelho e além dos picos do Sinai para contemplar a distante Meca, e então você flutua como se estivesse em um balão invisível sobre os picos nevados do Himalaia, até as colinas sempre verdes onde riachos sagrados brotam sob templos de mármore e fluem por santuários pagãos.[1]

Silas Burroughs era, à primeira vista, um psiconauta improvável. Ele era um presbiteriano convicto e abstêmio rigoroso, um entusiasta do fitness e pioneiro entusiasta da bicicleta. No entanto, ele também se autodenominava um "globetrotter inveterado", um pioneiro das viagens recreativas que, no auge de sua carreira, se afastou da administração da Burroughs Wellcome para passar meses, todos os anos, em países estrangeiros, desenvolvendo oportunidades de negócios internacionais enquanto buscava experiências estranhas e exóticas.[2] Ele achava a cannabis deliciosa: ela faz a pessoa "se sentir tão leve", declarou ele, "que você poderia subir correndo pelas laterais irregulares das pirâmides".[3] Sua experiência cumpriu a promessa sensual e misteriosa dos souks do Marrocos, onde as bancas dos farmacêuticos estavam repletas do chão ao teto com potes, garrafas e gavetas de preparados curiosos, ervas locais como salsaparrilha e poejo disputando espaço com amuletos e talismãs contra o mau-olhado, além de medicamentos patenteados europeus, como sais efervescentes para o fígado. Um defensor ferrenho dos movimentos sociais progressistas, dos sindicatos e do comércio sem tarifas, Burroughs ficou satisfeito ao descobrir que o farmacêutico estava entre as poucas classes de empresários marroquinos que não eram obrigados a pagar tributos ao sultão sobre mercadorias importadas. "Talvez", especulou, fosse porque "ele traz os meios de recuperação da saúde para tantos fiéis".[4]

A cannabis era um dos muitos medicamentos disponíveis tanto nos bazares do Oriente quanto nas farmácias modernas do Ocidente, mas o relato de Burroughs não faz nenhuma afirmação sobre seu potencial medicinal. Na Europa e nos Estados Unidos, uma geração antes, os extratos e tinturas de cannabis eram aclamados como uma das maravilhas da farmácia moderna. Na década de 1890, porém, a promessa médica da planta havia desaparecido: ela continuava sendo um ingrediente secundário em sedativos patenteados e era recomendada por alguns médicos para cãibras musculares. A farmácia comercial havia evoluído, e a cannabis não se adequava ao novo mercado. Ao contrário da folha de coca e da papoula do ópio, que produziam as drogas puras cocaína, morfina e codeína, ela resistia a todas as tentativas de reduzi-la a um composto químico padronizado. Era normalmente fornecida aos farmacêuticos na forma de haxixe, um extrato concentrado da planta importado do Egito ou da Índia, variando de lote para lote, o que a tornava inadequada para produtos farmacêuticos "éticos" ou "científicos" que listavam seus princípios ativos em doses precisas.

Silas Burroughs estava na vanguarda das tendências modernas. Durante a década de 1880, a Burroughs Wellcome começou a desenvolver "medicamentos comprimidos", substituindo os tradicionais frascos de pós dos farmacêuticos – pesados no balcão e embrulhados em papel – por comprimidos coloridos e com marcas distintas, produzidos por máquinas protótipos de comprimidos. Em 1884, tendo descoberto que os britânicos tinham aversão ao termo "comprimidos", a Burroughs Wellcome registrou a marca "tabloid", que, juntamente com outros termos, como "elixoid", passou a ser usada para comercializar os produtos puros que agora dominavam os palácios iluminados das farmácias. Esses produtos incluíam várias drogas poderosas que alteravam a mente. Sua linha de tabloids hipodérmicos solúveis incluía preparações puras de morfina, juntamente com estricnina e atropina; em 1885, eles lançaram o "Voice Tabloid" para falar em público, cujo principal princípio ativo era a cocaína, que aumentava a confiança de forma tão eficaz quanto desobstruía as vias respiratórias. Em 1890, lançaram o "Forced March", um comprimido energizante contendo cocaína e cafeína que permaneceu como um dos seus maiores sucessos de vendas até ser retirado das prateleiras no início da Primeira Guerra Mundial.

Apesar de sua postura pública contra a intoxicação – ele logo se juntaria à Liga Nacional de Moderação e exibiria sua fita azul na lapela –, Burroughs ficou feliz em relatar sua experiência com cannabis aos leitores *da Chemist and Druggist*, sem qualquer pretensão de pesquisa médica. Ele a apresentou, antes, como uma etnografia exótica. Como disse ao repórter, não havia tomado uma dose de haxixe – a preparação médica comum na Europa –, mas fumado um cachimbo de *kif*, uma preparação de folhas e caules finamente picados. Esse método de fumar, há muito estabelecido no Marrocos e no Magrebe, havia sido recentemente adotado nos *demi-mondes*[I] cosmopolitas de algumas cidades ocidentais; mas, em outros lugares, a droga era consumida da maneira tradicional. O haxixe, concentrado resinoso produzido a partir das flores da planta cannabis em todo o mundo árabe e no subcontinente indiano, era frequentemente misturado com frutas, nozes, água de rosas e xarope para neutralizar seu amargor, criando uma confecção doce conhecida no Egito como *dawamesc* e, no Marrocos, como *majoun*.

Essas preparações orais eram há muito consumidas em doses que produziam efeitos poderosos e imprevisíveis. Muitas vezes, seus consumidores permaneciam prostrados por várias horas, incapazes de se mover ou falar, imersos em visões e fantasias que se sucediam de forma tão rápida e caótica que era impossível descrevê-las. Outros ficavam maníacos, tomados por uma energia irreprimível ou por obsessões e delírios incompreensíveis para aqueles ao seu redor. Em termos de alcance, intensidade e duração, esses efeitos eram comparáveis ao que hoje chamamos de drogas psicodélicas; e, quando as principais drogas psicodélicas fizeram sua estreia na cultura ocidental no final do século XIX, foi no ambiente dos boêmios, estetas e ocultistas consumidores de haxixe que elas foram mais plenamente exploradas.

A experiência de Silas Burroughs foi uma entre centenas de descrições de intoxicação por cannabis (geralmente haxixe) que ecoaram pelo mundo literário e estético do final do século XIX. Nessa época, a planta já havia acumulado uma reputação como portal para dimensões misteriosas e inacessíveis da mente, sendo explorada em muitos círculos: científico, literário, musical, filosófico, espiritual e ocultista. Assim como os anestésicos, ela expandia e intensificava a consciência; mas enquanto o óxido nitroso, o éter e o clorofórmio induziam um estado incorpóreo de puro pensamento, a intoxicação pelo haxixe era corpórea e sensual. Suas visões internas eram representadas por meio de uma estética de adornos

---

[I] Em francês no original. Designava, no século XIX, mulheres que viviam às margens da alta sociedade – cortesãs, atrizes ou amantes de homens ricos –, um extrato mundano e boêmio.

barrocos, muitas vezes inspirados em formas orientais, e nas linguagens visuais do simbolismo, da sinestesia e da magia cerimonial, cujos praticantes transformavam sua intoxicação em viagem astral, na busca por poderes espirituais intensificados. Enquanto a cocaína se tornou símbolo de energia e desempenho intensificados, uma panaceia para as exigências extenuantes de um mundo moderno acelerado, o haxixe tornou-se o representante do seu oposto: indolência voluptuosa, imaginação livre e distanciamento cósmico. Esse estado oceânico de êxtase vazio era considerado estranho à mente ocidental e foi capturado no termo árabe *kif*: a palavra local magrebina para a mistura fumada de Silas Burroughs, mas usada mais amplamente num sentido abstrato para descrever um estado de contentamento perfeito e eufórico.

Em meados do século XIX, o haxixe era familiar aos ocidentais instruídos por duas fontes coloridas e pouco confiáveis. A primeira eram as histórias de *As Mil e Uma Noites,* que alcançou extraordinária popularidade no século anterior, inicialmente na tradução (ou interpretação, ou invenção) francesa de Antoine Galland em doze volumes,[5] realizada entre 1704 e 1717, e, posteriormente, em uma profusão de versões piratas, embelezadas e censuradas. Em 1882, as histórias eram, segundo Robert Louis Stevenson, "mais amadas do que Shakespeare", um mundo que "cativa na infância e ainda encanta na velhice".[6]

"Hashish", em *As Mil e Uma Noites*, era uma tradução europeia do árabe *banj*, que pode se referir a uma variedade de plantas intoxicantes: na maioria das vezes, cannabis, mas também ópio ou solanáceas delirantes, como a datura e/ou o meimendro. A droga aparece em contos ambientados nas ruas de Bagdá durante a era de ouro do sultão Haroun al-Rashid, no século VIII, circulando entre mendigos, pequenos criminosos e subversivos religiosos: consumidores típicos de haxixe, na visão da elite literária e cultural da Pérsia medieval. Ela aparece em vários contos e desempenha dois papéis bem definidos. Em alguns, era usada como droga nocauteadora por criminosos e sequestradores, para deixar suas vítimas inconscientes ou amnésicas.[7] Em outros, como o conhecido "Conto dos Comedores de Haxixe", era um recurso cômico para provocar delírios de grandeza. Nesse caso, um mendigo, reduzido à pobreza por seu apetite por mulheres e luxo, come um grande pedaço de haxixe e vagueia por uma casa de banhos, uma cena que se transforma diante de seus olhos em um palácio onde escravos o lavam e perfumam, e ele recebe concubinas sedutoras. Ele adormece em um sono feliz e acorda imerso em um bebedouro de gado na rua, nu e com uma ereção, para diversão da multidão que se aglomera na via. No final, para efeito cômico, tudo não passava de um sonho.

As histórias de haxixe de *As Mil e Uma Noites* eram comédias amplas e barulhentas, ambientadas entre as camadas mais baixas da sociedade e destinadas a elas, para as quais o haxixe era um dos poucos luxos acessíveis da vida. Seus personagens eram tipicamente os pobres irresponsáveis e suas tentativas vaidosas e presunçosas de obter recompensas sem merecê-las. Assim como a anedota sobre o éter de Oliver Wendell Holmes, elas funcionavam como uma garantia divertida para as pessoas respeitáveis e sóbrias de que as epifanias causadas por drogas eram sempre expostas à luz fria do dia como ilusões. No entanto, quando as histórias chegaram à uropa vários séculos depois, o haxixe foi aberto a novas interpretações: um estímulo a descrições fantásticas da opulência oriental ou uma afirmação do poder da imaginação para elevar o sonhador, mesmo que temporariamente, da sarjeta às estrelas.

O segundo contexto em que o haxixe era familiar envolvia o debate acadêmico em torno da famosa história de Marco Polo sobre os Assassinos, a seita misteriosa e mortal que ocupava uma posição infame na memória cultural europeia como os adversários mais temidos das Cruzadas. Em seu relato, publicado pela primeira vez por volta de 1300, Polo descreveu (por ouvir dizer) um palácio fortificado e jardins escondidos no alto de uma remota fenda na montanha, no norte da Pérsia, presidido por um potentado conhecido como o Velho da Montanha. Os jardins murados eram primorosamente projetados e equipados com engenhocas mecânicas que faziam os rios correrem com vinho, leite e mel. Quando os recrutas e seguidores do Velho chegavam à cidadela, recebiam uma bebida intoxicante que os levava a um sono profundo, do qual acordavam em seus jardins, cercados por cortesãs vestidas de ouro e seda. Eles desfrutavam desse idílio dos sentidos até que eventualmente adormeciam novamente, momento em que eram devolvidos ao palácio. Ao acordarem, o Velho os informava que os havia transportado magicamente para o Paraíso e que, após uma vida e morte a seu serviço como Assassinos, eles voltariam para lá. Os recrutas juravam total obediência a ele, demonstrada de forma célebre por sua disposição de, ao estalar de dedos do Velho, pular das muralhas da cidadela e mergulhar para a morte a mil pés abaixo.

A sinistra lenda dos Assassinos e a droga de lavagem cerebral com a qual o Velho controlava seus seguidores homicidas representavam muitos mistérios para os estudiosos orientalistas do século XVIII. Alguns suspeitavam que a história se referia aos Nizari Isma'ilis, uma seita dissidente do califado xiita fatímida[II] do Cairo, mas a etimologia do nome "Assassino" permanecia obscura, assim como a planta entorpecente na poção do Velho, que era frequentemente traduzida como ópio. Em 1809, porém, em uma palestra célebre no Institut de France, em Paris, o renomado filólogo orientalista Antoine Isaac Silvestre De Sacy apresentou uma solução para ambos os enigmas simultaneamente. "Assassino", anunciou ele, derivava de "al-Hashishiyya", um termo árabe para a seita encontrado em vários manuscritos medievais, com o significado literal de "comedores de haxixe". Os Assassinos eram aqueles que haviam sido submetidos a uma lavagem cerebral por meio do haxixe para cometer assassinatos políticos: "entregues", como disse De Sacy, "por meio do uso do haxixe, a essa resignação absoluta à vontade de seu líder".[8]

A solução de De Sacy levantou novos enigmas, principalmente sobre a natureza do haxixe e sua relação com o cânhamo – que também era conhecido, segundo fontes clássicas, como cannabis, de onde derivava o tecido "lona". Tratava-se de uma fibra bem reconhecida, amplamente

[II] O califado fatímida foi uma dinastia xiita ismaelita que governou um vasto império islâmico entre os séculos X e XII, com capital no Cairo.

cultivada no norte da Europa e, embora a planta crescesse de forma diferente nas regiões árabes – mais baixa e mais robusta, com flores grandes e pegajosas –, parecia curioso que a variedade europeia não tivesse qualidades intoxicantes[9]. As fontes de De Sacy, em sua maioria clérigos muçulmanos medievais, atribuíam efeitos terríveis ao haxixe. Dizia-se que seus usuários ficavam frenéticos e iludidos, privados de sua razão e degradados abaixo do nível da humanidade. Ele citou anedotas ainda em circulação que lembravam o mundo de *As Mil e Uma Noites*, como a de um viciado em haxixe dissoluto que acreditava ser um paxá, descansando em um divã, discursando alegremente sobre assuntos importantes do Estado e condenando seus inimigos à prisão.[10]

De Sacy informou ao seu público que "os árabes usam a palavra *kayf [kif]* para descrever... abandono voluptuoso" e "delicioso estupor".[11] Sua fonte para isso foi o naturalista francês Charles Sonnini de Manoncourt, que observou usuários de haxixe durante suas viagens ao Egito na década de 1780. Manoncourt comentou que "nossa língua não tem termos para expressar" *kif*, que ele concebia como um estado mental distintamente árabe, no qual o pensamento racional é apagado por sonhos e devaneios felizes.[12] Parecia curioso que a mesma droga também pudesse provocar a violência homicida exigida pela vocação dos Assassinos, mas De Sacy resolveu a aparente contradição teorizando que o Velho havia usado o "estado de êxtase e ilusões doces e profundas" induzido pelo haxixe para iniciar seus seguidores, após o que eles se juntaram irrevogavelmente à sua seita assassina e não precisaram de mais drogas para cometer seus infames atos. (A identificação de De Sacy dos "Assassinos" como Nizari Isma'ilis foi posteriormente confirmada, mas sua alegação de que eles usavam haxixe é amplamente rejeitada. Eles parecem ter sido rigorosos, devotos e ascéticos, proibindo todas as substâncias intoxicantes sob pena de morte.)

A primeira interação sustentada entre o Ocidente moderno e os consumidores de haxixe do mundo árabe ocorreu durante a invasão do

Egito por Napoleão em 1798, que culminou na proibição do uso de haxixe pelas tropas francesas em outubro de 1800. O haxixe, de acordo com o decreto do general Jacques-François Menou (o próprio Napoleão já havia deixado o país), fazia com que seus usuários "perdessem a razão e caíssem em um delírio violento, o que, muitas vezes, os levava a cometer excessos de todos os tipos".[13] Não há registros de nenhum testemunho direto dos próprios soldados usuários de haxixe, e parece que Menou pretendia que a proibição alinhasse o regime ocupante com os interesses da elite sunita egípcia, que, como muitas das fontes de De Sacy, associava o haxixe a criminosos, mendigos sufistas e indesejáveis políticos. *Hashishin,* como na época das Cruzadas, era usado como um termo depreciativo, semelhante a "ralé" ou "escória da sociedade", no sentido em que parece ter sido aplicado aos ismaelitas nizaritas por seus inimigos.

Os efeitos do haxixe na mente foram finalmente comprovados da maneira tradicional, por meio de autoexperimentação. "Desafio o direito de qualquer pessoa discutir os efeitos do haxixe se não estiver falando por si mesma", escreveu Jacques-Joseph Moreau, o médico que se tornou sinônimo de haxixe no mundo médico europeu.[14] O interesse de Moreau pela droga foi despertado durante suas viagens ao Egito, Turquia e Síria entre 1837 e 1840, como médico júnior acompanhando pacientes ricos do manicômio de Charenton, nos subúrbios de Paris. Ele havia se juntado à equipe do manicômio em 1826, enquanto concluía sua tese de doutorado, para trabalhar sob a direção de Jean-Étienne Dominique Esquirol, o decano da terapia mental francesa. Esquirol seguiu seu próprio mentor, Philippe Pinel, ao conceber a loucura, ou "alienação", não como um julgamento religioso ou uma fraqueza moral, mas uma condição física, uma doença do cérebro e dos nervos. Como Pinel, ele incentivava os médicos a passar tempo com seus pacientes, demonstrar empatia e guiá-los para a auto-observação e a compreensão de sua condição. Para aqueles que podiam pagar, ele frequentemente organizava períodos de repouso e mudanças de cenário, com um médico júnior, como Moreau, designado para acompanhá-los.

Moreau era fascinado pela vida no mundo árabe. Ele seguiu o conselho de Esquirol de se vestir no estilo local, visitar os pontos turísticos, mergulhar nas multidões e adotar os costumes locais. Como alienista, estava particularmente interessado nas diferenças entre as mentalidades árabe e europeia, e interrogou seu guia e tradutor, um *dragoman*[III] chamado Kelim, sobre seu mundo interior. Kelim acreditava firmemente em *gênios*, com os quais teve vários encontros aterrorizantes, e no poder profético dos sonhos. Essas formas de experiência privada seriam descritas por muitos médicos europeus como alucinações e diagnosticadas como sintomas de doença mental; no entanto, Kelim parecia bastante são, e suas crenças eram típicas de uma população na qual as doenças mentais eram encontradas com muito menos frequência do que na Europa.

A tese de doutorado de Moreau foi sobre monomania, um diagnóstico desenvolvido por Esquirol que ele via como uma doença de atenção excessivamente focada, levando a um comportamento obsessivo. Em 1840, tornou-se a forma mais proeminente de insanidade na França, representando um quarto de todos os diagnósticos. Moreau se perguntou se as visões ou fantasias que Kelim experimentava, quando sancionadas por uma cultura que permitia a indulgência em uma rica vida interior, poderiam não ser um sinal de loucura, mas um possível remédio para ela. Ficou particularmente intrigado com a ausência de álcool na cultura árabe e a prevalência correspondente do haxixe, que parecia acompanhar e realçar esse mundo fantástico comunitário de folclore, contos e sonhos.

Moreau descobriu que não era o único médico francês no Egito interessado no haxixe. Um epidemiologista chamado Louis Aubert-Roche, que estava baseado no Egito desde 1830, o estudava como tratamento

---

[III] Termo utilizado no Oriente Médio e no Norte da África, até o século XIX, para designar intérpretes e guias que mediavam o contato entre viajantes europeus e as populações locais – função que combinava tradução, diplomacia e conhecimento cultural.

18. Um mercado de haxixe no Cairo, por volta da época da residência de Jacques-Joseph Moreau no Egito.

Fonte: Coleção Welcome (Domínio público).

para a febre tifoide e a peste bubônica. Aubert-Roche acreditava que essas eram doenças do sistema nervoso que se espalhavam em condições anti-higiênicas, e que o haxixe poderia ajudar a prevenir. "Se essa planta tem poderes intoxicantes", argumentou ele, "deve ter algum poder medicinal sobre o sistema nervoso".[15] Aubert-Roche trabalhava em um hospital no Cairo e fornecia cannabis, na forma palatável de *dawamesc*, a pacientes, médicos e pesquisadores médicos interessados, incluindo Moreau.

A ideia de transformar a cannabis em um medicamento ocidental – uma tintura com dose padronizada – havia sido recentemente desenvolvida pela grande rival colonial da França. William Brooke O'Shaughnessy, médico e farmacêutico irlandês de temperamento dinâmico que atuava na Bengala Britânica, foi, assim como Aubert-Roche, atraído inicialmente pela possibilidade de tratar doenças infecciosas locais, em especial a cólera. Anteriormente, os médicos britânicos davam pouca atenção às propriedades psicoativas da planta, mas O'Shaughnessy as registrou com evidente interesse. Se ele fez experiências em si mesmo, não deixou nenhum registro; em vez disso, recrutou participantes locais, incluindo "o proprietário de um famoso local de lazer para entusiastas do cânhamo em Calcutá, considerado o maior mestre no seu ofício". Ele compilou uma taxonomia de preparações locais semelhantes às do Egito, incluindo a própria planta (*gunjah)*, uma bebida preparada tradicionalmente para cerimônias religiosas (*bhang)*, um extrato concentrado semelhante ao haxixe (*churrus)* e o doce *majoun*.[16]

Em um artigo apresentado à Sociedade Médica e Física de Calcutá em 1839, O'Shaughnessy expôs suas descobertas experimentais sobre "esse agente extraordinário".[17] Iniciou seus testes com um cão, no qual administrou "dez grãos de *churrus*[IV] nepalês dissolvidos em álcool"; o animal ficou "estúpido e sonolento", "comeu vorazmente" e "balançava para frente e para trás", com "uma aparência de embriaguez total e impotente". Após seis horas, recuperou-se, ficando "perfeitamente bem e animado".[18] Ele passou, então, a administrar a droga em peixes, pássaros

[IV] Charas, resina extraída das flores de cannabis.

e outros mamíferos, observando apenas efeitos menores em "cavalos, veados, macacos, cabras, ovelhas e vacas", antes de passar para seres humanos: pacientes do Hospital Médico Nativo de Calcutá. Nestes, uma dose de *churrus* produziu algumas respostas físicas impressionantes, incluindo, em um caso, "aquela estranha e mais extraordinária de todas as condições nervosas", a catalepsia, na qual o paciente se tornou uma estátua de cera, alheio por uma hora a todos os estímulos externos. Mais comuns eram os estados mentais bizarros, como o observado em "um velho *coolie* [trabalhador] musculoso, que aumentava os próprios sintomas reumáticos" e:

> tornou-se falante e musical, contou várias histórias e cantou canções para um círculo de ouvintes muito encantados, comeu os jantares oferecidos por duas pessoas para ele na enfermaria, procurou também outros luxos que mal me atrevo a mencionar e, finalmente, adormeceu profundamente, continuando assim até a manhã seguinte. Na visita do meio-dia, ele disse não sentir dor de cabeça ou qualquer outra sequela desagradável e implorou para que repetissem o medicamento, o que lhe foi concedido por alguns dias, e então recebeu alta.[19]

A pesquisa de O'Shaughnessy despertou "o maior interesse" entre sua equipe médica e os alunos, e "vários estudantes começaram a fazer experiências em si mesmos" com as tinturas que ele estava produzindo. Ao contrário de Humphry Davy, O'Shaughnessy não solicitou depoimentos em primeira pessoa de seus sujeitos nativos: ele seguiu mais de perto o exemplo de Robert Hooke, relatando e atestando suas experiências, em vez de apresentá-las como evidência direta. Ele observou suas "ideias vívidas" e "loquacidade incomum" e, em um caso notável, apresentou seu sujeito pelo nome:

> Em um aluno, Dinonath Dhur, um rapaz reservado de excelentes hábitos, dez gotas da tintura, equivalentes a um quarto de grão da resina, induziram em vinte minutos os efeitos mais divertidos que já testemunhei. Uma gargalhada deu início aos sintomas, e um estado transitório de rigidez

cataléptica ocorreu por dois ou três minutos. Chamado para testemunhar os efeitos, encontrei-o representando o papel de um rajá dando ordens a seus cortesãos... Ele entrou em discussões sobre temas religiosos, científicos e políticos, com eloquência surpreendente, e revelou um vasto conhecimento, leitura e uma sagacidade pronta e apropriada, para os quais aqueles que o conheciam melhor estavam totalmente despreparados... Seria difícil imaginar uma cena mais interessante.[20]

Assim como os comedores de haxixe de *As Mil e Uma Noites*, o comportamento de Dhur era expansivo e grandioso, mas, neste caso, não houve um despertar brusco: seu brilhantismo mental sob a influência da substância era palpável, e O'Shaughnessy não sabia como explicar isso. Ele traçou comparações sugestivas com "os efeitos produzidos pela famosa inspiração dos oráculos de Delfos" e especulou que "o mesmo tipo de excitação" – alguma planta ou vapor intoxicante – poderia estar implicado no estado de transe oracular.

As recomendações que concluíram o artigo de O'Shaughnessy se concentraram em seus testes com cannabis em casos de tétano. Ele afirmou que era altamente eficaz "em uma grande proporção dos casos, propiciando uma cura perfeita", um resultado que ele atribuiu a suas propriedades antiespasmódicas e relaxantes musculares.[21] Concluiu que os efeitos psíquicos violentos da droga mencionados na literatura médica e jurídica bengali eram genuínos, mas raros, e não deveriam desencorajar médicos e farmacêuticos de incluir preparações de cannabis na farmacopeia ocidental. Ele estabeleceu os fundamentos de uma fórmula para farmacêuticos: ferver as pontas floridas do *gunjah*, dissolvê-las em álcool (não era solúvel em água) e evaporá-las até uma consistência que permitisse transformá-las em comprimidos.

O trabalho de O'Shaughnessy despertou um grande interesse médico na Europa. Químicos em Edimburgo e Paris começaram a desenvolver comprimidos, tinturas e doses padronizadas para o mercado farmacêutico. Entretanto, os efeitos do haxixe na mente europeia ainda aguardavam uma descrição completa. Isso veio de Jacques-Joseph Moreau, ao retornar a Paris em 1840 para assumir o cargo de médico residente no asilo Bicêtre, no sul da cidade. Enquanto preparava um artigo sobre alucinações e seu tratamento, fez sua primeira autoexperiência com uma forte dose do *dawamesc* que Aubert-Roche lhe fornecera no Cairo, na companhia de dois amigos.[22]

A primeira surpresa de Moreau foi que a confecção supostamente deliciosa tinha um sabor horrivelmente amargo, e ele "engoliu-a com grande esforço".[23] Os três sentaram-se para comer ostras e, pouco depois, Moreau foi tomado por repentinas crises de riso. Seus amigos notaram os efeitos ao mesmo tempo e chamaram sua atenção para uma cabeça de leão que parecia ter se materializado no prato de jantar. Tomados pela alegria, todos se retiraram para a sala de estar, onde Moreau começou a tocar piano antes de se distrair com uma visão de seu irmão em pé sobre o instrumento. Depois de muita hilaridade, confusão e "mil discursos incoerentes, gesticulando, gritando como todas as máscaras que eu acreditava ter visto", ele tropeçou em uma sala escura e acreditou ter caído no poço do terreno do hospital Bicêtre. Sentiu milhares de insetos correndo pelo seu cabelo e, então, abruptamente, "uma felicidade inebriante" ao ter uma visão angelical de seu filho pequeno voando em um céu azul deslumbrante com asas nas cores rosa e branco. O ritmo das visões acelerou, à medida que memórias, ilusões, pesadelos e fantasias se misturavam:

> Falei sobre pessoas que não via há vários anos. Lembrei-me de um jantar ao qual compareci há cinco anos em Champagne. Vi os convidados. O general H. serviu um peixe rodeado de flores... Senti que estava em casa, que tudo o que estava vendo tinha acontecido num tempo distante. No entanto, as pessoas pareciam-me estar lá. Em que devia acreditar?... Não consigo descrever as mil ideias fantásticas que passaram pela minha cabeça durante as três horas em que estive sob a influência do haxixe. Elas

pareciam bizarras demais para serem críveis. As pessoas presentes me questionavam de vez em quando e me perguntavam se eu não estava tirando sarro delas, já que eu mantinha a razão em meio a toda aquela loucura.[24]

Como alienista, Moreau estava plenamente ciente de que os sintomas que estava experimentando apresentavam todos os sinais de loucura. Em seu livro subsequente, *Du hachisch et de l'aliénation mentale* (Do haxixe e da alienação mental, em tradução livre), de 1845, ele os enumerou metodicamente: excitação nervosa; distorção do tempo e do espaço; obsessões ou ideias fixas (por exemplo, uma convicção recorrente de que havia sido envenenado); impulsos irresistíveis; percepções ilusórias. "Não há uma única manifestação elementar de doença mental", concluiu ele, "que não possa ser encontrada nas alterações mentais causadas pelo haxixe".[25] Ao mesmo tempo, porém, ele permaneceu totalmente racional, capaz de diagnosticar seus sintomas à medida que os experimentava e de observar calmamente enquanto uma série de fenômenos impossíveis passava por sua mente. Ele descreveu essa forma notável de dupla consciência como um *état mixte*, um estado misto no qual duas formas de consciência normalmente separadas – o mundo interior dos sonhos e o estado de vigília da razão – eram capazes de coexistir e observar uma à outra.

Aqui estava a prova empírica de que a loucura era, em sua essência, uma condição fisiológica que podia ser produzida sob demanda por uma causa material: como afirmou Moreau, o "resultado fenomenal de uma substância tóxica no sistema nervoso".[26] Ele ficou impressionado com as possibilidades de compreender a mente, tratar doenças mentais e libertar a imaginação. Mesmo que o haxixe mergulhasse seu sujeito na loucura, ele oferecia vislumbres de uma sanidade superior. Seu principal sintoma, concluiu ele, era a felicidade, que – como a induzida pelo óxido nitroso – surgia sem nenhuma causa identificável além da própria droga: "Você se sente feliz; você diz isso; você proclama isso com exultação; você procura explicar isso com todos os meios ao seu alcance; você repete isso até a saciedade. Mas as palavras falham em dizer como e por que você está feliz".[27] Moreau reconheceu o relato de Humphry Davy como um precursor de seus próprios experimentos: "Eu tentaria em vão descrevê-lo melhor", escreveu ele.[28] Para ele, assim como para Davy, "isso é realmente muito curioso, e pode-se tirar conclusões estranhas – entre outras, que toda alegria, todo contentamento, mesmo que sua causa seja estritamente mental, profundamente espiritual e altamente idealista, poderia muito bem ser, na realidade, uma sensação puramente física".[29]

Moreau foi tentado a especular, como Freud faria sobre a cocaína, que uma euforia induzida quimicamente era o fator que provocava os efeitos expansivos da droga sobre a imaginação. Ao mesmo tempo, sua conclusão prenunciava a de William James, em seu ensaio de 1884 "O que é uma emoção?", de que não choramos porque estamos tristes, mas o contrário. Como as emoções são eventos mentais, presumimos que elas têm uma causa imaterial e ignoramos "o quanto nossa vida mental está entrelaçada com nossa estrutura corporal". O humor e a emoção são inseparáveis dos estímulos e das respostas físicas: seria possível, perguntou James, imaginar a raiva "sem rubor no rosto, sem dilatação das narinas, sem cerrar os dentes, sem impulso para uma ação vigorosa, mas, em vez disso, com músculos flácidos, respiração calma e um rosto plácido?".[30] O haxixe, o óxido nitroso e a cocaína eram bastante diferentes em seus efeitos sobre a mente, mas, em cada caso, o início era marcado por uma onda de prazer sensorial que induzia uma mudança no estado mental e, ao fazê-lo, abria dimensões da consciência normalmente inacessíveis. Moreau via a felicidade do haxixe, assim como a "euforia saudável" de Freud com a cocaína, não como uma ilusão ou prejuízo, mas como um aprimoramento da saúde. Sua dificuldade em descrevê-la era prova de sua estranheza para a mente ocidental racional, embora há muito fosse familiar em outros lugares sob o nome de *kif*.

Moreau, como Davy, deparou-se com a questão de como transformar suas descobertas e insights em uso prático. Sua primeira ideia foi experimentar o haxixe no tratamento de doenças mentais, tarefa para a qual, como médico residente em Bicêtre, ele estava em uma posição ideal. A "sensação de alegria e felicidade" que a substância produzia parecia muito promissora para "combater as ideias fixas dos depressivos, interromper a cadeia de suas ideias e desfocar sua atenção". Sua dispersão mental era o oposto da monomania, e seu *état mixte* abria a possibilidade de uma terapia construtiva, na qual as experiências alucinatórias poderiam ser expostas à luz da razão e gerar insights sobre a condição do paciente e suas causas.[31] Na prática, porém, as respostas eram altamente imprevisíveis. Alguns pacientes pareciam não notar nenhum efeito da dose de haxixe; outros ficavam muito excitados, às vezes com ataques de riso histérico. Em alguns casos, isso era seguido por um estado de calma e lucidez semelhante ao do *kif*, no qual era possível manter uma conversa terapêutica, embora fosse difícil reter os insights depois que o efeito da droga passava. Outros indivíduos, no entanto, ficavam confusos ou cansados, retraindo-se ainda mais; outros, ainda, ficavam ansiosos, hostis e paranoicos, desenvolvendo uma *ideia fixa* de que haviam sido envenenados ou estavam possuídos. Era impossível prever como cada paciente individual provavelmente reagiria.

Suas tentativas terapêuticas foram, em geral, um fracasso. "Minhas conjecturas estavam erradas?", perguntou-se Moreau. "Sou levado a acreditar que sim, sem, no entanto, considerar o assunto encerrado."[32] No entanto, ele continuou convencido de que o haxixe tinha muito a oferecer ao tratamento de doenças mentais e concebeu uma proposta alternativa: ele não deveria ser administrado aos pacientes, mas aos seus médicos. "Podemos ter certeza", perguntou ele, "de que estamos em condições de compreender essas pessoas doentes quando elas nos contam suas observações?"[33] Era um princípio orientador dos tratamentos de Pinel e Esquirol que o alienista deveria tentar, na medida do possível, colocar-se no lugar de seus pacientes; até então, porém, havia sido impossível acompanhá-los através da fronteira que os dividia, de forma tão decisiva, entre a sanidade e a loucura:

> Eles não falam uma língua que nos é estranha? Como podem comunicar os sentimentos que os perturbam? ... Vemos apenas a superfície das coisas; não podemos ir mais longe para explorar as causas, a sucessão de aberrações mentais que nos descrevem. Não seriam os processos mentais, os sentimentos ou as sensações impossíveis de conhecer e avaliar senão através de nós mesmos?[34]

Dentro do *état mixte* do haxixe, o médico podia ser participante e observador, louco e são, sonhador e acordado ao mesmo tempo. O efeito era "uma espécie de transformação do eu ou da personalidade": "O sonho começa onde cessa a liberdade de dirigir nossos pensamentos... A mente não pode agir fora dessa liberdade sem assumir, em certo sentido, uma existência nova e bastante independente, sem conexão com a anterior. Uma nova vida segue a outra e a substitui".[35]

Tal como Humphry Davy, Moreau queria testar sua descoberta tanto em mentes saudáveis quanto em mentes doentes e, tal como Davy, procurou temas artísticos e literários cujos poderes de descrição e imaginação pudessem criar uma linguagem para descrever os efeitos da droga. Em 1842, esse projeto evoluiu para um salão cuja fama e reputação ofuscariam o trabalho médico e científico de Moreau. Ele se reunia a cada poucas semanas no Hôtel Pimodan, na Île St Louis, uma ilha no meio do Sena, onde as ruas medievais de paralelepípedos eram envoltas pela noite em neblina e silêncio, um refúgio da cidade agitada e barulhenta de ambas as margens. Os eventos aconteciam no grande salão do hotel, decorado no estilo Luís XIV com cornijas douradas, uma lareira de mármore ornada por um elefante dourado e murais clássicos de ninfas perseguindo sátiros. Os salões eram organizados com discrição, embora tenha sobrevivido um convite escrito, endereçado ao autor, poeta e jornalista Théophile Gautier pelo artista Fernand Boissard, que morava no prédio do hotel:

> Caro Théophile,
>
> Na próxima segunda-feira, 3 de novembro, o haxixe será consumido em minha casa, sob a supervisão de Moreau e Aubert-Roche. Chegue entre 5 e 6 horas, no máximo. Você terá sua parte de um jantar leve e aguardará a alucinação.[36]

19. Théophile Gautier, autor de "Le Club des Hashichins", fotografado por Nadar (Félix Tournachon).

Fonte: Wikimedia Commons (Domínio público).

O relato semi-ficcionalizado de Gautier, "Le Club des Hashischins", publicado na revista literária *Revue des deux mondes* em 1846, foi a descrição mais completa e lembrada. Como ele admitiria mais tarde, seu estilo era típico da época e do movimento Jeunes-France, do qual era membro: um meio de artistas em dificuldades e *literatos* em formação, escravos de Victor Hugo, ambiente no qual "era moda estar pálido e com aparência esverdeada; parecer consumido pelas dores da paixão e do remorso; falar triste e fantasticamente sobre a morte".[37] Gautier escreveu da perspectiva de um neófito trêmulo, viajando de carruagem pela noite nebulosa de inverno até o "nome dourado e meio desgastado do velho hotel, ponto de encontro dos iniciados".[38] Ele bate na aldrava esculpida, o ferrolho enferrujado gira e um velho porteiro aponta o caminho para o andar de cima com um dedo magro.

A primeira figura que ele encontra é um misterioso mestre de cerimônias, o "Doutor X", que coloca uma colherada de pasta verde em um elegante pires japonês e a oferece a ele com uma bênção simulada de assassino: "Isso será deduzido da sua parte no Paraíso". Moreau organizou o salão com roupas orientais que adquiriu durante sua estadia no Egito: um esboço de Gautier, desenhado rapidamente sob a influência do haxixe, mostra o médico de costas, tocando piano com vestes e turbante: "As notas musicais são mostradas escapando do teclado na forma de foguetes e espirais caprichosamente torcidas".[39] O *dawamesc* é acompanhado de café turco, e os iniciados sentam-se para um banquete de mendigos, tão extravagante quanto improvisado, com carnes e bebidas servidos em taças venezianas de jarros flamengos e em louça inglesa florida, sem duas peças iguais. Os companheiros do narrador são um grupo heterogêneo com trajes orientais, vestes esvoaçantes e barbas compridas, armados com espadas e punhais de aspecto antigo. Ao tomar seu lugar nessa cena bizarra, Gautier nota a perturbação crescente dos seus sentidos – causada pela droga:

> Alguns dos membros mais fervorosos já estavam sentindo o efeito da pasta verde; pessoalmente, eu havia experimentado uma completa transposição do paladar. A água que eu bebia parecia ter o sabor do vinho mais delicioso, a carne na minha boca se transformava em framboesa e vice-versa. Eu não conseguia distinguir uma costeleta de um pêssego... Um calor vago tomou conta de meus membros, e uma loucura, como uma onda quebrando em uma rocha e recuando para se lançar novamente, alcançava e se retirava do meu cérebro, até finalmente engolfá-lo. A alucinação, uma hóspede estranha, veio para ficar comigo.[40]

À medida que o banquete continua, os sentidos ficam perturbados a ponto de os estímulos físicos degenerarem em absurdos, e a imaginação reconfigura o mundo externo. Os companheiros de Gautier tornam-se criaturas híbridas e desumanas, saídas das telas de Hieronymus Bosch, com pupilas "grandes como as de uma coruja" e narizes alongados em focinhos grotescos. Assim que o jantar termina, ouve-se o grito: "Para o salão!". Na suíte dourada do andar superior do Hôtel Pimodan, "inalava-se o ar luxuoso de tempos passados". Lentamente, a sala se enche de figuras fantásticas, "como as encontradas apenas nas gravuras de Callot ou nas aquatintas de Goya", uma "multidão bizarra" que mergulha Gautier em uma torrente de visões grotescas, uma Noite de Walpurgis que lembra a evocada por Hector Berlioz em sua *Symphonie fantastique*.[41] Formas demoníacas provocam o narrador enquanto ele tenta escapar e riem quando sua fuga é retardada a um ritmo de lesma por uma força invisível. O pesadelo é dissipado pelo pianista – presumivelmente Moreau –, que rompe o transe batendo as mãos nas teclas e, em seguida, resolvendo a discórdia em uma melodia celestial que doma o caos infernal. O frenesi dá lugar a "uma sensação indefinível de bem-estar, uma calma infinita... Eu estava nessa fase abençoada do haxixe que os orientais chamam de *kief*".[42] No momento em que o relógio indica onze horas, o tempo normal renasce magicamente, a consciência normal é retomada e o iniciado exausto encontra sua carruagem esperando por ele na rua abaixo.

O relato de Gautier lançou o Club des Hashischins como uma sensação literária e um escândalo popular. A sombria lenda dos Assassinos ainda era potente na política reacionária francesa. Em sua *Geschichte der Assassinen, aus morgenländischen Quellen* (História dos assassinos), publicada originalmente em 1818, após a identificação feita por De Sacy da misteriosa ordem com o haxixe, o orientalista e fervoroso monarquista Joseph von Hammer-Purgstall esboçou uma história secreta na qual os Assassinos eram a fonte última do libertinismo e da revolução. Sua ideologia havia entrado na Europa por meio dos Cavaleiros Templários, que a propagaram secretamente através da Maçonaria; o haxixe era sua

20. A salle à manger no Hôtel Pimodan, em Paris, onde o Club des Hashischins se reunia.

Fonte: Séraphin-Médéric Mieusement, Domínio Público, Wikimedia Commons.

arma secreta definitiva, um agente de lavagem cerebral que tornava seus iniciados "capazes de empreender qualquer coisa ou tudo".[43] O Club des Hashischins foi uma provocação que virou a lenda dos Assassinos de cabeça para baixo, reivindicando o mito como seu e glorificando sua subversão da civilização cristã. "O haxixe substituiu o champanhe", anunciou Gautier no *La Presse*. "Acreditamos ter conquistado a Argélia, mas a Argélia nos conquistou."[44] A irônica auto mitificação do salão e o escândalo que ela provocou posicionaram-no como precursor da contracultura moderna das drogas: os românticos decadentes da Monarquia de Julho cultivavam um estilo marginal, com cabelos longos e roupas extravagantes, e se definiam por meio de políticas radicais, festas que duravam a noite toda e libertinagem sexual. Se De Quincey foi o arquétipo do "viciado em drogas" do século XX, o Club des Hashischins estabeleceu o modelo para a "cena das drogas" moderna.

Como muitas das sociedades secretas que satirizava, o Club des Hashischins foi bem-sucedido em criar um mito duradouro, deixando muitos de seus detalhes históricos mundanos em dúvida. Sua reputação como uma sociedade secreta bem-organizada, com reuniões regulares e graus de iniciação, foi cuidadosamente cultivada através de rumores, baseando-se e parodiando a lenda dos Assassinos. Segundo alguns relatos, o grupo se reunia regularmente, uma vez por mês; de acordo com outros, houve apenas algumas reuniões no total, e sua vida ativa terminou em 1845. O próprio Gautier escreveu mais tarde que desistiu do haxixe "após cerca de dez experiências", em parte devido ao sofrimento físico envolvido, em parte porque a experiência produzia retornos decrescentes.[45] O Hôtel Pimodan parece ter sido usado apenas por um curto período, após o qual o clube passou a se reunir irregularmente em salas privadas menores. Praticamente todas os expoentes do mundo literário parisiense de meados do século foram associados ao clube, e poucos negaram isso; alguns, sem dúvida, ficaram felizes em ver seus nomes adicionados à lista de novos rumores sem ter que engolir vários gramas de pasta amarga e se submeter a um intenso e prolongado distúrbio dos sentidos.

Honoré de Balzac era um exemplo disso. Segundo Charles Baudelaire, ele participou de uma reunião no clube em 1845, mas recusou sua dose da pasta verde, desconfiando de qualquer substância que pudesse minar seu autocontrole.[46] Gautier ofereceu um relato mais completo da noite, na qual afirmou ter estado presente: era fascinante, escreveu ele, observar "a luta entre sua curiosidade quase infantil e sua repugnância" enquanto Balzac fazia perguntas, tocava e cheirava o *dawamesc* e contemplava uma perda de controle mental, que excederia em muito suas experiências com cafeína. Por fim, "o amor pela dignidade prevaleceu".[47] Segundo o próprio relato de Balzac, feito em uma carta de dezembro de 1845, ele havia de fato tomado uma pequena dose de haxixe no clube, mas não sentiu nenhum efeito até depois de sair do salão, quando "ouviu vozes celestiais e teve visões divinas" e, ao descer a escada do hotel, as pinturas na parede "adquiriram um esplendor encantado".[48] Mais tarde, ele escreveu a Moreau: "Você sabe que me deve outra dose de haxixe, já que não aproveitei meu dinheiro da primeira vez. Por favor, tenha a gentileza de me avisar com antecedência sobre o local e a hora, pois quero ser o palco de um fenômeno completo, a fim de julgar seu trabalho adequadamente".[49]

No final da década de 1840, o público leitor francês estava entrando em contato com o haxixe regularmente e aprendendo que sua influência confundia os limites entre sonho, devaneio e vida real de maneiras que colocavam em questão a própria realidade. O ensaio autoficcional de Gautier surgiu no momento em que *O Conde de Monte Cristo*, de Alexandre Dumas, se aproximava do clímax de sua épica publicação em série. O enredo girava em torno da visita do jovem aventureiro Franz d'Epinay à aparentemente deserta ilha mediterrânea de Monte Cristo, durante uma expedição de caça. Lá, ele se deparou com um bando de contrabandistas, que o vendaram e o levaram a uma caverna secreta, onde seu líder vivia em esplendor oriental sob o *nome de guerra* de "Sinbad, o Marinheiro". Sinbad – que os leitores já podiam suspeitar ser o Conde de Monte Cristo disfarçado – serviu a d'Epinay um banquete suntuoso, seguido por uma pequena tigela de pasta verde picante. "O que é essa preciosa iguaria?", perguntou seu convidado. Em resposta, Sinbad contou-lhe a história de Hassani-Sabbah, o Velho da Montanha, que recrutava seus seguidores alimentando-os com uma droga que os "levava ao Paraíso", então eles "obedeciam às suas ordens como se fossem de um deus".

D'Epinay reconhece a história. "Nesse caso", exclama ele, "é haxixe". É, confirma Sinbad, "o melhor haxixe de Alexandria". Ele continua:

> A natureza luta contra essa substância divina porque nossa natureza não foi feita para a alegria, mas se apega à dor. A natureza deve ser derrotada nessa luta, a realidade deve seguir os sonhos; e então o sonho reinará, tornar-se-á o mestre, o sonho se tornará vida, e a vida se tornará um sonho... Experimente um pouco de haxixe, meu amigo! Experimente![50]

Dumas ecoa a ideia de Moreau de que a felicidade produzida pelo haxixe tem o poder de alterar não apenas a mente, mas também a realidade externa, e acrescenta a sugestão de que esse segredo é conhecido há muito tempo pelos adeptos orientais. Esses temas foram explorados em grande profundidade pelo amigo de infância de Théophile Gautier e colega do Club des Hashischins, o poeta e escritor de viagens Gérard de Nerval. No mundo interior caótico e impenetrável de de Nerval, a boemia excêntrica combinou-se com uma série de colapsos mentais e extensas viagens ao Egito, Síria e Turquia para produzir um estado permanente do que ele descreveu como "o transbordamento dos sonhos para a vida real".[51] Seus contos e vinhetas, bem como seu diário de viagem *Voyage en Orient* (Viagem ao Oriente), de 1851, incluíam contos sobre haxixe que se baseavam tanto em *As Mil e Uma Noites* quanto nas lendas dos Assassinos para criar um mundo que ele chamava de "o outro Egito", assombrado pelo impossível e pelo sobrenatural.[52] Em *Histoire du calife Hakem* (História do califa Hakem, em tradução livre), de 1847, o califa, viajando incógnito pelo seu reino, visita um antro de haxixe frequentado por pescadores do Nilo. Um jovem barqueiro chamado Yousouf oferece-lhe uma "pasta esverdeada", servida com uma espátula de marfim:

> – Mas essa pasta é haxixe, se não me engano – disse o estranho, afastando a xícara na qual Yousouf havia colocado uma parte da fantástica mistura –, e o haxixe é proibido.
>
> – Tudo o que é agradável é proibido – disse Yousouf, engolindo sua primeira colherada.

Sob a influência da droga, o califa "parecia a presa de uma exaltação extraordinária: uma série de pensamentos novos, inéditos e inconcebíveis atravessavam sua alma como redemoinhos de fogo".[53] Ele entrou em uma fantasmagoria na qual sua impostura secreta foi desafiada por um encontro com seu *doppelgänger*, e se viu como o único habitante são de um mundo enlouquecido. A história foi baseada em um conto narrado a de Nerval no Líbano, mas ele a entrelaçou com o familiar motivo de *As Mil e Uma Noites* do califa viajando disfarçado, e a narrativa se desenrola com as reviravoltas misteriosas dos contos góticos de E.T.A. Hoffman. Histórias duvidosas de viajantes, fábulas tradicionais e a lógica da loucura se combinaram para criar um *état mixte*[V], o estado que Moreau descreveu em outro lugar como "sonhar acordado".[54] Em seu relato póstumo sobre sua loucura, *Aurélia* (1855), de Nerval colocou de forma simples: "O sonho é uma segunda vida".[55]

O haxixe era perfeitamente adequado à forma literária para a qual o filósofo e crítico alemão Friedrich Schlegel cunhou o termo "arabesco", que Edgar Allan Poe invocou no título de sua coleção de contos de 1840, *Contos do grotesco e do arabesco*. Schlegel definiu-o como uma forma de ironia romântica, em que tropos e fábulas conhecidas se entrelaçavam na vida cotidiana, dando voltas inesperadas entre o cômico, o sublime e o pesadelo. O encontro com o haxixe era o estímulo perfeito para essa forma: simultaneamente lúdico e grotesco, permita ao autor transportar a narrativa do ambiente mundano do escritório de um escritor, do estúdio de um artista ou de um antro sórdido do submundo para uma cena fantástica de *As Mil e Uma Noites* ou um labirinto de terrores. Gustave Flaubert trabalhou em um romance intitulado *La Spirale* (A espiral) – planejado, mas nunca concluído –, cujo protagonista seria um pintor viciado em haxixe, que sofre muitas adversidades e acaba confinado em um manicômio, mas mantém uma vida onírica extática, na qual é elevado, como um deus, acima da realidade externa. Flaubert preocupava-se que seus leitores não se importassem com os eventos que ocorriam exclusivamente em um mundo onírico, então os vinculou à realidade através do artifício de fazer com que as ações da vida real do protagonista afetassem seus sonhos: quando agia nobremente, sua vida onírica se tornava mais gratificante. As alucinações, nesse esquema, tornavam-se uma força para o bem moral.

O Club des Hashischins foi um *sucesso escandaloso*, mas também a cobertura perfeita para a pesquisa científica de Moreau. Se ele desejava estudar os efeitos do haxixe sobre a imaginação, precisava criar um contexto no

---

[V] Em francês no original: "estado misto".

qual seus sujeitos pudessem exercer plenamente essa faculdade. Conduzir os experimentos no ambiente estéril de seu hospital teria, na melhor das hipóteses, deixado os sujeitos constrangidos e, na pior, levado sua imaginação à paranoia. O princípio – redescoberto por pesquisadores psicodélicos um século depois, sob o nome de "set and setting" – era bem compreendido pelos próprios sujeitos experimentais. Como Théophile Gautier escreveu mais tarde:

> É importante estar em um estado de espírito e corpo tranquilos, não ter neste dia ansiedade, obrigações ou horários fixos, e encontrar-se em um apartamento como os que Baudelaire e Edgar Poe amavam, um quarto mobiliado com conforto poético, luxo extravagante e elegância misteriosa... sem essas precauções, o êxtase tende a se transformar em pesadelo. O prazer se converte em sofrimento; a alegria, em terror...[56]

Como xeique dos Assassinos em suas vestes orientais, Moreau podia controlar o experimento e supervisionar a dosagem sem assumir o papel de médico; ele estava, como havia estado no Egito, camuflado por suas roupas exóticas, enquanto histórias de *gênios* e magia se desenrolavam ao seu redor. Os ornamentos cerimoniais e o ambiente extravagante encorajavam seus voluntários a dar rédea solta à fantasia e abraçar o desequilíbrio temporário enquanto o médico observava a intoxicação e presidia seu retorno seguro à sanidade.

Do haxixe e da alienação mental foi amplamente comentado na França, citado pela Academia de Medicina de Paris e elogiado em revistas médicas em toda a Europa e nos EUA: as descobertas de Moreau, anunciou o *Boston Medical and Surgical Journal*, "devem ser de grande importância para o mundo civilizado".[57] Sua ênfase na autoexperimentação ia contra a virada positivista na fisiologia mental francesa e foi criticada por alienistas conservadores como Alexandre Brière de Boismont, que citou De Sacy e o mito do Assassino para argumentar que o haxixe produzia loucura e que ceder aos seus sintomas patológicos, como recomendava Moreau, era um jogo perigoso. Mais longe, seu método foi seguido por pesquisadores como o médico italiano Carlo Erba, que, em 1847, convocou uma reunião de colegas médicos em um quarto de hotel em Milão. Após o almoço e os charutos, Erba distribuiu amostras de *dawamesc* que havia encomendado de Alexandria, e seus colegas confirmaram as observações de Moreau, registrando "ondas de prazer", "um desejo incontrolável de rir" e a sensação de estar "dividido em duas partes, uma que raciocinava e observava, e outra que delirava".[58]

Nessa época, os farmacêuticos estavam fazendo algum progresso no desenvolvimento de uma dose padronizada de haxixe. O trabalho de O'Shaughnessy sobre tinturas de cannabis foi publicado em francês em 1847, e, no ano seguinte, Joseph-Bernard Gastinel, um farmacêutico francês com uma clínica bem-estabelecida no Cairo, produziu um líquido altamente concentrado que chamou de *haschischine*, afirmando ser uma destilação do princípio ativo puro.[59] Mas, assim como ocorrera com o óxido nitroso, foi difícil encontrar uma aplicação médica definida para o haxixe. Seguindo Aubert-Roche, Gastinel afirmou que sua tintura era um remédio eficaz contra a cólera, que começava, então, a se espalhar pelas favelas ao sul de Paris; mas quando uma epidemia em grande escala atingiu a cidade em 1849, matando 20.000 pessoas, ficou óbvio que o haxixe não tinha poder contra ela. Houve uma reação contra as alegações extravagantes feitas em nome da droga e, em 1850, sua breve popularidade como medicamento estava em queda. No entanto, as ideias de Moreau continuaram a influenciar a disciplina emergente da psicofarmacologia. Em meados do século XX, sua noção de que drogas como o haxixe manifestavam os sintomas de doenças mentais foi recapitulada sob o nome de "psicotomimética", teoria que moldou as primeiras pesquisas sobre psicodélicos.

O Club des Hashischins havia deixado de existir por volta de 1850, mas seu legado literário foi coroado em 1860 com a publicação de *Les Paradis artificiels* (Os paraísos artificiais) por um de seus membros ocasionais, Charles Baudelaire, que morou no Hôtel Pimodan por um tempo e pode ter frequentado os salões do local como observador, mas só passou a participar depois que os encontros foram transferidos para o luxuoso apartamento de seu amigo, o romancista, dramaturgo e famoso dândi Eugène Roger.[60] De acordo com Théophile Gautier, o contato de Baudelaire com o haxixe foi superficial: ele estimava ter experimentado não mais do que "uma ou duas vezes" e apenas como "uma experiência psicológica".[61] O ensaio de Baudelaire, publicado originalmente em 1851, mas posteriormente revisto e aprimorado durante uma década, retomava alguns dos motivos familiares do clube, porém com um tom mais irônico e cético, refletindo tanto a reação contrária ao haxixe que havia ocorrido nesse intervalo quanto uma sensibilidade moderna que se distanciava das extravagantes máscaras da geração anterior.

Gustave Flaubert, na sequência do julgamento de *Madame Bovary* por obscenidade em 1856, foi um dos primeiros a felicitar Baudelaire pela versão finalizada de "O poema do Haxixe", que constituía metade de *Os paraísos artificiais*, juntamente com *Confissões de um inglês comedor de ópio*, uma tradução de Thomas De Quincey acompanhada de reflexões sobre uma droga com a qual Baudelaire tinha uma experiência pessoal consideravelmente maior. Ele havia, escreveu Flaubert, estabelecido "o início de uma ciência em uma obra de observação e indução", acrescentando um empirismo inflexível ao estilo romântico com o qual era mais facilmente associado.[62] Baudelaire iniciou seu ensaio com uma descrição botânica da planta e um levantamento de suas preparações e denominações em diferentes países, passando a ecoar De Quincey ao descartar a ideia de que qualquer droga pudesse conferir poderes sobrenaturais, proféticos ou artísticos. O haxixe induz visões estranhas, de fato, mas "nunca saímos do sonho natural", o mundo interior criado pelas "preocupações, desejos e vícios" do sujeito. Assim como De Quincey enfatizou que "um homem que fala de bois... sonhará com bois",[63] Baudelaire adverte: "que os sofisticados e novatos curiosos por provar essas delícias excepcionais tomem cuidado; eles não encontrarão nada de milagroso no haxixe, nada além do excessivamente natural".[64] Ele aconselhava seus leitores a simplesmente tomarem uma colher de chá de *dawamesc* com uma xícara de café em jejum e esperarem pacientemente pelo que seria uma "longa e notável viagem".[65]

21. Autorretrato de Charles Baudelaire sob a influência do haxixe.
Fonte: Charles Baudelaire, Domínio público, via Wikimedia Commons.

Baudelaire divide a viagem em três etapas: a primeira é uma "alegria inquieta" em seus primeiros indícios: "Conexões incongruentes, semelhanças coincidentes, trocadilhos intermináveis e esboços cômicos proporcionam um prazer infinito. O demônio invadiu você".[66] Uma sensação de aceleração vertiginosa se instala, e seus saltos mentais se tornam mais selvagens e indisciplinados:

> Logo, os laços que unem suas ideias tornam-se tão frágeis, o fio que liga suas concepções tão tênue, que apenas seus cúmplices o compreendem. E aqui, novamente, você não pode ter certeza absoluta; talvez eles apenas pensem que o compreendem, e a ilusão seja recíproca.[67]

No segundo estágio, "as alucinações começam", embora Baudelaire tenha o cuidado de especificar, como Moreau, que o haxixe não produz "alucinações puras", um mundo delirante independente de estímulos sensoriais, mas, sim, a "perturbação dos sentidos", na qual o mundo externo é distorcido e transformado, mais propriamente descrito como "ilusão". No auge da experiência:

> Os poderes da percepção, do paladar, da visão, do olfato, da audição – todos participam igualmente nessa progressão. Os olhos perfuram o infinito. O ouvido ouve sons que são quase imperceptíveis mesmo em meio ao barulho mais tumultuoso... Por gradações, os objetos externos assumem aparências únicas na combinação e transfiguração infinitas de formas. As ideias são distorcidas; as percepções são confusas. Os sons são revestidos de cores, e as cores, de música.[68]

Gautier escreveu sobre a transposição dos gostos nos banquetes do Club des Hashischins; mas a descrição de Baudelaire da interconexão de diferentes sentidos – paladar, visão, audição e tato – tornou-se um relato clássico do fenômeno que mais tarde seria chamado de "sinestesia". Ele já havia evocado essa sensação em sua poesia, notadamente em "Correspondências" (1857), em que os perfumes são "doces como oboés, verdes como pradarias". Nas décadas seguintes, a sinestesia tornou-se um símbolo da experiência espiritual e artística máxima, e o êxtase da intoxicação pelo haxixe, seu exemplo canônico. Mas essa forma de transcendência, para Baudelaire, não era nada sobrenatural ou mística; ela poderia provocar uma epifania criativa ou espiritual, mas, em si mesma, era simplesmente a mente em ação, estendendo seu repertório além dos limites normais da vida desperta.

Esse ápice é exaustivo e dura horas; porém, no momento em que parece impossível suportar mais, ele se transforma na terceira e última fase, um estado mental que somente a exaustão profunda pode arrancar do corpo humano:

> Nessa nova fase, que os povos do Oriente chamam de *kief*, a turbulência e as tempestades diminuem, dando lugar a uma bem-aventurança calma e imóvel, uma gloriosa resignação. Embora você tenha deixado de ser seu próprio mestre há muito tempo, isso não o perturba mais. Toda noção de tempo e todas as sensações dolorosas desapareceram; ou, se às vezes ousam aparecer, o fazem apenas transfiguradas pela sensação dominante e, então, em relação à sua forma habitual, são o que a melancolia poética é para a verdadeira tristeza.[69]

Há, no entanto, mais uma fase por vir, para Baudelaire a mais significativa de todas. Ela se manifesta no "amanhã! O terrível amanhã!", quando seus nervos exaltados e abalados "lhe dizem que você jogou um jogo proibido".[70] Com o haxixe, a pessoa renuncia à própria vontade em troca de uma experiência artificial e falsa de prazer, imerecida e sem nutrição, que "não revela nada ao indivíduo além do próprio indivíduo".[71] É tão imoral quanto o suicídio, e Baudelaire insiste que a lei deve tratá-lo da mesma maneira:

> Conhecemos bem a natureza humana para saber que um homem que pode obter instantaneamente todos os êxtases do céu e da terra engolindo uma pequena colherada de pasta nunca ganhará a milésima parte deles por meio do seu próprio trabalho. Você consegue imaginar um Estado cujos cidadãos tomassem todos haxixe? Que cidadãos! Que soldados! Que legisladores! Mesmo no Oriente, onde o uso do haxixe é tão difundido, alguns governos compreenderam a necessidade de proibir a droga. Certamente, ela é proibida ao homem...[72]

Esta é uma mudança de tom brusca em relação ao restante do ensaio, que pegou de surpresa os primeiros leitores de Baudelaire. A única crítica de Flaubert foi que "você insistiu demais no *Espírito do Mal*. Pode-se sentir uma influência do catolicismo aqui e ali. Eu teria preferido que você não *culpasse* o haxixe, o ópio e o excesso".[73] Aqui, o mal é equiparado à rendição da vontade aos desejos mundanos, uma visão talvez motivada pela exposição mais regular de Baudelaire aos demônios do álcool e do ópio, dos quais o ciclo autodestrutivo que ele descreve era ainda mais difícil de escapar. [74] "É difícil acreditar", escreveu Gautier secamente, "que o autor de *Les Fleurs du Mal* (As Flores do Mal), apesar de suas inclinações satânicas, tenha frequentado paraísos artificiais".[75] Baudelaire respondeu veementemente que, "mesmo que todo o século XIX se unisse contra mim, eu não me retrataria", antes de admitir que "me reservo o direito de mudar de ideia, no entanto, ou de me contradizer a qualquer momento".[76]

O julgamento de Baudelaire também pode ser visto como uma reação contra o haxixe, uma vez que ele apareceu uma década após seu apogeu, com sua promessa médica manchada e o *jeu d'esprit*[VI] subversivo do Club des Hashischins fora de moda. O moderno boêmio agora habitava um mundo diferente das ruas medievais enevoadas da Île St Louis. Na esteira da epidemia de cólera de 1849, Paris estava se transformando, com os labirintos da cidade antiga sendo substituídos pelas amplas avenidas e grandes praças do Barão Hausmann. Vias transversais modernas agora cortavam o Sena, e a luz a gás iluminava as novas avenidas, brilhando nas vitrines das lojas e transformando as ruas em um palco cintilante para a figura que Baudelaire, em seu famoso ensaio de 1863, saudou como o verdadeiro artista da vida moderna, o *flâneur*[VII]:

> O amante da vida universal move-se na multidão como se fosse um enorme reservatório de eletricidade. Ele, o amante da vida, também pode ser comparado a um espelho tão vasto quanto a multidão; a um caleidoscópio dotado de consciência, que a cada um de seus movimentos apresenta um padrão de vida, em toda a sua multiplicidade.[77]

[VI] Em francês no original. Remete a um exercício literário leve ou espirituoso, escrito por prazer ou ironia

[VII] Em francês no original: "andante", "andarilho".

Era uma visão presciente da *ville lumière*, a cidade das luzes, na qual o haxixe e outras drogas novas de visão e prazer encontrariam um novo público entre a geração vindoura. Baudelaire rapidamente reconheceu que a experiência sublime que descrevera não permaneceria por muito tempo como privilégio da elite, dos dândis ou dos homens de bom gosto, mas logo se tornaria um dos prazeres da multidão. O salão, com seus tons discretos e elitistas, estava sendo substituído por uma sociedade cafeteira vaidosa e exibicionista. A ideia de Baudelaire do moderno, articulada em seu ensaio "Le Salon de 1845" (O Salão de 1845), era "tudo o que atrai o olhar da multidão e dos artistas": já não se encontrava mais nas academias, galerias ou salões, mas nas ruas movimentadas. À medida que o truque barato e mecânico da fotografia substituía a arte do retrato, o pintor moderno era obrigado a ser "um gênio em busca incessante do novo", e a arte moderna, uma busca romântica por "intimidade, espiritualidade, cor, aspiração ao infinito".[78] Os paraísos artificiais do haxixe e outras drogas ainda a serem descobertas seriam incorporados pela próxima moda sensacionalista que se aproximava.

No final do século, Paris apresentaria um espetáculo diferente de tudo o que o mundo já tinha visto antes. As avenidas públicas, os parques e as praças fundiram-se ao universo comercial dos cafés, restaurantes e discotecas para criar um grande palco público para passeios, lazer e entretenimento, com um elenco sempre mutável de artistas e espectadores que criavam a sua própria imagem, cada um encontrando na multidão sua liberdade para ser um indivíduo. A cultura em todas as suas formas se espalhou pelas ruas: galerias, vitrines e quiosques cobertos com cartazes vibrantes e impactantes tornaram-se as novas galerias. Em 1881, Guy de Maupassant descreveria "a mentalidade das avenidas" como um estado alterado de consciência por si só – uma "condição mental louca – briguenta, irreverente, vertiginosa e vazia" – que subjugaria todos os habitantes da cidade moderna.[79] Assim, os mitos orientais que haviam moldado a experiência do haxixe seriam substituídos por um novo e distintamente moderno playground dos sentidos.

Capítulo Seis

EXTASIA, FANTASIA E ILLUMINATI

A MODA DO HAXIXE NA PARIS DE MEADOS DO SÉCULO se difundiu pelo mundo de maneiras surpreendentes. Seria difícil prever, por exemplo, que, na década de 1860, o maior importador de haxixe para os Estados Unidos seria um mago sexual negro rosacruz.

Paschal Beverly Randolph cresceu em Nova York com, em suas próprias palavras, "a grande desvantagem de uma aparência impopular aliada a uma educação muito escassa para sustentá-la".[1] Seu pai, que o abandonou, era um homem branco da Virgínia; sua mãe, que morreu no asilo do Hospital Bellevue durante o surto de cólera de 1832, quando ele tinha sete anos, era, segundo ele, descendente da realeza malgaxe. Randolph foi criado nas ruas de Five Points, o coração da favela, da qual escapou ao tornar-se grumete em navios que faziam comércio com Cuba. Foi dispensado do serviço por invalidez e mudou-se para Portland, Maine, onde trabalhou como tintureiro e barbeiro antes de se estabelecer em Utica e se juntar à comunidade espiritualista que estava em expansão no interior do estado de Nova Iorque, depois que as irmãs Fox e suas sessões espíritas com batidas na mesa se tornaram uma sensação global em 1848. Ele revelou-se um orador em transe cativante, dirigindo-se ao público com as vozes canalizadas de figuras famosas, de Zoroastro a Benjamin Franklin. Em 1853, já se apresentava no diretório da cidade de Utica como "Dr. Paschal Beverly Randolph, médico clarividente e

22. Paschal Beverly Randolph: ocultista, terapeuta sexual, médium em transe, autor prolífico e fornecedor de elixires à base de haxixe para clarividência e cura.

Fonte: Wikipedia org.

psicoterapeuta", com especialização no tratamento de problemas conjugais, que ele acreditava estarem em níveis epidêmicos em função de uma sociedade patriarcal rígida que ignorava as necessidades e os desejos das mulheres.[2]

No ano seguinte, Randolph voltou para a cidade de Nova York e se apresentou à equipe do *Spiritual Telegraph*, o primeiro jornal espírita da América, com uma performance de transe convincente, na qual canalizou a voz de Robespierre. Agora posicionado no centro de uma rede que apoiava consultores médicos, escritores palestrantes, foi convidado a viajar para a Europa para participar da Convenção Mundial de 1855 dos discípulos socialistas e espiritualistas de Robert Owen. Discursou para um círculo espiritualista em Charing Cross, Londres, onde canalizou apropriadamente Sir Humphry Davy, e depois seguiu para Paris, onde foi apresentado a mesmeristas e médiuns em transe. Essa rede se fundiu com a de ocultistas eruditos, incluindo Alphonse Louis Constant, que, escrevendo como Eliphas Lévi, acabara de publicar o primeiro volume de seu *Dogme et Rituel de la Haute Magie* (Dogma e ritual da alta magia), que se tornaria a bíblia da magia cerimonial do século XIX.

Randolph foi um dos primeiros visitantes americanos à Paris ocultista, e o intercâmbio foi frutífero. Para a geração anterior, as artes mágicas tinham sido, em grande parte, objeto de estudo de eruditos antiquários, em vez daqueles que buscavam contato pessoal direto com espíritos ou poderes sobrenaturais. Randolph era um autodidata voraz em tradições mágicas, mas seu envolvimento com elas era prático, incorporado e teatralmente executado, e ele encontrou, entre os mesmeristas franceses, uma variedade de ferramentas e técnicas desconhecidas nos Estados Unidos para ajudá-lo a mergulhar no estado oracular do transe. Uma delas era o espelho mágico, um vidro convexo com uma superfície escura no qual cenas podiam ser testemunhadas por clarividência: os sujeitos olhavam para ele enquanto estavam em transe, tendo-o previamente magnetizado com passagens mesméricas. Randolph acrescentou a magia do espelho ao seu repertório e desenvolveu seus próprios refinamentos, incluindo untar a superfície com secreções genitais para magia sexual.

Ele também foi apresentado ao que se tornaria seu principal auxílio mágico, o haxixe. Seu iniciador foi um marceneiro e restaurador de móveis chamado Louis-Alphonse Cahagnet, um místico swedenborgiano que usava o mesmerismo e o sonambulismo para explorar o reino espiritual. Inicialmente, ele obtinha mensagens de médiuns, mas ficou frustrado por ouvir relatos de encontros angelicais e da vida após a morte apenas em segunda mão. Considerou o uso de drogas, mas experiências preliminares com éter e fumegantes da antiga tradição mágica, como beladona e cicuta, convenceram-no de que eram muito grosseiros e tóxicos para as energias sutis do espírito: "os narcóticos causam problemas no sistema nervoso, perturbam a alma nas suas funções vitais".[3] Em 1849, no entanto, seu interesse foi despertado pelos relatos extravagantes do Club des Hashischins e pela disponibilidade do haxixe em novas e convenientes preparações farmacêuticas. Ele comprou um pouco e organizou uma sessão espírita com alguns amigos:

> Engoli três gramas do extrato de haxixe, dissolvido em uma xícara de café. Ao final de uma hora a uma hora e quinze minutos, senti os primeiros efeitos desse medicamento da alma. Eu pensava no riso que o haxixe sempre provoca como seu primeiro sintoma, e esse pensamento me levou a rir contra a minha vontade... Um momento de calma sucedeu esse primeiro ataque, mas não durou muito. Senti-me imediatamente tomado por uma espécie de intoxicação universal... Entrei, então, completamente em estado de êxtase, com os olhos abertos e perfeitamente consciente da minha existência e da minha condição.[4]

Como Jacques-Joseph Moreau havia descrito, o primeiro efeito da droga foi euforia e hilaridade geral; mas, à medida que a intoxicação se instalava, isso foi sucedido pelo *état mixte*, no qual, escreveu Cahagnet, "eu então realmente comecei duas vidas perfeitamente distintas, cujos atos e quadros se sucediam sem confusão, com ordem e regularidade".[5] Gradualmente, o bombardeio de fantasias diminuiu, até que, com esforço, ele conseguiu se concentrar em uma visão persistente, que se tornou uma revelação:

> Eu vi como se fosse um imenso vórtice de profundidade imensurável, tendo a forma de uma elipse. Um dos centros dessa elipse era branco e maravilhosamente luminoso; tudo girava em torno do centro... Tudo estava em movimento em torno desse foco... Parecia-me que esse foco de luz, esse centro de atração universal, era *Deus*; que ele era o elo de todos os seres e a razão de sua existência.[6]

Depois disso, a influência da droga tornou-se mais uma vez indisciplinada e caótica, acometendo-o com "visões grotescas, como cascatas de dentes, que depois formavam cabeças de homens, e outras fantasias pantagruélicas", as quais Cahagnet interrompeu involuntariamente com "explosões incessantes de riso, que se transformaram gradualmente em gritos e uivos nada agradáveis para quem os ouvia".[7] Mas a visão da luz divina era precisamente o que ele procurava há muitos anos, e ele se tornou um apóstolo do haxixe como um canal para uma realidade paralela que o pensamento racional havia obscurecido. "Esperemos", escreveu ele, "que em pouco tempo as palavras *loucura, alucinação e imaginação* sejam apagadas de nossa linguagem científica, para serem substituídas por *vida interna* e *vida externa*".[8] Ele passou a realizar sessões de haxixe em seus aposentos na Rue St Denis e registrou uma série de visões transcendentais, das quais um de seus participantes, um jornalista chamado M. Mouttet, emergiu com uma conclusão digna de William James: "O mundo espiritual está no *mundo material;* é outro modo de ver da alma – um ESTADO. Existem apenas ESTADOS. A cada estado pertence sua própria percepção".[9]

Por sua vez, Paschal Beverly Randolph escreveu sobre sua descoberta do haxixe:

> Com sua ajuda, Alphonse Cahagnet, eu e outros fomos capazes de atravessar portas eternas, para sempre fechadas ao homem encarnado, exceto por esta chave celestial, e, atravessando-as, em santa calma, explorar os mistérios inefáveis e serenos da alma humana e alcançar uma convicção de imortalidade.[10]

"O sonho começa onde cessa a liberdade de dirigir nossos pensamentos", escreveu Moreau, "uma nova vida segue a outra e a substitui."[11] Os limites da vontade marcavam a fronteira do eu e a porta de entrada para o mundo dos sonhos; mas o efeito do haxixe, em doses suficientemente grandes, era subjugar a vontade e dar rédea solta a um segundo eu, com sentidos e imaginação intensificados. Cahagnet e

Randolph acreditavam que a prática mágica poderia colocar o mundo dos sonhos sob o controle da ação humana. A intoxicação do haxixe era avassaladora e exaustiva, mas, com uma mente devidamente treinada, ela poderia, pelo menos temporariamente, ser direcionada para o contato e o diálogo com seres e dimensões além do alcance da consciência cotidiana.

Nos anos seguintes, Randolph continuou a viajar entre a Europa e os Estados Unidos, onde restabeleceu sua prática médica em Utica em parceria com sua esposa, Mary Jane, que tinha seu próprio consultório em Boston tratando problemas femininos com remédios extraídos de sua alegada herança indígena americana. (Assim como seu marido, a etnia de Mary Jane é contestada: ambos podem ter ocultado uma ascendência afro-americana escrava, uma estratégia comum nos Estados Unidos antes da Guerra Civil, onde espiritualistas e curandeiros negros frequentemente se reinventavam como curandeiros indígenas ou faquires orientais.) Em 1861, Randolph fez uma turnê de palestras pela Califórnia antes de empreender outra viagem à Europa e seguir para o Oriente, onde passou quase um ano entre Turquia, Egito e Síria. Ele mergulhou no mundo dos dervixes, curandeiros e milagreiros, e surgiram relatos de que ele havia sido iniciado em "muitos dos segredos obscuros dos magos orientais".[12] Procurou fornecedores de haxixe e *dowam meskh* (sua grafia de *dawamesc*) e afirmou ter aprendido o segredo de suas preparações favoritas com o médico do sultão em Istambul.

Ao regressar, as experiências de Randolph no Médio Oriente passaram a definir a sua imagem pública, e os seus elixires de haxixe personalizados tornaram-se seu produto mais distintivo. Suas viagens ecoaram um episódio da biografia de Christian Rosenkreuz, o lendário fundador do Rosacrucianismo do século XVII, cujos anos perdidos, dedicados a viajar pelo Oriente, teriam incluído uma iniciação na sabedoria antiga dos Magos. Os escritos de Randolph assumiram um exotismo altivo, salpicado de referências a *Alá* e *ao destino* e invocações a dignitários enigmáticos, como "Abu-id-Durr, Djundub dos Ansarieh":[13] um estilo que lembra seu contemporâneo Sir Richard Burton, o explorador britânico cuja tradução de *As Mil e Uma Noites* escandalizou a Grã-Bretanha vitoriana por sua combinação de erudição excêntrica, prosa arcaica e floreada e foco lascivo em drogas, miséria e pederastia.

De volta aos Estados Unidos, Randolph descobriu que os relatos dos consumidores de haxixe estavam sendo bem recebidos pelo público leitor. O relato do poeta e escritor de viagens Bayard Taylor sobre suas viagens ao Oriente Médio, *The Lands of the Saracen* (As terras do Saraceno, em tradução livre), publicado em 1855, passou por vinte edições nos dez anos seguintes e estabeleceu o gênero de reportagem sobre drogas, ao qual Silas Burroughs contribuiria quatro décadas mais tarde. Em seu capítulo "The Visions of Hasheesh" (As visões do haxixe), Taylor relatou uma noite no telhado de um hotel em Damasco, onde ele e dois companheiros de viagem consumiram um grande pedaço de haxixe cada, uma dose que Taylor mais tarde estimou ser "suficiente para seis pessoas". Em pouco tempo,

> O Espírito (demônio, não deveria dizer?) do Haxixe tomou posse total de mim. Fui lançado na torrente de suas ilusões e flutuei impotente para onde quer que elas decidissem me levar. As emoções que percorriam meu sistema nervoso tornaram-se mais rápidas e intensas, acompanhadas de sensações que mergulharam todo o meu ser em um êxtase indescritível. Eu estava cercado por um mar de luz, através do qual brincavam as cores puras e harmoniosas que nascem da luz.[14]

Taylor se viu transportado para a base da Grande Pirâmide de Quéops, que, em sua imaginação, ele escalou até o topo, assim como Silas Burroughs faria. Ao olhar para baixo, sobre os palmeirais, percebeu que o monumento em que estava "não era feito de calcário, mas de enormes pedaços quadrados de tabaco Cavendish!." Um acesso de hilaridade deu lugar a uma visão na qual:

> Eu estava me movendo pelo deserto, não sobre um dromedário balançante, mas sentado em uma barca feita de madrepérola e cravejada de joias de brilho incomparável. A areia era composta por grãos de ouro, e minha quilha deslizava por eles sem solavancos ou ruídos. O ar estava radiante, com excesso de luz, embora não se visse o sol. Eu inalava os perfumes mais deliciosos; e harmonias, como Beethoven pode ter ouvido em sonhos, mas nunca escreveu, flutuavam ao meu redor. A própria atmosfera era luz, odor, música; e tudo sublimado além de qualquer coisa que os sentidos sóbrios são capazes de receber.[15]

No entanto, essa cena fantástica, aparentemente elaborada a partir do tapete mágico de *As Mil e Uma Noites*, mas vividamente incorporada em todos os seus sentidos, de alguma forma coexistia com sua consciência desperta:

> A característica mais notável dessas ilusões era que, no momento em que eu estava mais completamente sob sua influência, eu sabia que estava sentado na torre do hotel de Antonio em Damasco, sabia que tinha tomado haxixe e que as fantasias estranhas, lindas e ridículas que me possuíam eram o efeito disso.[16]

À meia-noite, com os sentidos sobrecarregados e os nervos à flor da pele, Taylor passou do "paraíso do haxixe" para o "seu inferno mais feroz", um tormento do qual só se recuperou após um sono que durou trinta horas. O episódio se concluiu com um breve sermão sobre "o terrível perigo de interferir" na "majestade da razão e da vontade humanas". Essa foi a mensagem transmitida por Thomas De Quincey, com sua famosa insistência de que os prazeres das drogas eram inseparáveis de suas dores excêntricas, e reforçada pela declaração de Charles Baudelaire de que esse era um "jogo proibido", no qual os instintos básicos sempre triunfariam sobre os motivos nobres. À medida que a reportagem sobre drogas evoluiu para um gênero literário reconhecível, isso provou ser um recurso duradouro e popular. Permitiu que as editoras vendessem a imoralidade, absolvendo-as da acusação de promovê-la, e que os autores incentivassem a crença de que os paraísos do ópio ou do haxixe eram reais e alcançáveis, mas apenas para a elite preparada para mergulhar nas profundezas do inferno. Com o primeiro conto americano desse gênero, as regras já estavam estabelecidas.

Em 1857, uma nova sensação literária surgiu no interior do estado de Nova York como um sucessor americano de De Quincey e Baudelaire. *O comedor de haxixe* foi a estreia chamativa de um prodígio de 21 anos, Fitz Hugh Ludlow, recém-formado pela Union College, em Schenectady, na qual ele descreveu como suas experiências com haxixe passaram a constituir uma existência paralela, representada na paisagem agora familiar de *As Mil e Uma Noites:*

> Lá, jardins orientais esperavam para me receber. De fonte em fonte, eu dançava em labirintos graciosos com huris inimitáveis, cujas testas estavam enfeitadas com fitas de jasmim. Eu atirava figos nas raras aves exóticas, cujas asas douradas e carmesim brilhavam de galho em galho, ou as persuadia a se aproximarem de mim com frases árabes carinhosas. Por avenidas de palmeiras, caminhei de braços dados com Hafiz e ouvi as horas passarem cantando pelos canais de sua poesia incomparável. Em quiosques alegres, sorvi meu sorvete e, no luxo da ilegalidade, beijei até acabar as gotas daquele outro suco que é contrabando para os fiéis.[17]

Na vida real, Ludlow não tinha viajado mais a leste do que Brooklyn. Sua iniciação ao haxixe aconteceu quando ainda era adolescente em Poughkeepsie, onde seu pai era ministro presbiteriano. Fez amizade com o farmacêutico da cidade e passava horas vasculhando suas lojas, experimentando secretamente clorofórmio e éter. Quando chegou um carregamento de extrato de cannabis, Ludlow leu sobre o assunto no livro didático recém-publicado de James Johnston, *The Chemistry of Common Life* (A química da vida comum, em tradução livre), que incluía uma seção útil intitulada "Os narcóticos aos quais nos entregamos". O capítulo sobre o cânhamo indiano era um estudo completo que discutia a lenda dos Assassinos, explicava a diferença entre preparações como *bhang*, *charras*, haxixe e *dawamesc*, e citava extensivamente o trabalho de O'Shaughnessy, as autoexperiências de Moreau e as descobertas dos farmacêuticos franceses.

"Nos europeus", concluiu Johnston, "seus efeitos foram considerados muito menores do que nos orientais", uma opinião que Ludlow rapidamente colocou à prova.[18] Sua primeira dose foi cautelosa demais para ter qualquer efeito, mas a segunda, de 2 gramas, mergulhou-o em alucinações caóticas. Ele cambaleou até o consultório do médico local, sussurrando que havia tomado uma overdose de haxixe e estava prestes a morrer; o médico respondeu "Bah!" e lhe ofereceu um sedativo. Atormentado por visões de gnomos malignos, retirou-se para sua cama, onde a turbulência acabou dando lugar a um *kif* feliz e à percepção de que sua vida havia tomado um novo rumo:

> Na presença daquela primeira revelação sublime do tempo da alma e de sua capacidade para uma vida infinita, fiquei tremendo de admiração ofegante. Até a minha morte, aquele momento de revelação permanecerá em claro relevo em relação a todo o resto da minha existência.[19]

No ano seguinte, folheando a revista *Putnam's Magazine* em uma livraria, ele se deparou com espanto com "Vision of Hasheesh" (Visão do Haxixe), de Bayard Taylor, e declarou que "esse homem esteve na minha própria alma!".[20] Seu próprio livro tomou forma como um relato arabesco de suas visões, celestiais e infernais, intercaladas, no estilo de De Quincey, com episódios de sua vida e excursões filosóficas, nas quais ele afirmava que o haxixe dava acesso ao mundo pitagórico e platônico das formas ideais, e que o próprio Pitágoras devia ter sido um iniciado no haxixe para ter compreendido a ordem numérica subjacente ao cosmos.

Ludlow escreveu que "fui amamentado no seio do transcendentalismo";[21] Walt Whitman se tornaria seu mentor, e *O comedor de haxixe* é a exploração mais substancial da sobreposição entre a metafísica dessa escola e a experiência com drogas que ela normalmente denunciava. No final do livro, porém, Ludlow chegou a uma posição mais próxima da de Emerson: "Os motivos para a indulgência com o haxixe eram da natureza ideal mais exaltada", mas, concluiu ele, na realidade era "uma droga amaldiçoada, e a alma acaba pagando um preço muito amargo por seus êxtases".[22] Isso o levou à fama literária, e ele se tornou um frequentador assíduo da pequena cena boêmia de Nova York, convivendo no bar Pfaff's, na Broadway, com Walt Whitman e Mark Twain; mas, assim como a obra-prima de seu mestre De Quincey, acabou sendo o prelúdio para uma carreira de contos muitas vezes fragmentados e jornalismo, bem como de uma vida de precariedade, dívidas e dependência crescente do ópio, ao qual ele recorria para aliviar sua tuberculose, insônia e neurastenia. Sua estratégia de se lançar como "O comedor de haxixe" tornou-se, como a de De Quincey, sua marca literária inescapável, definindo-o até sua morte prematura aos trinta e quatro anos.

Nos Estados Unidos, para onde Paschal Beverly Randolph retornou em 1862, o haxixe tinha duas identidades distintas: uma fonte de visões orientais de beleza sublime e terror e, simultaneamente – geralmente sob o nome de cânhamo indiano –, um produto farmacêutico, um entre muitos preparados recomendados para analgesia e alívio antiespasmódico. Randolph fundiu essas identidades e tomou emprestado o estilo literário de Taylor e Ludlow para criar e comercializar uma gama de elixires e tinturas à base de haxixe, que, como os espelhos mágicos que vendia junto com eles, vinham acompanhados de promessas de qualidade e potência incomparáveis, além de poderes clarividentes. Ele os promovia por meio de anúncios classificados em periódicos espiritualistas, como *o Spiritual Telegraph* e o *Banner of Light*, cujos leitores foram informados, em seu retorno da Europa, que:

> Em resposta a inúmeros correspondentes, deixe-me dizer que quase todo o haxixe que trouxe comigo da Europa (e nenhum outro é adequado para uso) está esgotado. O restante venderei a quatro dólares a garrafa, com instruções completas sobre como garantir o celestial e evitar a fantasia doentia.[23]

É difícil reconstruir o conteúdo exato da linha de produtos de Randolph, uma vez que estava oculto por alegações mágicas, epítetos floreados e véus de sigilo comercial. Seus elixires incluíam *dowam meskh* puro, juntamente com "protozone" e "protogene", que parecem ter sido tônicos à base de haxixe para os nervos e a saúde sexual, e um "solvente universal, ou Alkahest celestial", que pode ter sido uma variante da marca *dowam meskh* destinada à clarividência.[24] Ele também pode ter incluído haxixe nas poções afrodisíacas de "tripla força" que vendia como "Phymylle" e "Amylle": "líquidos mais potentes do que o vinho essencial... o próprio fluido do poder".[25] Alguns de seus elixires também podem ter contido beladona, meimendro ou ópio, tanto para consumo quanto para fins cerimoniais, como espalhar em espelhos mágicos. Ele enfatizou que as preparações de haxixe disponíveis nas farmácias eram "extratos comuns, possuindo um pouco de poder medicinal e uma grande quantidade de força analgésica, soporífica e enlouquecedora do cérebro", e não deviam ser comparadas ou confundidas com elixires "preparados por adeptos, cuja arte lhes foi transmitida há séculos", para os "luxuosos senhores do Oriente".[26]

As descrições mais explícitas de Randolph encontram-se num pequeno panfleto intitulado *Hashish: Its Uses, Abuses and Dangers, its Extasia and Fantasia, and Illuminati* (O haxixe: seus usos, abusos e perigos, sua extasia, fantasia e os Iluminatti, em tradução livre), impresso de forma privada e posteriormente incluído em seu *Guide to Clairvoyance* (Guia da clarividência, em tradução livre), de 1867. Nele, aconselha aqueles que se preparam para o consumir a estarem prontos para "imaginações transformadas em realidades do tipo mais estranho, bizarro, esquisito e talvez terrível". Aqueles que o consumirem devem ter seis limões e 60 gramas de ácido cítrico à mão como antídotos, em caso de emergência. Se o haxixe for consumido de maneira imprudente, "a Extasia percorrerá os nervos" e deixará o sujeito "convulsionado de riso, terror, horror e medo da morte". Com a preparação mental correta, no entanto, a Extasia dará lugar à Fantasia, um estado em que:

> As mesas falam, os quartos comuns se transformam em palácios magníficos e as coisas e objetos mais comuns são totalmente transformados... Sem dúvida, as histórias das "Mil e Uma Noites" foram o resultado de tantas doses de haxixe, escritas à medida que as visões ocorriam... Não há dúvida de que Confúcio, Pitágoras e seus discípulos, os alquimistas, hermetistas, iluminados e irmãos místicos de todas as épocas o usaram para exaltá-los enquanto faziam suas pesquisas para a Pedra Filosofal.[27]

Randolph misturou suas influências espiritualistas, ocultistas e literárias em uma prosa intoxicante, mas, por trás disso, podem ser discernidas as mesmas considerações práticas que Cahagnet havia levado em conta inicialmente. O haxixe lança seu sujeito em um mundo interior vívido e caótico, mas sobre o qual a mente consciente ainda é capaz de exercer controle e vontade. Aproveitar esse estado – nos termos de Randolph, conquistar a Extasia e canalizar a Fantasia – é uma prática mental e espiritual que exige habilidade e coragem, comparável a domar um cavalo arredio. Manter o controle é exaustivo e impossível de sustentar durante as longas horas de alucinação; o objetivo é alcançá-lo por tempo suficiente para receber um vislumbre de iluminação. Randolph concebia a clarividência, ou "simpatia", como um estado alterado de consciência, "uma magnífica expansão do intelecto que ultrapassa as barreiras do mundo", o nível mais alto do funcionamento humano, mas acessível a todos.[28]

O haxixe era apenas uma das fontes de sabedoria espiritual que Randolph oferecia aos seus clientes. Ele viajava e dava palestras com energia, falando com sua própria voz, em vez das personalidades em transe do início de sua carreira. Ele escrevia e publicava continuamente, reciclando suas palestras, plagiando o trabalho de outros, utilizando vários pseudônimos deixando um rastro bibliográfico que ainda não foi totalmente catalogado.[29] Ele continuou sua prática médica, às vezes realizando consultas em transe; distanciou-se do espiritismo e se autodenominou rosacruz, estabelecendo-se em Boston e anunciando seus consultórios como "as Salas Rosacruzes".[30] Envolveu-se em questões políticas e sociais, escrevendo em seu livro *Pre-Adamite Man* (O homem pré-adâmico, em tradução livre), de 1863, que a raça negra era a linhagem mais pura da humanidade e destinada à ascensão futura. Ele foi defendido por alguns abolicionistas de Boston e manteve correspondência com místicos e oradores locais, incluindo Benjamin Paul Blood, cuja revelação anestésica estava se desenrolando nas proximidades e ao mesmo tempo.

Apesar de sua eloquente habilidade de vendedor, Randolph era ambíguo em sua defesa do haxixe. No final de sua carreira, voltou-se contra ele: "Não aprovo mais o uso do haxixe para extasia, fantasia ou clarividência", chegando a afirmar que só o havia consumido quatro vezes na vida: "Duas vezes de propósito e duas vezes acidentalmente, há muitos anos. Não o consumi desde então, não porque temo seu poder, mas porque não preciso dele".[31] Os últimos anos de sua vida foram marcados por embriaguez, moléstias e problemas legais, culminando em suicídio, mas o papel do haxixe nisso tudo é difícil de interpretar. Pode ser simplesmente que, seguindo Taylor e Ludlow, ele tenha considerado político compensar sua defesa da droga com severas advertências sobre suas consequências. Pode ser que ele tenha achado que a tríade sexo, drogas e sua etnia conferia um estigma muito pesado; muitos líderes religiosos e comunitários negros o mantinham à distância por causa de sua reputação libertina. Pode ser que sua busca pessoal pela fantasia do haxixe oferecesse retornos cada vez menores. Em 1870, ele vendeu seu consultório médico, e os elixires desapareceram de vista.

O declínio da observância religiosa tradicional foi uma das mudanças sociais mais evidentes do final do século XIX, mas uma de suas consequências menos estudadas foi que as experiências com drogas assumiram dimensões sagradas que antes faziam parte desse domínio. As revelações místicas produzidas por óxido nitroso, éter e clorofórmio foram abertas à experimentação científica, e as interpretações espirituais delas foram obrigadas a competir com noções modernas de consciência, o eu subliminar ou o universo pluralista. Por outro lado, a forma experiencial e incorporada de magia popularizada por Paschal Beverly Randolph apresentava substâncias intoxicantes, como o haxixe, como chaves mágicas para outros mundos. Com o declínio da oração – a técnica tradicional ocidental para entrar em um estado alterado de consciência propício à meditação e ao recebimento da graça espiritual –, surgiram novas práticas para expandir a subjetividade, aprimorar a imaginação e abrir a mente a influências imateriais.

Em 1854, pouco antes da chegada de Randolph a Paris, Eliphas Lévi conduziu um ritual de invocação do fantasma do antigo mago grego Apolônio de Tiana, que se tornou um dos eventos fundadores, ou lendas, do renascimento ocultista do século XIX. Lévi se refere a substâncias "horríveis" que conferem o poder de "sonhar acordado" e menciona "acônito, beladona e cogumelos venenosos".[32] Sua descrição do ritual inclui dois braseiros que ele encheu com as "substâncias necessárias e preparadas" enquanto vestia "vestes semelhantes às dos nossos padres católicos", após o que:

> A fumaça branca subiu lentamente acima do altar de mármore. Parecia sentir a terra tremer; meus ouvidos zumbiam e meu coração batia forte. Coloquei vários galhos e perfume nos braseiros e, quando as chamas se elevaram novamente, vi claramente, em frente ao altar, a figura maior que a vida de um homem, que então se dissipou e desapareceu... Fechei os olhos e chamei Apollonius três vezes; e, quando os abri novamente, um homem estava diante de mim...[33]

Lévi foi enigmático sobre as plantas e essências específicas envolvidas em sua conjuração e, em outro trecho, afirma que o uso de narcóticos na magia cerimonial é equivocado e potencialmente perigoso.[34]

Ele pode ter se referido a incensos e perfumes, em vez de narcóticos ou alucinógenos; se intoxicantes "horríveis" estivessem envolvidos, eles poderiam ter sido incorporados ao ritual sem serem realmente ingeridos. No entanto, as ordens mágicas que surgiram no final do século XIX frequentemente evocavam as poções e fumigações visionárias de antigas sacerdotisas, feiticeiros persas e bruxas medievais. Nessa época, as preparações fumegantes de datura e beladona não eram exclusivas dos ritos mágicos, mas amplamente disponíveis como produtos farmacêuticos para o tratamento da asma.[35] À medida que as práticas espirituais se transformavam em práticas domésticas, essas substâncias profanas passaram a ser utilizadas para fins sagrados.

A ideia de que plantas intoxicantes poderiam ser sagradas ou mágicas encontrou algum respaldo nos escritos de Madame Blavatsky, fundadora da Teosofia. Ela ensinava que algumas plantas tinham "propriedades místicas em um grau admirável", como a poção sagrada *soma*, descrita no *Rig Veda*, ou o sacramento dos mistérios eleusinianos, na Grécia clássica, mas que seus segredos haviam sido "perdidos para a ciência europeia".[36] Ela tinha uma relação distante, mas abrasiva, com Paschal Beverly Randolph: eles podem ter se encontrado pessoalmente nos EUA, mas grande parte de sua comunicação parece ter sido telepática (ele se referia a ela como "a Velha Senhora", ela o chamava de "o N-----").[37] A maioria dos seguidores de Blavatsky a considerava contrária ao uso de drogas, mas alguns, particularmente aqueles com uma ligação estreita às correntes estéticas e decadentes do *fin-de-siècle*, consideravam sua afirmação de que os segredos mágicos tinham se perdido como uma autorização tácita para experimentar e redescobrir o "caminho do veneno".

O renascimento ocultista dessa era foi inspirado por conhecimentos religiosos perdidos ou esquecidos, como as chaves enoquianas de John Dee, a cabala hebraica e a teosofia de Jacob Boehme, mas também incorporou correntes de pensamento progressista, moderno e científico. Muitos de seus iniciados estavam interessados nas últimas pesquisas sobre a dupla consciência e o eu subliminar, que abriram novas possibilidades para a introspecção, o aproveitamento de forças irracionais e o cultivo de poderes psíquicos. Disciplinas espirituais orientais, como Rāja e hatha yoga, apontaram o caminho para novas técnicas a fim de alcançar uma consciência superior e acessar o plano etéreo ou astral. A teosofia de Madame Blavatsky se baseava na evolução darwiniana para sua narrativa cósmica, e as revistas ocultistas da década de 1890 foram as primeiras a oferecer traduções e comentários sobre os escritos de Friedrich Nietzsche acerca da era vindoura do Super-Homem. Drogas como ópio, beladona e, particularmente, haxixe eram recorrentes nessas fontes díspares: eram simultaneamente antigas e modernas, orientais e ocidentais, e agentes de possibilidades humanas ainda inexploradas. Uma pesquisa sobre o haxixe, publicada na revista espiritualista *Light*, em 1893, concluiu que "a faculdade mais influenciada por esse narcótico é a imaginação". Sob sua influência, o mundo cotidiano poderia ser "idealizado nas formas mais belas e fantásticas".[38]

Oficialmente, as ordens mágicas que surgiram na década de 1880 eram unânimes em repudiar o uso de drogas.[39] A maioria de seus adeptos vinha dos respeitáveis mundos da Maçonaria, do Rosacrucianismo e da Teosofia, onde se ensinava que as drogas eram antinaturais e prejudiciais, minando e envenenando o exercício natural da vontade. A Ordem Hermética da Aurora Dourada, a sociedade mágica mais lembrada da época, era um exemplo disso. Alguns de seus membros famosos, como o poeta irlandês W. B. Yeats, usavam haxixe e outras drogas em suas práticas espirituais, mas o faziam fora do círculo imediato da Ordem.

MacGregor Mathers, cofundador e líder da Aurora Dourada, havia sido anteriormente elevado ao posto de mestre maçom em sua loja em Hampshire e tinha a ambição de recrutar figuras literárias e culturais ilustres para sua Ordem. Yeats foi um de seus primeiros sucessos: ele se tornou um estudante de Teosofia em Dublin aos vinte anos, mas deixou a sociedade em 1890, em vez de fazer um juramento obrigatório de lealdade à Madame Blavatsky (Mathers exigiria juramentos semelhantes de alguns membros da Aurora Dourada, mas Yeats foi omitido dessa lista). Yeats considerava Mathers "imperfeito" em seus gostos e excêntrico em seus estudos – para diversão dos amigos sofisticados de Yeats, ele acreditava que os poemas de Ossian eram textos gaélicos antigos, muito tempo depois de terem sido desmascarados como uma fraude do século XVIII –, mas a magia cerimonial que ele praticava era uma rica fonte de simbolismo e insight, que Yeats creditou como uma grande influência tanto em sua magia quanto em sua escrita.[40]

Mathers, como a maioria dos maçons, considerava o uso de drogas algo inferior e profano: nas palavras do secretário de Aleister Crowley, Israel Regardie, ele "desaprovava todos esses métodos, preferindo as técnicas secretas clássicas de treinamento mental e espiritual".[41] Mas Yeats habitava um conjunto de círculos sociais sobrepostos, nos quais o haxixe e outras drogas eram imbuídos de um senso mais exaltado de possibilidade. Além dos magos da Aurora Dourada, ele tinha ligações com os experimentadores da Society for Psychical Research, da qual era membro associado, e era também membro fundador do Rhymers' Club, um grupo londrino de poetas boêmios que se reunia no pub Olde Cheshire Cheese, na Fleet Street.

Foi através de Rhymers que Yeats foi apresentado ao haxixe em 1890, por volta da época em que se juntou à Aurora Dourada. Seu amigo e colega poeta, Arthur Symons, era o entusiasta mais notável da droga no pequeno e coeso círculo boêmio e decadente de Londres. Symons era devoto de Charles Baudelaire e dos poetas simbolistas franceses e, apesar – ou por causa – de sua severa educação religiosa pelos metodistas da Cornualha, foi a figura literária londrina que mais flertava com as correntes transgressivas da Paris do *fin-de-siècle*. O ethos do Rhymers' Club era ferozmente antagônico ao insosso "culto de massa" das editoras comerciais e se via como um refúgio para escritores movidos por uma visão pura de sua arte.[42] Na sala superior do Olde Cheshire Cheese, eles liam suas poesias uns para os outros e ignoravam o mundo moderno e vulgar; depois, Symons convidava os membros para voltar para seus aposentos nas proximidades de Fountain Court, no distrito de Temple, onde os escritórios dos profissionais do direito de Londres se aglomeravam ao lado do Tribunal Real de Justiça. Ele era conhecido por se retirar para lá com o poeta decadentista e viciado em drogas pesadas Ernest Dowson, com quem se entregava ao "haxixe – aquela intoxicação lenta, aquela elaborada experiência de sensações visionárias".[43] Em uma ocasião, de forma escandalosa, ele convidou "algumas de suas amigas do balé" para tomar um pouco com chá.[44] Sua descrição dos efeitos expandiu a de Baudelaire, entrelaçando o mágico, o estético e o transcendental:

> Depois de se entregar a ele, senta-se, como em um teatro, vendo um drama encenado em um palco. Vemos tudo com olhos que – durante essas alucinações extáticas – contemplam um drama infinito de sonhos; que percebem as impressões mais sutis, desfiles de fadas, irrealidades fantasmagóricas: olhos, em suma, que vislumbram as fronteiras do infinito... O instante se torna eternidade; embora a alucinação seja repentina, perfeita e fatal. Sente-se uma sede excessiva, uma inquietação física, uma apreensão nervosa, que finalmente se transforma naquele estranho estado que os orientais chamam de *Kief*.[45]

Symons via Londres através dos olhos modernos de Baudelaire, como um fluxo de cenas e imagens dramáticas, um caleidoscópio da vida. Ele caminhava à noite de Fountain Court até Soho e Covent Garden, onde visitava obsessivamente os music halls e espetáculos de dança, e depois "vagava por regiões absolutamente desconhecidas", as favelas e bairros pobres de St Giles e além.[46] Sua coleção de poemas de 1895, *London Life* (A vida em Londres, em tradução livre), era um arabesco de impressões fragmentadas e oníricas sob a névoa e a luz do gás, justapondo beleza espalhafatosa com feiura e vício; foi sua obra mais escandalosamente decadentista, rejeitada por editores respeitáveis, incluindo John Lane e William Heinemann. Mas Paris, ele se viu obrigado a admitir após sua primeira visita em 1889, era "a coisa real".[47] O Olde Cheshire Cheese, com seu piso de madeira nua, chope, tortas de carne e cachimbos nos quartos do andar de cima, era adequado para hospedar um punhado de poetas autoexilados nas margens distantes da vida cultural da cidade; mas era um clube provinciano em comparação com a vida noturna de Montmartre, onde Symons convivia com o poeta Paul Verlaine, em seu canto no Café François Premier, e era convidado para os salões glamorosos do apartamento de Stéphane Mallarmé, na Rue de Rome. Foi a Paris que Symons levou Yeats em 1890 para sua primeira experiência com haxixe.

Para os visitantes britânicos, mesmo aqueles da vanguarda literária de Londres, Paris era um destino de grande aventura. Era um palácio dos sentidos, o epicentro do gosto artístico, da moda e da alta cultura; era uma sociedade de tolerância radical para os padrões britânicos, onde comportamentos que levariam ao ostracismo ou mesmo à prisão em Londres passavam despercebidos. Retratos sinceros de sexo e drogas, proibidos em casa, eram celebrados em sua arte, poesia e literatura confessional, e a vida noturna – o sangrento teatro Grand Guignol e o cabaré descaradamente sedutor do Moulin Rouge e do Folies Bergère – satisfazia a pura sensação. O custo de vida era muito mais barato, tornando-a um refúgio atraente para aqueles exilados da Grã-Bretanha por escândalo ou pobreza.

Symons apresentou Yeats a Paul Verlaine e o levou às ruas secundárias do Quartier Latin, onde se encontraram com um grupo de místicos martinistas que incluía "um jovem poeta turbulento", que lhe deu um comprimido de haxixe antes de saírem para jantar e outro quando voltaram.[48] Yeats teve um breve lampejo de êxtase antes de ser trazido de volta à realidade pela tagarelice ostensiva do poeta. Ele fechou os olhos, esperando por visões que nunca vieram, mas, quando os abriu, achou as cores da sala estranhamente encantadoras e "percebi que estava enxergando como um pintor". Ficou irritado com outro jovem haxixeiro, que "correu em minha direção com um pedaço de papel no qual havia desenhado um círculo com um ponto dentro e, apontando para ele com o dedo, gritou 'Deus! Deus!'". O exigente Yeats sentiu-se constrangido nessa companhia vulgar e tagarela e, como consequência: "Nunca me esqueci de mim mesmo, nunca realmente me elevei acima de mim mesmo por mais do que um momento, e fui até capaz de sentir o absurdo daquela alegria, um Herr Nordau entre homens geniais, mas um que se envergonhava de sua própria sobriedade".[49]

Em 1894, Yeats voltou a consumir haxixe em Paris, desta vez com Maud Gonne, objeto de uma paixão não correspondida que duraria décadas. Eles se conheceram no ano anterior, quando ela visitou a casa de sua família no subúrbio de Bedford Park, no oeste de Londres, um bairro planejado segundo os princípios do movimento Arts and Crafts, a fim de angariar o apoio do pai de Yeats à independência da Irlanda, a causa revolucionária à qual ela dedicou sua vida. Yeats ficou impressionado com sua beleza escultural – "sua tez era luminosa como a de uma flor de maçã através da qual a luz incide" – e cativado pela paixão que compartilhavam pelo misticismo e pela magia celtas.[50] Em 1896, durante uma visita a Galway e às ilhas Aran com Symons, sua obsessão por Gonne atingiu um nível assustador: ele teve um impulso de mergulhar a mão no fogo para provar sua devoção por ela e escreveu mais tarde: "Às vezes me pergunto se eu não estava realmente louco". Durante nove noites consecutivas no Castelo Tulira, em Galway, ele invocou solenemente as forças da lua em uma câmara vazia e teve uma visão hipnagógica de "uma mulher nua maravilhosa atirando uma flecha em uma estrela".[51] De acordo com seu biógrafo, Norman Jeffares, sua paixão por Gonne e a influência de MacGregor Mathers e da Aurora Dourada o levaram a "um labirinto irreal de especulações mágicas" e o deixaram "à beira da dissipação, consumindo haxixe e prestes a entrar em um estado em que poderia facilmente ter se tornado um alcoólatra permanente".[52]

Yeats apresentou Gonne às cerimônias da Ordem da Aurora Dourada; ela estava ansiosa para aprender seus segredos, mas não ficou impressionada com seus membros. Como uma "Nova Mulher" independente e uma anticolonialista convicta, ela considerava a Ordem como o epítome da "monotonia da classe média britânica", sobreposta por um "amor inglês por encenações e títulos pomposos".[53] No entanto, ela incorporou algumas de suas práticas em seus próprios experimentos mágicos com viagem astral, clarividência celta e, com Yeats, telepatia. Gonne era uma usuária ocasional de várias drogas e endossava publicamente o vinho de coca da Vin Mariani como parte de sua campanha política: "Seu vinho de coca, ao fortalecer minha voz, me permitirá tornar meu país mais conhecido".[54]

23. Maud Gonne usava haxixe para meditação, viagens astrais e experiências de telepatia com W. B. Yeats.

Fonte: Wikipedia org

Ela experimentou o clorofórmio e descobriu que ele podia ajudá-la a "sair do seu corpo", mas se preocupava em se viciar nele e descobriu que podia alcançar resultados semelhantes simplesmente imaginando e visualizando seus efeitos.

Ocasionalmente, Gonne também usava haxixe, que "me convenceu da possibilidade de ser capaz de deixar o corpo e ver pessoas e coisas a distância e de viajar tão rápido quanto o pensamento".[55] Ela descobriu que era eficaz para visualização controlada ou auto-hipnose e, sob sua influência, meditava sobre o *tattva*, um termo sânscrito que significa elemento ou essência e que fornecia um conjunto de chaves para viajar nos reinos astrais. O sistema havia sido elaborado pelos teosofistas em uma série de "formas-pensamento" e era uma das técnicas que Yeats aprendeu com Mathers para induzir a clarividência: ele confeccionou um conjunto de cartas para os cinco elementos – terra (um quadrado amarelo), ar (um círculo azul), fogo (um triângulo vermelho), água (uma lua crescente prateada) e espírito (um ovo índigo).[56] Gonne, sob o efeito do haxixe, visualizou um ovo índigo com um quadrado amarelo no centro – seu corpo cercado pelo espírito – fundindo-se com um triângulo vermelho. Ela flutuava em devaneio através das essências, símbolos, formas, elementos e cores; à medida que o mundo material desaparecia, ela criava um portal para a dimensão astral. Aqui, espíritos elementais poderiam ser encontrados; eles deveriam ser recebidos com respeito e com autocontrole inabalável. Na manhã seguinte, novas ideias e inspiração chegariam.

Certa noite, em Paris, após uma grande dose de haxixe, "aquela estranha droga indiana", ela relatou:

> Descobri que minhas pernas estavam paralisadas; eu não conseguia andar e meu coração batia de forma estranha, mas meu cérebro estava claro... Consegui rabiscar, em um bloco de notas que tinha na mesa ao lado da minha cama, que havia consumido haxixe e que, se não acordasse, ninguém deveria ser culpado, e então fiquei imóvel e esperei. Vi uma sombra alta parada ao pé da minha cama e ela disse, ou mais exatamente, o pensamento passou pela minha mente: "Agora você pode sair do seu corpo e ir

a qualquer lugar que quiser, mas deve sempre manter o pensamento do seu corpo como um fio pelo qual retornar. Se você perder isso, talvez não consiga voltar".[57]

Ela sentiu o desejo de ver sua irmã na Irlanda e foi instantaneamente transportada para lá, mas, enquanto vagava pela casa escura e silenciosa, esta se transformou em um lugar desconhecido e perturbador, e ela se lembrou da ordem de retornar ao seu corpo; "então, com a sensação de cair de uma altura, percebi que estava realmente deitada na minha cama, consciente do meu coração batendo de modo estranho".[58]

A aversão de Gonne pela Aurora Dourada aumentou depois que eles realizaram uma de suas reuniões em um salão maçônico, e ela questionou MacGregor Mathers sobre a relação da Ordem com a Maçonaria. Quando ele confirmou que alguns de seus códigos eram compartilhados com os graus mais altos, ela renunciou à sua filiação, alegando que "a Maçonaria Livre, como nós, irlandeses, a conhecemos, é uma instituição britânica e sempre foi usada politicamente para apoiar o Império Britânico".[59] Gonne era um exemplo notável da Nova Mulher, liberada e opinativa, mas seu uso semipúblico de drogas era excepcional, mesmo nesses círculos. As mulheres independentes eram tipicamente retratadas na cultura popular como instáveis e propensas à histeria, à loucura e ao suicídio, e a maioria tinha o cuidado de projetar uma imagem de saúde plena; na arte e na literatura francesas, em particular, as representações de jovens mulheres sedutoramente corrompidas pela morfina, éter ou cocaína evoluíram para um subgênero que se fundiu com a pornografia. Gonne estava acostumada à reprovação pública e persistiu como uma ativista intransigente pela paz e pela independência da Irlanda (e, após ser presa diversas vezes, pela reforma das prisões femininas) até sua morte em 1953, aos 86 anos.

A desaprovação de Maud Gonne foi um fator que contribuiu para o afastamento de Yeats de Mathers e da Aurora Dourada, da qual ele se distanciou após 1899. Em 1897, ele voltou a consumir haxixe em Paris com Arthur Symons e discutiu o livro que Symons vinha elaborando havia tempos sobre o movimento decadente na literatura, para o qual ele havia escrito alguns ensaios enquanto trabalhava com Yeats, Aubrey Beardsley, Havelock Ellis e outros como editor da controversa revista *Savoy*, de curta duração. Yeats não gostava do termo "decadência", com suas conotações de artifício para o paladar cansado e, após 1895, com a mancha do julgamento de Oscar Wilde. Ele sugeriu "simbolismo", um termo mais comumente aplicado à pintura, mas que ressoava com o mundo imaginário do qual a poesia e a magia de Yeats se inspiravam. Em suas peças, ele usou dança, tambores e versos rítmicos encantatórios para criar "o momento em que estamos ao mesmo tempo adormecidos e acordados, que é o único momento da criação";[60] ele consumia haxixe para criar o mesmo momento extático em sua prática mágica.

The Symbolist Movement in Literature (O movimento simbolista na literatura), publicado em 1899 com uma dedicatória a Yeats, foi a contribuição mais duradoura de Symons para a crítica literária. Afirmava o simbolismo tanto como uma redescoberta da magia antiga – "o simbolismo começou com as primeiras palavras proferidas pelo primeiro homem, quando ele nomeou todos os seres vivos" – quanto como uma forma moderna de expressão para "uma realidade invisível apreendida pela consciência".[61] Os simbolistas de Symons, que incluíam os *hashishins* Gautier, de Nerval, Baudelaire, Verlaine e Rimbaud, ocupavam um novo território entre o artista e o mago, no qual a literatura "se torna ela própria uma espécie de religião, com todos os deveres e responsabilidades do ritual sagrado".[62]

Foi nesse ambiente receptivo que chegou à Europa o primeiro dos que mais tarde seriam chamados de psicodélicos importantes.[63] Na Sexta-feira Santa de 1897, enquanto Yeats e Symons estavam em Paris, o crítico de arte Havelock Ellis estava hospedado, como costumava fazer, nos aposentos de Symons em Fountain Court. Ellis, sozinho em um feriado religioso, "considerou a ocasião propícia para uma experiência pessoal".[64] Ele havia lido recentemente um relato do renomado neurologista norte-americano Silas Weir Mitchell sobre sua experiência com o peiote (também conhecido como mescal), um cacto mexicano com propriedades alucinógenas, e conseguiu encomendar algumas amostras secas da farmácia londrina Potter & Clarke, mais conhecida pelo Potter's Asthma Remedy, um pó fumigante feito de folhas de datura. Ele fez uma cocção do que considerava ser uma dose completa – três cabeças de cacto secas – e a bebeu lentamente durante a tarde tranquila.

Ellis era médico de formação, além de esteta, e seu primeiro relato sobre sua experiência com o peiote foi um artigo médico para a revista *The Lancet*, que se concentrava em seus efeitos fisiológicos. Seu ensaio subsequente, bem mais completo, para a revista literária progressista *Contemporary Review*, enquadrou a nova experiência psicodélica em termos mais próximos da crítica de arte. Seu título, "Um novo paraíso artificial", situava-o na linhagem de Baudelaire (e, meio século depois, Aldous Huxley se inspiraria nas meditações estéticas de Ellis para seu ensaio psicodélico seminal "As Portas da Percepção").[65] Ellis começou com uma etnografia cuidadosa do uso indígena do cacto no México tribal, observando que o povo Tarahumari o tratava como uma divindade e o celebrava com "uma dança fantástica e pitoresca".[66] Ele o experimentou, no entanto, como uma procissão do "que poderia ser chamado de arabescos vivos": "uma saturnália dos sentidos específicos e, acima de tudo, uma orgia de visão", na qual ele habitava um mundo de cores, formas e texturas deslumbrantes:

> As visões nunca se assemelhavam a objetos familiares; eram extremamente definidas, mas sempre novas; aproximavam-se constantemente, mas sempre escapavam à aparência de coisas conhecidas. Eu via campos densos e gloriosos de joias, solitárias ou agrupadas, às vezes brilhantes e cintilantes, às vezes com um brilho rico e opaco. Então elas brotavam em formas semelhantes a flores sob meu olhar e pareciam se transformar em lindas borboletas ou em dobras infinitas de asas brilhantes, iridescentes e fibrosas de insetos maravilhosos...[67]

Lembrando-se de que seus adeptos indígenas "mantêm uma fogueira acesa durante seus rituais de mescal", ele acendeu a luz a gás. À medida que as sombras brilhavam, pulsavam e ganhavam vida própria, Ellis foi "lembrado das pinturas de Claude Monet e, enquanto contemplava a cena, ocorreu-me que o mescal talvez produza exatamente as mesmas condições de hiperestesia visual – ou melhor, de exaustão – que podem ser produzidas no artista pela influência da atenção visual prolongada". Ele recorreu extensivamente ao seu vasto acervo de referências artísticas, comparando as visões a "objetos de porcelana requintados", ao "estilo maori de arquitetura" ou os efeitos delicados "da renda esculpida em madeira, que associamos ao trabalho *moucrabieh* do Cairo".[68] Recordando a experiência com tranquilidade, ele concluiu que "se por acaso beber mescal se tornar um hábito, o poeta favorito do bebedor de mescal certamente será Wordsworth", que descreveu perfeitamente "a auréola de beleza que ele lança sobre as coisas mais simples e comuns". De fato, "muitos de seus poemas e frases mais memoráveis não podem – quase se é tentado dizer – ser apreciados em todo o seu significado por alguém que nunca esteve sob a influência do mescal".[69]

A descrição de Ellis da "hiperestesia visual" era igualmente uma marca registrada da cultura *fin-de-siècle* que o cercava. Ela atingiu seu apogeu em 1895, com a exibição dos primeiros filmes em Paris por August e Louis Lumière, mas o cinema era apenas a mais recente manifestação de uma obsessão por padrões e ilusões ópticos que se construíra ao longo do século. Desde a década de 1820, dispositivos baratos como o taumatrópio – um disco com imagens em ambos os lados que pareciam se fundir ao girar – eram um sucesso popular em mercados e feiras; o zootrópio, uma versão mecanizada da mesma ilusão, que transformava uma sequência de imagens em seu tambor giratório em um loop em movimento, foi concebido na década de 1830 e produzido em massa como um dispositivo de entretenimento doméstico em 1866. O estereoscópio, inventado em 1838 pelo físico britânico Charles Wheatstone como uma ferramenta para pesquisa em laboratório, foi rapidamente incorporado ao entretenimento de massa: depois que a rainha Vitória admirou um exemplar na Grande Exposição de 1851, os dispositivos de visualização estereoscópica passaram a ser vendidos aos milhares, criando um vasto mercado popular para imagens que iam da astronomia à pornografia.

Desde o início, esses dispositivos eram tanto instrumentos científicos quanto entretenimento popular. Taumatrópios e zootrópios eram comercializados como "brinquedos filosóficos", dispositivos que simultaneamente encantavam os olhos e confundiam o cérebro – e, na era que se seguiu à exploração das imagens entópticas por Johann Purkinje, eles eram regularmente cooptados para os experimentos de laboratório de psicólogos da percepção. Todos, de maneiras diferentes, demonstraram que imagens em movimento, sem existência objetiva no mundo externo, poderiam ser criadas na mente. Em 1824, Peter Mark Roget, famoso pelo *Thesaurus*[I], que, em sua juventude, participou dos testes com óxido nitroso de Humphry Davy, demonstrou, por meio de experimentos, o princípio da "persistência da visão" que os sustentava. Charles Wheatstone usou o estereoscópio para demonstrar que a imagem 3D que ele construía não tinha existência real, mas era moldada pelo cérebro a partir da diferença entre duas fotografias planas. David Brewster, o inventor do caleidoscópio, via-o como um instrumento para produzir simetria e beleza em uma escala que nenhum ser humano poderia igualar:

> Existem poucas máquinas, de fato, que se elevam acima das operações da habilidade humana. Ele criará em uma hora o que mil artistas não conseguiriam inventar ao longo de um ano; e enquanto funciona com uma rapidez sem precedentes, também funciona com beleza e precisão correspondentes.[70]

Baudelaire descreveu o *flâneur*, ou dândi, absorvendo as configurações em constante mudança da vida urbana moderna como "um caleidoscópio dotado de consciência", observando e criando simultaneamente "a multiplicidade da própria vida e a graça cintilante de todos os seus elementos".[71]

[I] *Thesaurus of English Words and Phrases* (1852), de Peter Mark Roget, é o mais célebre dicionário de sinônimos da língua inglesa, concebido para auxiliar escritores e oradores na escolha de palavras e expressões adequadas. Tornou-se um instrumento literário e intelectual fundamental no mundo anglófono.

Sob a influência do peiote, a mente humana se tornava uma máquina que gerava ilusões de rapidez e beleza igualmente prodigiosas, mas extraídas de uma fonte mais profunda e misteriosa do que os sinais que circulavam entre os olhos, o nervo ótico e o cérebro.

Ellis sentiu-se inspirado a tomar peiote novamente e estava particularmente ansioso para explorar como suas visões interagiam com diferentes formas de arte. Nessa ocasião, ele pediu a um amigo que tocasse piano para ele:

> A música estimulou as visões e aumentou muito o meu prazer com elas... Esse foi particularmente o caso da música de Schumann, por exemplo, com suas *Waldscenen* e *Kinderscenen*; assim, "The Prophet Bird" evocou vividamente uma sensação de atmosfera e de formas brilhantes semelhantes a pássaros com penas passando de um lado para o outro; "A Flower Piece" provocou imagens constantes e persistentes de vegetação; enquanto "Scheherezade" produziu um efeito de vestes brancas flutuantes, cobertas por lantejoulas e joias brilhantes.[72]

A "audição colorida" já havia sido descrita na Grécia clássica e estudada por psicólogos alemães desde o início do século XIX; no entanto, o termo científico "sinestesia" havia cunhado recentemente pela psicóloga americana Mary Whiton Calkins, em 1893. Na época da experiência de Ellis, o fenômeno era de intenso interesse para cientistas, artistas e ocultistas. A primeira pesquisa sistemática sobre associações entre letras e cores foi realizada pelo psicólogo alemão Gustav Fechner, em 1876; Eugen Bleuler, que mais tarde introduziria o termo "esquizofrenia" na psiquiatria, classificou as cores provocadas pela música como "fotismos sonoros", e o psiquiatra suíço Théodore Flournoy havia recentemente produzido os primeiros relatos detalhados de casos de sinestésicos e os significados que eles atribuíam às suas peculiaridades sensoriais, ou talentos.

Graças ao famoso relato de Charles Baudelaire, já se reconhecia que o haxixe podia provocar episódios de sinestesia e que estes estavam associados a estados de êxtase e inspiração criativa. Arthur Symons ecoou Baudelaire com sua descrição da droga como "um mágico que transforma sons em cores e cores em sons"[73] e, em 1899, evocou o estado extático de sobrecarga sensorial em seu poema "O comedor de ópio":

> Estou envolvido e deliciosamente submerso
> Música suave como um perfume, e luz doce
> Dourada com odores audíveis requintados...[74]

A sinestesia foi considerada uma evidência, tanto científica quanto artística, de que o haxixe – e agora o peiote – tinha o poder de criar experiências sensoriais que eram inatingíveis na vida normal para todos, exceto para alguns poucos excepcionais. Quanto à sua causa, os psicólogos apresentaram teorias concorrentes. Alguns acreditavam que ela surgiu de associações da primeira infância; outros, de estruturas cerebrais anormais; e outros, ainda, de uma reversão hereditária ao estágio evolutivo, em que os animais tinham apenas um único órgão sensorial.[75] Esta última sugestão foi aproveitada por Max Nordau, o crítico social cujo livro *Entartung* (Degeneração), de 1892, o posicionou como o principal algoz do esteticismo e da cultura decadentista do *fin-de-siècle*, que denunciou a sinestesia como "evidência de atividade cerebral doente e debilitada". Elevá-la ao "status de princípio da arte", escreveu ele, era "designar como progresso o retorno da consciência do homem àquela de uma ostra".[76]

Ocultistas e espiritualistas viam a sinestesia não como sinal de degeneração, mas como evidência de uma forma superior de consciência, talvez até do surgimento de um novo estágio na evolução humana. As "formas-pensamento" dos teosofistas tinham cores que sintonizavam suas formas com valores espirituais específicos: um livro sobre o assunto, escrito por Annie Besant e Charles Leadbeater em 1901, sistematizou os significados das cores das notas musicais e os alinhou com as formas coloridas das essências *tattva*. Artistas, notadamente Wassily Kandinsky, acreditavam que as cores tinham ressonâncias espirituais e inspiravam-se nas abstrações coloridas das formas-pensamento da Teosofia. O compositor e pianista Alexander Scriabin chegou a inventar o *clavier à lumières*, um teclado colorido que associava tons a notas, com base nas associações apresentadas no livro *The Secret Doctrine* (A Doutrina Secreta), de Madame Blavatsky, o que permitia que visões fossem transpostas para a música.

Além de músicos e artistas, Ellis estava naturalmente interessado nas reações de Yeats e Symons ao peiote, e ambos se juntaram a ele para sessões em Fountain Court, que ele relatou de forma levemente anônima. Yeats – um poeta "muito interessado em assuntos místicos, um excelente sujeito para visões" – achou o cacto fisicamente exaustivo: "Ele prefere muito mais o haxixe". Symons, no entanto, ficou encantado: "Nunca vi uma sucessão de visões tão absolutamente pictóricas com tanta precisão". Quando tocava piano com os olhos fechados, ele "via ondas e linhas de cores puras", mas o momento mais memorável aconteceu quando ele fez uma caminhada até o rio Tâmisa: "No final da noite, saí para o Embankment e fiquei absolutamente fascinado por um anúncio de 'Bovril', que aparecia e desaparecia em letras luminosas do outro lado do rio; não consigo descrever o intenso prazer que essa luz em movimento me proporcionou e o quanto ela me pareceu deslumbrante".[77]

Em março de 1897, Yeats passou uma amostra da nova "droga dos sonhos" para Maud Gonne.[78] Em junho do mesmo ano, o químico Arthur Heffter, de Leipzig, iniciou uma série de autoexperimentos com peiote, que culminaram, em novembro, com o isolamento do alcaloide que produzia as visões. Heffter batizou-o de mescalina.[79] Em 1898, Yeats e Gonne, em Londres e na Irlanda, respectivamente, usaram "mescalina" e haxixe para tentar uma união espiritual telepática.[80] Nenhum dos dois registrou o resultado.

No final do século, os êxtases e fantasias do haxixe haviam se tornado um elemento básico da cultura literária e popular. Em dezembro de 1905, a revista *The Strand Magazine* publicou um ensaio intitulado "Hashish Hallucinations" (Alucinações do haxixe, em tradução livre), um longo resumo das experiências descritas por Théophile Gautier, Bayard Taylor e outros, acompanhado pelas ilustrações sobrenaturais de Sidney Sime. Nessa época, o ópio, a morfina e a cocaína, sob o novo rótulo coletivo de "drogas", estavam firmemente estabelecidos como um problema social, mas a cannabis ainda não havia sido incluída nessa categoria. O ensaio relatava suas anedotas sobre o haxixe sem censura moral, com as imagens de Sime situando-as em um cenário onírico alucinatório e proto-surrealista. A essa altura, a maior estrela da *The Strand*, Sherlock Holmes, tinha um rival inspirado no haxixe: o príncipe Zaleski, um detetive criado pelo popular autor de romances e seriados fantásticos M. P. Shiel. Enquanto Holmes se divertia com sua agulha hipodérmica e solução a 7% em seus aposentos na Baker Street, o apartamento de Zaleski parecia um antigo mausoléu repleto de tesouros, com seu teto abobadado vagamente iluminado por uma lâmpada verde:

> O ar estava pesado com o odor perfumado dessa luz e a fumaça da *cannabis sativa* narcótica – a base do *bhang* dos muçulmanos –, com a qual eu sabia que meu amigo tinha o hábito de se acalmar. As cortinas eram de veludo cor de vinho, pesadas, com franjas douradas e bordadas em Nurshedabad... O efeito geral era uma *bizarrice* de brilho e penumbra meio estranhos. Latões sepulcrais flamengos combinavam estranhamente com tábuas rúnicas, pinturas em miniatura, um touro alado, escrituras tamiles em folhas lacadas de talipot, relicários medievais ricamente adornados com joias, deuses brâmanes.[81]

Holmes, o cocainômano, estava sempre na busca vigorosa de seus casos, pulando em táxis e trens e materializando-se inesperadamente em cantos distantes da Grã-Bretanha. Zaleski, o fumante de haxixe, por outro lado, parecia nunca sair de seu quarto. Ele simplesmente deixava fluir "uma deliciosa torrente daquela conversa sonolenta e meio mística" na qual costumava cair depois de consumir sua droga meticulosamente

24. Ilustração de Sidney Sime da alucinação de Théophile Gautier com haxixe, na qual Gautier visualizou a droga como uma joia em seu estômago.

Fonte: Cove Editions, criado por Vipasha Paul, 12/05/2024.

preparada, pegava alguns volumes antigos de suas prateleiras e resolvia os casos criminais mais desconcertantes usando nada além da sua biblioteca e do conteúdo de sua mente requintada.[82]

O haxixe tornou-se um assunto recorrente nos romances decadentistas inspirados em *À Rebours*, de J.K. Huysmans, que o poeta Stéphane Mallarmé caracterizou como "uma visão absoluta do paraíso da sensação pura, que se revela a um indivíduo quando colocado diante do prazer".[83] O protagonista de Huysmans, Des Esseintes, havia sido estimulado por sua *mise-en-scène* estética para experimentar qualquer substância psicoativa mais forte do que perfume, mas vários de seus sucessores utilizaram-na como tema principal. *Hashish*, de Oscar Schmitz, publicado pela primeira vez em alemão em 1902, foi escrito na Paris decadente do *fin-de-siècle*, onde, como jovem poeta, Schmitz era frequentador assíduo do famoso salão de terça-feira da autora simbolista Rachilde. Ele conheceu Jean Lorrain e Alfred Jarry, mergulhou nas obras ocultistas de Eliphas Lévi e participou dos rituais de um grupo martinista, a mesma companhia em que Yeats foi apresentado ao haxixe. Ele considerava a droga o estímulo perfeito para o que chamava de "*débauche mentale*"[II], uma decadência interior na qual fantasias mórbidas podiam ser satisfeitas sem limites ou perigo.[84]

O romance de Schmitz começa no Quartier Latin, habitado por dândis, aristocratas arruinados e vagabundos impenetráveis. Seu protagonista tinha o cuidado de nunca consumir haxixe em casa: assim como Jean Lorrain, ele temia que experiências sobrenaturais acabassem assombrando sua vida cotidiana. "Nunca se sabe quais partes das fantasias permanecerão nos móveis", explica ele; "meu quarto deve permanecer puro".[85] A ação se desloca para um clube privado de haxixe entre os cafés boêmios do bairro de Batignolles, onde:

[II] Em francês no original: literalmente, "devassidão mental" ou "depravação intelectual". Expressão utilizada por autores decadentistas franceses para designar um estado de exaltação imaginativa e de transgressão dos limites morais ou racionais por meio da arte, da filosofia ou de experiências psíquicas.

> Um leve cheiro de resina queimada misturava-se à fumaça mais suave dos cigarros ingleses. Nas paredes vermelho-escuras, pendiam gravuras em preto profundo, nas quais imagens quase imperceptíveis, como visões de um íncubo, nos encaravam. Nos cantos, entre plantas exóticas, eu conseguia distinguir instrumentos musicais antigos, parecendo répteis estranhos... nós nos deitamos sobre almofadas. De uma mesa entre nós, o conde pegou alguns comprimidos de haxixe e, sorrindo, me ofereceu o recipiente.[86]

O antro de haxixe tornou-se um elemento básico dessas ficções. Era, em parte, uma versão transposta de um local literário mais familiar, o antro de ópio, mas também tinha modelos no mundo real, onde o consumo social de haxixe estava se tornando mais comum nas cidades multiculturais da Europa e dos Estados Unidos. No romance *Keef* (1897), do jornalista americano T. W. Coakley, o protagonista, natural de Tânger e frequentador assíduo de seu antro de *kif*, conhecido como Casa das Visões, muda-se para Nova York. Vagando sem rumo, ele entra em uma tabacaria na Union Square para comprar cigarros e percebe, por trás de uma cortina vermelha de fustão no fundo da loja, "o sutil e inconfundível incenso do *kif*".[87] Salões para fumantes, que ofereciam narguilés, eram frequentemente encontrados nos fundos das tabacarias turcas da cidade, e alguns agora ofereciam cachimbos de haste longa e *kif* para fumar. Na década de 1880, havia também um pequeno número de salas privadas para fumantes, chamadas de "casas de haxixe" nas revistas de crimes reais, que retratavam esses locais como luxuosos antros de vícios para os caçadores de emoções cansados.

O relato mais detalhado sobre esses antros, "A Hashish House in New York" (Uma casa de haxixe em Nova York), do médico e especialista em dependência química Harry Hubbell Kane, foi publicado na *Harper's Monthly* em 1883 sob a forma de uma reportagem sensacionalista sobre o vício, embora fosse claramente inspirado no relato fantástico de Théophile Gautier sobre o Club des Hashischins. Kane descreveu uma excursão à parte baixa da 42nd Street e um passeio pelos labirintos sombrios de Hell's Kitchen, antes de bater à porta de uma casa escura que se abriu para revelar uma cena de "magnificência oriental". O espetáculo, escreveu Kane, "trouxe à minha mente as cenas das Mil e Uma Noites, esquecidas desde a infância até agora". Ele e seu guia foram convidados a entrar, pediram que trocassem suas roupas comuns por trajes orientais – vestido, gorro com borlas e chinelos – e lhes ofereceram um cachimbo de *kif* e pastilhas pretas de *majoun* com uma bênção enigmática, neste caso, a frase de John Dryden: "Aceite o bem que os deuses lhe proporcionam". Quando Kane perguntou admirado ao seu guia: "Por que tudo aqui é tão magnífico? É um capricho do proprietário ou uma tentativa de reproduzir algum lugar assim no Oriente?", ele recebeu uma resposta que poderia ter sido dada por Jacques-Joseph Moreau:

> As cores e fases peculiares de um sonho induzido pelo haxixe são materialmente afetadas pelo ambiente que nos rodeia imediatamente antes de adormecermos. As impressões que recebemos desde que entramos, as imagens, os odores, os sons e as cores, são os fios que os dedos hábeis da imaginação tecem nos devaneios e sonhos induzidos pelo cânhamo, que parecem tão reais quanto os da vida cotidiana, e sempre mais grandiosos.

Essa cena extravagante é o prelúdio das visões de Kane sob o efeito do haxixe, uma fantasia vívida que faz a transição familiar do sonho ao pesadelo no estilo sofisticado de Fitz Hugh Ludlow. No final, como Gautier ao bater das onze no Hôtel Pimodan, o autor é empurrado para as ruas sujas, atordoado e maravilhado com "o berço dos sonhos balançando placidamente no coração de uma grande cidade, transposto de Bagdá para Gotham".[88] Em seus escritos médicos mais sóbrios, Kane relatou que o uso de haxixe em Nova York era raro e que seus usuários eram uma mistura de nova-iorquinos nativos e imigrantes europeus, muitas vezes da Grécia e da Turquia (o proprietário de sua casa de haxixe fictícia era grego). As mulheres participavam ao lado dos homens, às vezes em salas privadas para maior discrição. Assim como o *demi-monde* mais amplo de Paris, o cenário das drogas em Nova York atraía uma multidão poliglota e cosmopolita, na qual se misturavam as substâncias intoxicantes de diferentes culturas: Kane afirmou ter sido servido chá de folhas de coca em sua casa de haxixe, no estilo andino, com tigelas em forma de globo e canudos de prata.[89]

Nessa era de viagens e migrações globais em massa, drogas de diferentes culturas começaram a se combinar de maneiras distintamente modernas. A emoção da descoberta é capturada nas memórias do engenheiro britânico James Lee, que, após sua iniciação na morfina e na cocaína por meio de seu médico indiano, prosseguiu, ao longo da década de 1890 e além, fazendo autoexperimentos combinando produtos da farmácia ocidental com medicamentos tradicionais da Ásia. Os efeitos mais interessantes das drogas, escreveu ele, vinham dessas combinações, testadas criteriosamente antes de "aumentar as doses em um sistema cuidadosamente pensado".[90] Ele logo encontrou haxixe nas colinas do norte de Bengala e descobriu que a substância poderia ser adicionada ao seu regime para criar sinergias fascinantes e efeitos visionários potentes:

> Sob a influência de doses muito altas, combinadas com uma certa proporção de cocaína, é possível experimentar qualquer coisa que se deseje, de forma bastante realista... O efeito mais agradável, na minha opinião, é produzido pela mistura de cocaína e haxixe, com a cocaína injetada seguida de uma dose fumada do outro. O haxixe parece melhorar a qualidade da cocaína e conferir-lhe um estranho efeito intoxicante.[91]

Com essa combinação, ele frequentemente experimentava visões vívidas acordado; se elas adquirissem um caráter ameaçador, ele descobriu que injetar um grão de morfina em solução fazia com que o medo desaparecesse, "sendo esse o efeito da quantidade certa de morfina após o uso das outras drogas". Sob a lua cheia, hospedado em uma cabana remota emprestada por uma família tribal Naga, com quem negociava borracha, ele foi dar um passeio na selva e se viu cara a cara com um tigre:

> Ficamos olhando nos olhos um do outro por um tempo que não sei quanto durou, pois o tempo não tinha significado para mim naquele

> momento. Não senti medo, apenas curiosidade, e parecia ser capaz de ler seus pensamentos mais íntimos... Dei alguns passos à frente e então percebi que ele ainda estava à mesma distância de mim, e soube que era uma visão. Relaxei e deixei minha mente ficar passiva, e então percebi que ele parecia estar se aproximando... com um esforço de concentração, bani a visão e voltei para minha cabana, onde alguns cachimbos de ópio me trouxeram de volta ao estado normal.[92]

Nessas aventuras, Lee se considera um pioneiro. Ele parece não estar ciente da câmara de eco da imitação de *As Mil e Uma Noites*, na qual os relatos literários sobre o haxixe eram tipicamente enquadrados e na qual outros viajantes globais, como Silas Burroughs, reflexivamente caíram. Na sua ausência, e com a adição de cocaína intravenosa, ele empregou o haxixe da mesma forma que os ocultistas: para ampliar as capacidades da imaginação e permitir-se habitar e controlar um mundo interior visionário. Ele era decididamente secular em sua visão e considerava essas visões como produtos de sua mente, em vez de qualquer poder externo ou sobrenatural, mas elas também o levaram a jornadas cósmicas nas quais ele viu a evolução futura da humanidade se espalhar diante dele em um vasto panorama.

Outra maneira de escapar do domínio imaginário dos Assassinos e de *As Mil e Uma Noites* era por meio de uma imersão mais profunda em sua fonte. Alguns anos após a experiência de Silas Burroughs com *kif* em Tânger, em 1892, Isabelle Eberhardt, filha do niilista russo Alexander Trophimowsky, foi morar na cidade depois de viajar com sua mãe desde a Argélia. Elas aprenderam árabe e se converteram ao islamismo, e Isabelle atingiu a maioridade fumando *kif* todas as noites nos cafés de Tânger.

Eberhardt estava determinada a se tornar escritora e a documentar esses mundos secretos. Ela foi iniciada em uma irmandade sufi e adotou vestimentas masculinas, o que lhe permitiu viajar entre as tribos nômades do interior, em grande parte inexplorado. Escreveu esboços sobre a vida no deserto, que foram encontrados com seu corpo em 1904, depois que a casa

25. Isabelle Eberhardt por volta de 1900, durante suas viagens pelo Marrocos e Argélia.

Fonte: Desconhecido, Domínio público, via Wikimedia Commons.

de barro onde estava hospedada na remota cidade militar de Ain Sefra foi destruída durante uma enchente repentina. Eles foram finalmente publicados em 1920. Uma das últimas peças que ela escreveu descrevia o tempo que passou com os fumantes de *kif* de Kénadsa, no deserto profundo na fronteira entre a Argélia e o Marrocos, que se reuniam todas as noites em uma casa parcialmente em ruínas na antiga medina. Em contraste com os palácios adornados com joias da imaginação ocidental, a estética deles era de simplicidade esparsa: um tapete de junco, um baú velho servindo de mesa, uma chaleira e um bule, uma cesta de folhas de *kif*: "O pequeno grupo de fumantes de *kif* não precisa de nenhuma outra decoração, nenhuma outra mise-en-scène. São pessoas que gostam do seu prazer."[93] Eles se reúnem enquanto o sol do fim da tarde ilumina o cômodo; um coloca carvão em brasa nos cachimbos, outro toca um guinbri, com suas duas cordas presas a uma carapaça de tartaruga:

> Os que buscam o esquecimento cantam e batem palmas preguiçosamente; suas vozes sonhadoras ressoam até tarde da noite, à luz fraca da lanterna com padrão de mica. Então, pouco a pouco, as vozes se acalmam, tornam-se abafadas, e as palavras, mais lentas. Finalmente, os fumantes ficam em silêncio e apenas contemplam as flores em êxtase. Eles são epicuristas, voluptuosos; talvez sejam sábios. Mesmo nos recantos mais sombrios do submundo de Marrocos, tais homens podem alcançar o horizonte mágico, onde são livres para construir seus palácios oníricos de prazer.[94]

PARTE IV

ACHADOS E PERDIDOS

26. O primeiro romance de William Burroughs, escrito sob um pseudônimo, prenunciou o renascimento do interesse pelo uso de drogas e pela alteração da consciência no século XX.

Fonte: capa do livro Junkie. William S. Burroughs, 1953, Ace Books, via Wikimedia.

Capítulo Sete

UM PECADO, UM CRIME, UM VÍCIO OU UMA DOENÇA?

"NÃO É UM ALCOÓLATRA", DIZIA A MANCHETE DA EDIÇÃO de 23 de dezembro de 1899 da revista semanal *Chemist and Druggist*. A matéria era sobre um jovem que havia sido preso por violar as regras de um "retiro para alcoólatras crônicos" no subúrbio londrino de Twickenham. O paciente havia sido internado na instituição "para ser curado do hábito de usar drogas", mas ele se ausentou sem permissão e adquiriu cocaína para injetar. Seu advogado de defesa argumentou que a Lei dos Alcoólatras Crônicos não mencionava "pessoas viciadas no uso de drogas ou narcóticos". No certificado padrão impresso que acompanhava o réu, as palavras "bebedor habitual" foram riscadas à mão e substituídas por "usuário de drogas".[1]

Esse relatório dos últimos dias do século XIX é citado pelo *Oxford English Dictionary* como o exemplo mais antigo do significado secundário da palavra "drogas" – hoje, talvez, seu significado principal: "uma substância com efeitos intoxicantes, estimulantes ou narcóticos usada para fins culturais, recreativos ou outros fins não médicos". Antes disso, "drogas" se referia, de maneira geral, a todos os medicamentos, como, por exemplo, no título *Chemist and Druggist* (Químico e Droguista). Nas décadas anteriores, drogas intoxicantes ou que alteravam a mente eram frequentemente agrupadas, mas era necessário um adjetivo qualificativo, como "venenoso", "inebriante", "perigoso" ou "viciante", para deixar o significado claro. No século XX, a palavra "drogas" passou a incorporar implicitamente todos esses significados. "Drogas" tornou-se uma abreviação para um conjunto de substâncias que, quando não usadas sob supervisão médica adequada, acarretavam o risco de autointoxicação, dependência ou doença mental.

O novo significado de "drogas" surgiu de forma praticamente despercebida: inicialmente nas manchetes dos jornais, depois migrando gradualmente para documentos oficiais, como boletins de ocorrência, e, na época da Primeira Guerra Mundial, já fazia parte da fala cotidiana. A única objeção oficial veio da Associação Farmacêutica Americana (APA), que estava preocupada com a possibilidade de que seu comércio legítimo estivesse sendo manchado. Pressionada por seus principais patrocinadores corporativos, como a Johnson & Johnson, a APA reclamou do uso casual de expressões como "mal das drogas", "viciado em drogas" e "hábito de usar drogas", que considerava um insulto a toda sua linha de produtos, e instou a imprensa a usar termos mais específicos, como "narcóticos" ou "opiáceos", quando se tratasse de drogas perigosas.[2] Mas o novo uso de "drogas" se popularizou e logo ficou carregado de significados e associações que iam muito além do comércio farmacêutico.

O novo século viu a ascensão do que ficou conhecido como Era Progressista, uma visão dinâmica da modernidade na qual os benefícios e riscos das drogas foram drasticamente recalibrados. As marcas registradas do novo movimento foram a expansão do governo, o crescimento do ativismo cidadão e comunitário e a substituição da política e da economia *laissez-faire* pela intervenção e regulamentação estatal. Apesar do nome, os grandes sucessos da Era Progressista foram alcançados pela mobilização de coalizões de todo o espectro político, unindo interesses progressistas e conservadores contra um inimigo comum: o poder excessivo da indústria, do império e da plutocracia. A proibição do álcool nos Estados Unidos, talvez o projeto mais ambicioso da época, foi um exemplo disso, alcançado por uma aliança de forças progressistas – ativistas da sobriedade, o movimento feminista, associações de trabalhadores, sindicatos e a classe médica – e as vozes conservadoras das igrejas e das antigas elites puritanas. Para alguns, era uma campanha pela justiça social contra as cervejarias e destilarias que corroíam o tecido social em nome do lucro privado; para outros, era uma cruzada moral para livrar a sociedade dos males da bebida. Por trás de ambas as visões estava a convicção comum de que a intoxicação, fosse por álcool ou outras drogas, estava saindo do controle e ameaçando a sociedade civilizada do futuro.

O álcool era o principal alvo dessa coalizão, mas a mesma lógica se aplicava às "drogas". Ambos eram vistos como manifestações insidiosas do capitalismo predatório. O comércio de medicamentos viciantes era uma enorme fonte de receita para os interesses corporativos, abrangendo desde os conglomerados de álcool, tabaco e produtos farmacêuticos até os extratores de riqueza colonial, como os fornecedores de ópio da Índia Britânica ou os magnatas do café e do tabaco do Brasil. A produção em massa e as novas técnicas de fabricação estavam tornando as drogas cada vez mais baratas, mais difundidas, mais potentes e mais perigosas. A publicidade e os meios de comunicação exploravam os vulneráveis, vendendo fantasias inatingíveis de saúde enquanto escondiam drogas fortes em medicamentos patenteados sem rótulo. A grande quantidade de dados que agora orientavam as políticas de saúde pública – por exemplo, as tabelas atuariais das seguradoras de vida – mostrava cada vez mais claramente que a expectativa de vida era menor e que as doenças crônicas eram mais prevalentes entre os grandes consumidores de álcool e outras drogas. Esses eram custos sociais, suportados pelo público e pela economia em geral, com todos os benefícios revertidos para as grandes empresas e a riqueza privada.

Durante o século XIX, os perigos das drogas intoxicantes raramente deixavam de ser mencionados. As abordagens literárias sobre elas quase invariavelmente assumiam um tom cauteloso, e os profissionais médicos, em particular, passaram a ter o cuidado de contrabalançar qualquer endosso de seus benefícios com advertências sobre seus riscos. A suposição

27. As primeiras proibições de drogas foram aplicadas a minorias étnicas, como a lei de 1875, que proibia o ópio na Chinatown de São Francisco.

Fonte: Biblioteca do Congresso, Divisão de Impressões e Fotografias, LC-USZ62-102090.

predominante, no entanto, era que esses perigos eram a de que esses perigos deveriam ser enfrentados por meio de informações médicas e pressão social, em vez de proibições governamentais. Fora das fronteiras do Ocidente moderno, no entanto, a proibição estatal das drogas, que começou com a criminalização do haxixe no Egito administrado pela França, tornou-se generalizada, ocorrendo mais recentemente nas Filipinas, onde, em 1898, o governo militar dos Estados Unidos, ocupante, proibiu o comércio de ópio. Várias proibições baseadas em critérios raciais também foram estabelecidas nos próprios Estados Unidos, começando em São Francisco, em 1875, com uma portaria que fechou os antros de ópio de Chinatown, mas deixou intacta a venda de produtos de ópio nas farmácias.

Entre as populações majoritariamente brancas das democracias liberais, entretanto, prevalecia a escolha individual. O princípio era frequentemente formulado nos termos estabelecidos por John Stuart Mill em *On Liberty* (Sobre a liberdade – 1859), que abordava a questão diretamente: "Qual é, então, o limite legítimo da soberania do indivíduo sobre si mesmo? Onde começa a autoridade da sociedade?".[3] A resposta de Mill era que o indivíduo era soberano sobre sua própria conduta; se essa conduta levasse a danos sociais ou à violação da lei, tais infrações deveriam ser punidas por si mesmas, em vez de restringir as liberdades que as possibilitavam. O abuso da liberdade, acreditava ele, era devidamente sancionado não pela lei, mas pelo tribunal da opinião pública. Uma pessoa que:

> não consegue viver com meios moderados, que não consegue se conter de indulgências prejudiciais, que busca prazeres animais em detrimento dos sentimentos e do intelecto deve esperar ser rebaixada na opinião dos outros e ter uma parte menos favorável de seus sentimentos favoritos; mas não tem o direito de reclamar disso.[4]

O argumento de Mill alinhava-se à opinião amplamente difundida de que o século XIX havia sido a primeira era verdadeiramente individualista. Uma nação após outra se livrou do jugo imperial, e seus povos optaram por se definir por sua língua, comunidade e cultura, em vez de pela lealdade a monarcas ou imperadores. A maioria da sociedade havia sido libertada de obrigações legais, como dízimos à igreja, frequência religiosa obrigatória, e podia se definir de acordo com suas próprias convicções – como proprietários, eleitores e consumidores.

No início do século XX, porém, o culto ao indivíduo e o afrouxamento das responsabilidades sociais tornaram-se fonte de grandes desigualdades e forte ressentimento. Pensadores progressistas atacaram o destrutivo "hiperindividualismo" que encorajava o egoísmo e a ganância. O estudo clássico *Le Suicide: étude de sociologie* (O suicídio: estudo de Sociologia), de 1897, no qual o fundador da sociologia, Emile Durkheim, demonstrou que mesmo os atos mais privados tinham uma dimensão social passível de mensuração estatística, diagnosticou as ameaças da modernidade como "egotismo" e "anomia": uma condição social que deixava os indivíduos isolados uns dos outros e privados do apoio tradicional da comunidade e de suas normas estabelecidas. A solução para esses problemas era a regeneração da sociedade civil. O filósofo John Dewey introduziu o termo "capital social" para descrever o novo ideal comunitário, e as igrejas protestantes dos Estados Unidos pregavam um "Evangelho Social" em oposição à plutocracia e à economia de soma zero da Era Dourada.[5]

Sob essa perspectiva, aqueles que usavam drogas não estavam apenas se escravizando voluntariamente aos especuladores de grandes empresas sem escrúpulos, mas também destruindo, de forma irracional e egoísta, o tecido social. Fosse pelo álcool ou pela morfina, pelo haxixe ou pela cocaína, eles estavam optando por se afastar do mundo compartilhado de seus concidadãos, abusando de sua liberdade individual ao se refugiar em uma realidade privada solipsista. Alterar a consciência era uma forma extrema de hiperindividualismo; os usuários de drogas eram considerados aproveitadores que se distanciavam de seus semelhantes, mas, ainda assim, esperavam que eles arcassem com os custos de seu vício. À medida que esses custos passaram a ser rigorosamente quantificados, o álcool e outras drogas começaram a ser vistos cada vez mais sob a ótica de seus malefícios e perigos.

Os novos termos do debate foram memoravelmente formulados por Norman Kerr, um médico britânico que, em 1884, fundou a organização de temperança da profissão médica, a Sociedade para o Estudo e a Cura da Embriaguez. No discurso inaugural, Kerr lançou a questão de "se a embriaguez é um pecado, um crime, um vício ou uma doença". Se fosse um pecado, seria uma questão de consciência individual ou instrução religiosa; se fosse um vício, deveria ser tratada com sanções sociais, seguindo as recomendações de John Stuart Mill, e talvez sujeita a tributação governamental como um luxo. Se, no entanto, fosse um crime ou uma doença, deveria ser tratada com controles médicos ou legais. Nenhuma quinta possibilidade foi admitida. Kerr definiu a embriaguez – intoxicação por álcool ou outras drogas –, *a priori*, como um problema; a tarefa em questão era decidir que tipo de problema era. Ele cunhou o termo "narcomania" para descrevê-la, e sua opinião pessoal era que, "às vezes, é todas as quatro coisas, mas mais frequentemente é uma doença do que qualquer outra coisa, e, mesmo quando é qualquer outra coisa, geralmente é também uma doença".[6]

Um dos primeiros êxitos da Era Progressista foi a Lei de Alimentos e Medicamentos Puros dos EUA de 1906, a resposta federal a uma onda de campanhas de consumidores contra alimentos e medicamentos adulterados. Essa questão havia sido apelidada de "O Grande Escândalo Americano" pela revista *Collier's Weekly* em uma longa série de reportagens, e se tornou um tema urgente em 1905, com a chocante série de investigações de Upton Sinclair sobre as condições exploratórias e anti-higiênicas nas fábricas de embalagem de carne de Chicago, – investigações que ele adaptaria, no ano seguinte, para seu romance best-seller *The Jungle* (A selva), de 1906. A campanha contou com o apoio profissional da Associação Médica Americana, na época controlada por um grupo de médicos reformistas que pressionavam por um licenciamento mais rigoroso da medicina, a expansão do financiamento para faculdades de medicina e um departamento federal de saúde. A oposição à lei foi liderada por advogados corporativos que representavam as indústrias de enlatados, uísque e medicamentos patenteados. Ela foi aprovada graças aos esforços incansáveis do Dr. Harvey Wiley, chefe da divisão de química do Departamento Federal de Agricultura, que ficaria conhecido como "o químico reformista". Wiley foi recompensado com a liderança da nova agência criada pela lei, a Administração Federal de Alimentos e Medicamentos.

A Lei de Alimentos e Medicamentos Puros usava o termo "medicamentos" em seu sentido tradicional amplo e se preocupava apenas marginalmente com substâncias intoxicantes, mas reforçou a percepção de que elas deveriam ser tratadas como um problema de saúde pública. Além do uso de aditivos industriais tóxicos no abastecimento de alimentos, a lei tinha como alvo a profusão de medicamentos patenteados, que, em 1900, representavam mais de 70% do mercado farmacêutico dos

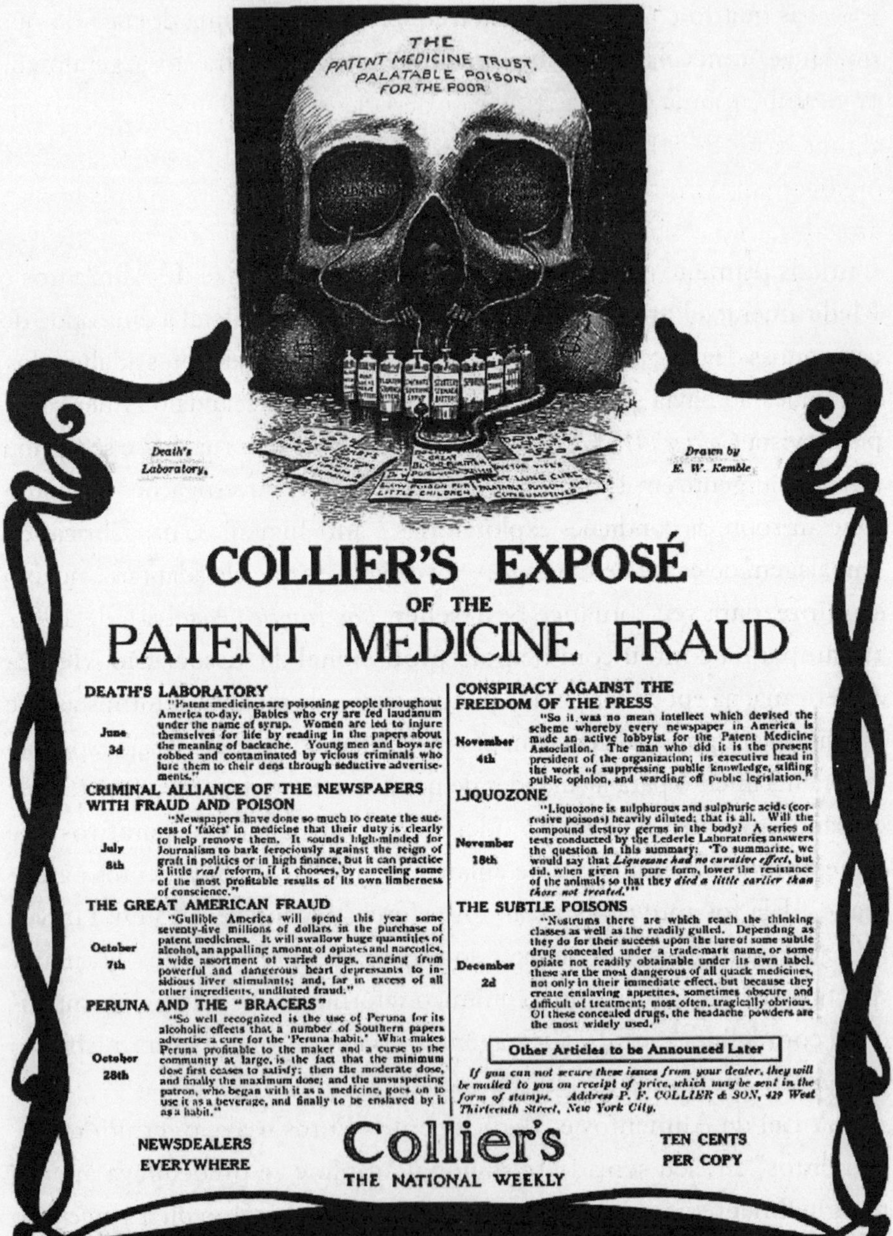

28. A campanha da revista Collier's contra medicamentos patenteados não licenciados culminou na Lei de Alimentos e Medicamentos Puros dos EUA (1906).

Fonte: Collier's, Ilustração por E. W. Kemble, Domínio Público, via Wikimedia Commons.

Estados Unidos. Testes químicos realizados pelos cientistas de Wiley revelaram a presença de aditivos narcóticos não listados e – igualmente preocupante para os ativistas da sobriedade – altos teores de álcool, em alguns casos de 50 ou 60 graus.[7] A lei de 1906 estipulava que todos os medicamentos vendidos no comércio interestadual deveriam listar as drogas que continham, mas Wiley viu isso como um primeiro passo para eliminar completamente a venda de narcóticos e estimulantes. Mesmo traços de cocaína não eram mais permitidos em medicamentos patenteados: como Harvey Wiley disse a um advogado farmacêutico, "a quantidade não faz absolutamente nenhuma diferença".[8] Ele imaginava um futuro em que, como ele mesmo disse, "todo o comércio dos chamados medicamentos patenteados contendo essas drogas que causam dependência seria praticamente destruído".[9] Ele se opunha firmemente às "drogas" no novo sentido da palavra e esperava que sua lei fosse seguida por uma proibição federal do comércio dessas substâncias. Seu efeito imediato foi remover quase totalmente a cocaína da venda ao público e reduzir em um terço o comércio de medicamentos patenteados que continham narcóticos.[10]

O impacto da Era Progressista nas autoexperiências científicas com drogas foi assustador e coincidiu com uma tendência mais ampla na psicologia: a mudança da introspecção para dados objetivos e mensuráveis, e da reportagem subjetiva para estudos de grupo e coorte. Emil Kraepelin, o psiquiatra cuja taxonomia das doenças mentais sustenta o sistema de classificação ainda vigente hoje, iniciou sua carreira no laboratório de Wilhelm Wundt, em Leipzig, medindo os efeitos mentais das *nervinas* – "venenos para os nervos" –, incluindo álcool, cafeína, clorofórmio, nitrito de amila e haxixe. Apesar da opinião de Wundt de que drogas intoxicantes, como sonhos ou loucura, eram uma forma de experiência interior não suscetível a investigação experimental, Kraepelin desenvolveu técnicas para medi-las. Em uma série de artigos publicados entre 1881 e 1892, ele estabeleceu as mudanças no tempo de reação induzidas por várias drogas em diferentes doses, utilizando um cronoscópio recém-projetado que capturava reações em milissegundos.

Kraepelin incluiu a si mesmo nesses testes, mas não se identificou entre os participantes nem publicou qualquer reportagem em primeira pessoa. Produziu uma série de tabelas que correlacionavam drogas, dosagem e número de participantes voluntários com tempos de reação, habilidades de leitura e cálculo e leituras de dinamômetro do mesmo tipo que Freud havia usado em seus experimentos com cocaína. Seus resultados foram criticados por alguns psicólogos como inconclusivos, em função da presença de muitas variáveis não controladas, e ele admitiu que os resultados obtidos "podiam ser independentes da droga e causados por diferentes influências".[11] Contudo, seus métodos anteciparam a direção que a psicologia estava tomando e forneceram as bases para uma ciência rigorosa e estatisticamente fundamentada da psicofarmacologia. Quando assumiu a cadeira de psiquiatria em Heidelberg, em 1890, começou a comparar as "psicoses modelo" induzidas por drogas, como ele as chamava, com aquelas experimentadas por pacientes de hospitais psiquiátricos, estudos que levaram às novas categorias de doenças: esquizofrenia e depressão maníaca.

Essas pesquisas convenceram Kraepelin dos perigos do álcool e o levaram, em 1892, a se juntar ao grupo dos abstêmios. "Para minha surpresa", escreveu ele em suas memórias, "descobri que não havia realmente nenhum motivo razoável para beber, a menos que se quisesse melhorar o humor". Até então, ele considerava o álcool simplesmente um fato da vida social; agora, ele cofundava uma sociedade de médicos abstêmios e um bar sem álcool em Heidelberg, além de fazer campanha para aumentar a conscientização sobre as ligações entre alcoolismo e doenças mentais. Era, pelo menos na Alemanha, uma posição excêntrica, mas cuja hora havia chegado:

> O pior problema era que eu estava constantemente envolvido em discussões intermináveis sobre o álcool. Minhas opiniões estranhas foram gradualmente aceitas, e um número crescente de pessoas me garantiu que eu estava certo e que elas também quase não bebiam, apenas de vez em quando, em ocasiões sociais. Eu causei sensação. Tenho certeza de que todo o meu trabalho científico não tornou meu nome tão famoso quanto o simples fato de que eu não bebia álcool.[12]

Em 1896, Kraepelin foi acompanhado em Heidelberg por um jovem pesquisador britânico, W. H. R. Rivers, que estudava os efeitos do álcool e de outras drogas na fadiga mental. O trabalho de Rivers fazia parte de um projeto para quantificar os danos causados pelas drogas em uma ampla amostra de indivíduos, em particular seus impactos na indústria e na produtividade. A "gestão científica" do trabalho fabril, estabelecida pelo engenheiro mecânico Frederick W. Taylor em 1883, deu início ao estudo do "tempo e movimento", no qual os processos industriais eram divididos em suas unidades elementares e cronometrados. Rivers esperava que a medição da fadiga mental produzida pelo álcool e outras drogas não apenas fornecesse um índice confiável dos efeitos das drogas, mas também permitisse aos industriais quantificar a perda de produtividade causada por elas.

Rivers era um médico com grande interesse nos "fatores psíquicos" da medicina: ele havia escrito artigos sobre histeria, neurastenia e fisiologia da visão. Também era um autoexperimentador convicto, que recentemente havia colaborado com seu colega Henry Head em um experimento ousado que envolvia cortar nervos cutâneos no antebraço de Head para medir sua taxa de regeneração. No entanto, acreditava firmemente que "a introspecção só poderia ser frutífera pela experiência pessoal de um observador treinado".[13] Ele adotou o método de Kraepelin de "ergógrafos", conjuntos de dados gerados por experimentos repetidos em intervalos regulares, com variáveis controladas tanto quanto possível. No entanto, ele observou, a partir de sua própria experiência, que a autoexperimentação com medicamentos criava ciclos de feedback impossíveis de eliminar. Algumas experiências lhe interessavam mais do que outras, e seus resultados eram inevitavelmente distorcidos pelo "interesse e entusiasmo produzidos pela ingestão de uma substância quando a descoberta de seu efeito é o motivo de toda a experiência":

> A curva ergográfica é um reagente extremamente sensível a qualquer forma de excitação mental. Qualquer novidade no decorrer de um experimento pode ter um efeito muito decisivo sobre a quantidade de trabalho realizada. O interesse por uma conversa, o conhecimento de que o

desempenho está sendo observado, a visão do peso [no dinamômetro] aumentando à medida que se trabalha ou a formação do ergograma no tambor, ou qualquer outra rotina do experimento diário, podem ter efeitos muito óbvios sobre a quantidade de trabalho... O interesse assim despertado provavelmente será grande, quer a droga seja desconhecida, de modo que haja um elemento de mistério na ocorrência, quer sua natureza seja conhecida. Quando, neste último caso, o sujeito é ele próprio o experimentador, profundamente interessado nos possíveis resultados da experiência, esse fator de interesse deve ser frequentemente muito forte.[14]

Como Freud havia observado vinte anos antes, a autoexperimentação impunha demandas contraditórias aos cientistas: eles eram obrigados a ser tanto sujeitos quanto observadores, uma mente pensante tentando observar seu próprio pensamento sem influenciá-lo. Rivers realizou experimentos com dinamômetro usando cocaína, semelhantes aos que Freud havia conduzido, incluindo-se no ensaio e obtendo resultados semelhantes. Ele não conseguiu demonstrar se a diminuição da fadiga produzida pela droga devia-se "à sua ação no lado sensorial do mecanismo nervoso envolvido", como Freud havia teorizado, ou simplesmente "à ação direta da cocaína no músculo", como outros pesquisadores haviam argumentado.[15]

Ao contrário de Freud, Rivers redigiu suas descobertas exclusivamente na terceira pessoa, valendo-se de construções passivas que disfarçavam seu próprio envolvimento: seus experimentos com tabaco, por exemplo, registram que "fumar era distintamente agradável e havia naturalmente uma forte estimulação sensorial".[16] Ele logo se afastou do trabalho experimental: com o início da Primeira Guerra Mundial, ingressou no Corpo Médico do Exército Real e foi designado para o trabalho pelo qual é mais lembrado, tratando o choque de bombardeio de Siegfried Sassoon e outros no Hospital Craiglockhart, na Escócia. Contudo, seu trabalho sobre fadiga continuou a ser amplamente citado e, juntamente com o de Kraepelin, estabeleceu uma referência para a psicofarmacologia quantitativa e baseada em dados que dominaria o campo no século XX.

O afastamento da subjetividade foi acelerado e consolidado pela nova doutrina do behaviorismo, desenvolvida, nessa época, por John B. Watson em seu departamento de psicologia na Universidade Johns Hopkins. Watson tinha uma profunda aversão pessoal ao método introspectivo; como escreveu mais tarde, "odiava servir como sujeito... Sempre me sentia desconfortável e agia de forma não natural".[17] Ele achava impossível alinhar suas respostas privadas com as de seus colegas e rapidamente passou a realizar a experimentos em sua bem cuidada colônia de ratos brancos de laboratório. Em 1913, publicou um manifesto para sua nova abordagem, "Psychology as the Behaviourist Views It" (A psicologia como a vê o behaviorista, em tradução livre), no qual redefiniu a disciplina como "uma ciência natural puramente objetiva":

> Seu objetivo teórico é a previsão e o controle do comportamento. A introspecção não constitui parte essencial de seus métodos, nem o valor científico de seus dados depende da facilidade com que possam ser interpretados em termos de consciência.[18]

Watson rejeitou por completo a noção de consciência, que ele via como um resquício do passado religioso. "Tudo o que Wundt e seus alunos realmente conseguiram", escreveu ele, "foi substituir a palavra 'alma' pela palavra 'consciência'"; mas, ao presumir que "existe algo chamado consciência e que podemos analisá-la minuciosamente por meio da introspecção... encontramos tantas análises quanto há psicólogos individuais".[19] À medida que o behaviorismo se consolidava, a autoexperimentação foi sendo marginalizada. Uma vez que os estados de consciência gerados pelas drogas passaram a ser considerados irrelevantes, dados objetivos sobre seus efeitos comportamentais podiam ser obtidos com igual eficácia a partir de ratos de laboratório. A chegada de novos instrumentos, como o eletroencefalograma (EEG), utilizado pela primeira vez em humanos em 1924, acelerou ainda mais a trajetória que se afastava do estudo da consciência e se voltava para a medição da atividade cerebral.

Aqueles que persistiram com as autoexperiências tornaram-se exceções notáveis. Um deles foi William McDougall, colega de W. H. R. Rivers, que havia viajado com ele à expedição da Universidade de Cambridge, em 1898, para estudar a psicologia dos habitantes das ilhas do Estreito de Torres e da Nova Guiné. McDougall posteriormente fez a mesma transição para a psicologia experimental, tornando-se, em 1901, cofundador da Sociedade Britânica de Psicologia. Em uma série de debates públicos de grande repercussão, ele definiu sua posição contra Watson, cuja teoria apelidou de "mecanicista", pois tratava os seres humanos como máquinas. McDougall reivindicou o manto do verdadeiro behaviorista, aquele que reconhecia que os eventos mentais eram relevantes para o comportamento, o qual não podia ser compreendido sem conceitos como desejo, esforço, valorização ou esperança. Em 1905, ele iniciou experimentos para medir a fadiga, usando uma técnica posteriormente adotada por Rivers, na qual os participantes do estudo eram solicitados a acertar uma sucessão de pontos que passavam diante deles. Quando a velocidade dos pontos em movimento era aumentada até o limite máximo do participante, a fadiga se instalava rapidamente, e o impacto das drogas podia ser medido com precisão.

Assim como Rivers, McDougall foi recrutado durante a Grande Guerra para tratar vítimas de trauma de bombardeio; depois disso, uniu-se a May Smith, uma ex-aluna e uma das primeiras psicólogas mulheres, para uma série de estudos financiados pelo Conselho de Pesquisa Médica sobre os efeitos da privação do sono e das drogas no funcionamento mental. Smith era uma pesquisadora talentosa, tanto no trabalho de laboratório quanto em entrevistas com voluntários, e ganhou reputação por se tornar rapidamente especialista nas habilidades e ofícios dos sujeitos que estudava. Apesar de ser abstêmia, juntou-se a McDougall em autoexperimentos com álcool, chá, ópio e estricnina, além de doses de placebo como controle.

O feito foi tão notável que o *New York Times* publicou um artigo com a manchete "Cientistas testam drogas em si mesmos", relatando que "mais de 100 testes notáveis com drogas foram realizados por uma cientista, a Srta. May Smith".[20] "Cientistas testam drogas em si mesmos" era uma história que poderia ter sido publicada com precisão em qualquer dia dos dois séculos anteriores; foi uma ironia da Era Progressista que a chegada tardia de uma cientista que fazia autoexperimentos coincidisse justamente com o desaparecimento da prática, pelo menos à vista do público.

Em 1900, Jean Lorrain, o *monstre sacré*[1] da Paris decadentista, deixou a cidade rumo a Nice, onde viveu seus últimos seis anos como inválido, paciente assíduo dos spas terapêuticos Riviera para tratar sua tuberculose, neurastenia e dependência de éter. Em 1896, ele era o escritor mais bem pago da cidade, mas a chegada do século XX viu sua popularidade declinar. Passou a ser perseguido por processos judiciais de calúnia e difamação, escrevendo furiosamente, mas de forma errática, para um público que já havia seguido em frente. Ele frequentemente enquadrava sua decadência como um hino à exausta última década do século XIX, um prelúdio para a morte terminal e misericordiosa da civilização. Pouco antes de morrer, Lorrain conheceu um de seus poucos admiradores remanescentes, o poeta italiano Gabriele D'Annunzio, que havia trocado sua vida de poeta decadentista por uma de ação heróica e frenética: transformara seu estilo literário maduro e sensual em hinos de louvor à guerra e ao derramamento de sangue, abandonando seu individualismo romântico por alianças políticas com os futuristas e com Mussolini. Em sua nova encarnação como propagandista do nacionalismo italiano e destemido ás da aviação, D'Annunzio abraçou o novo século – o poder da indústria, a velocidade do automóvel e a emoção sublime das viagens aéreas. Sua arte definidora era o cinema, com sua ação alucinante, cortes

[1] Em francês no original. Expressão usada para designar uma figura célebre e excêntrica das artes, admirada tanto por seu talento quanto por seu comportamento extravagante.

bruscos e mudanças de perspectiva; e a droga para a nova encarnação de D'Annunzio era a cocaína, consumida em grandes quantidades, da qual ele se tornou cronicamente dependente.

Lorrain deixou Paris logo após a abertura da Exposição Universal de 1900, uma vitrine deslumbrante das maravilhas do novo século. Durante seis meses, 50 milhões de visitantes tiveram seu primeiro contato com escadas e esteiras rolantes, gravadores de som e filmes falados, planetários e simuladores de navios oceânicos, tudo supervisionado pela maior roda-gigante do mundo, que transportava 1.600 passageiros por vez. Os palácios da Eletricidade, da Ótica, da Indústria, das Máquinas da Agricultura apresentavam visões espetaculares do século que se aproximava, nos estilos elegantes e arrebatadores da Art Nouveau, Belle Époque, Beaux-Arts e Secessão de Viena. A Paris boêmia de Lorrain estava sendo substituída pelo futuro vislumbrado com desdém por Baudelaire: uma cultura de massa, feita de espetáculo e sensação, da multidão e do consumidor.

No entanto, a equação de Baudelaire entre o moderno e a autoformação individual estava agora se tornando uma coisa do passado. Se o século XIX foi o século do indivíduo, o século XX seria o do coletivo: identidade de grupo, solidariedade e movimentos de massa. O legado de Baudelaire passou a ser fortemente ofuscado pelas drogas com as quais ele havia se envolvido. Em suas memórias sobre o amigo, Théophile Gautier rejeitou a ideia de que Baudelaire tivesse sido arruinado pelas drogas sobre as quais escrevia – "sua doença foi causada apenas por fadiga, tédio, tristeza e constrangimentos"[21] –, mas uma retrospectiva publicada em um jornal em 1902 acrescentou às palavras de Gautier: "O fim do poeta foi triste: a fadiga, os problemas, as tristezas, o uso frequente desses paraísos artificiais, ópio e haxixe, aceleraram sua queda".[22] Os anos 1900 foram aclamados como uma era de renovação e regeneração, após a degeneração e decadência dos "anos 90 amarelos". Como W. B. Yeats observou com tristeza: "Em 1900, todos desceram de suas pernas de pau; a partir de então, ninguém mais bebia absinto com seu café preto; ninguém enlouquecia; ninguém cometia suicídio; ninguém se convertia à Igreja Católica; ou, se o faziam, eu já esqueci".[23]

Os usuários de drogas, no novo contexto, eram hiperindividualistas, mas também passaram a ser vistos um grupo definido cientificamente. As experiências de Emil Kraepelin com o álcool, juntamente com sua abstinência pessoal, levaram-no a desenvolver a categoria de "bebedor" como um "tipo" patológico, estatisticamente com maior risco de doenças mentais e morte prematura.[24] As associações pejorativas do termo "drogas" obscureceram as distinções entre diferentes substâncias e entre usuários ocasionais e dependentes. As drogas estavam, nas palavras de Clifford Allbutt, presidente da Associação Médica Britânica, dando início a uma futura praga de neuróticos e neurastênicos "que farejam substâncias intoxicantes à distância com um instinto semelhante ao de um cão farejador e, curiosos em suas sensações, brincam com todos os tipos delas".[25] À medida que a pesquisa sobre drogas se afastava das descrições subjetivas, ela passou a se concentrar mais na dependência e sua patologia mental. Quanto mais as drogas eram definidas em termos de riscos e danos, mais difícil se tornava reconhecer as experiências que elas geravam como uma contribuição positiva para a ciência, a filosofia ou a criatividade.

À medida que o uso de drogas foi patologizado, a imagem popular do usuário de drogas caiu drasticamente. A abstinência tornou-se um significante de consciência da saúde e status social. Na esteira da Lei de Alimentos e Medicamentos Puros de 1906, a reação contra a produção industrial de alimentos e medicamentos aumentou a demanda por produtos éticos e naturais, e houve um boom de spas e sanatórios que prometiam purgar as toxinas da vida cotidiana de seus pacientes. No maior e mais renomado deles, em Battle Creek, Michigan, os flocos de milho do superintendente médico John Harvey Kellogg eram o produto principal de um sistema dietético que excluía carne, alimentos processados e qualquer tipo de droga, incluindo o álcool. Os medicamentos patenteados eram vistos como substitutos tóxicos das terapias naturais, como ar fresco, exercícios, eletroterapia e alimentação saudável, e qualquer paciente que recorresse a drogas narcóticas ou estimulantes era submetido a regimes rigorosos de abstinência.

Como as drogas diminuíam a razão e exaltavam o instinto, era lógico que seu apelo fosse mais perigoso para aqueles cujo autocontrole era mais fraco: os mentalmente incapazes e as classes criminosas. O médico e especialista norte-americano em dependência química, T. D. Crothers, um dos primeiros a alertar sobre os perigos médicos da cocaína e da morfina na década de 1880, agora concebia o cocainismo como um problema típico do "criminoso vingativo das classes mais baixas", que "se rebaixaria a qualquer crime ou ato que prometesse alívio... que luta contra o policial que tenta prendê-lo, que de repente agride pessoas na rua ou atira em alguém sem qualquer provocação, ou incendeia prédios, comete danos graves, age de forma selvagem e maníaca".[26] Durante o século XIX, o "habitué" de narcóticos ou estimulantes era comumente estereotipado como um membro das classes profissionais ou ociosas: um trabalhador intelectual neurastênico, um cavalheiro dissoluto da cidade ou uma viúva depressiva e socialmente isolada. No século XX, esses estereótipos foram suplantados por adolescentes membros de gangues, pequenos criminosos e, mais acentuadamente, integrantes de minorias étnicas.

"O problema do século XX", observou W. E. B. Du Bois em 1903, "é o problema da linha da cor", uma linha que foi traçada de forma mais rápida e firme nas atitudes em relação ao uso de drogas.[27] O individualismo liberal de John Stuart Mill sempre esteve, na prática, condicionado ao status, à classe e à raça. Um usuário de drogas negro, como Paschal Beverly Randolph, corria riscos muito maiores à sua reputação ao defender o uso de haxixe do que, por exemplo, uma figura médica ilustre como Jacques-Joseph Moreau. Mas as consequências eram, nos termos propostos por John Stuart Mill, determinadas por mecanismos sociais: Randolph estava plenamente ciente de que sua cor o tornava alvo de preconceito, mas seu uso de haxixe não era tratado como patológico ou criminoso. Nesse aspecto, a Era Progressista traiu seu próprio nome, endurecendo e ampliando a discriminação racial informal que herdara.

Nos Estados Unidos, o exemplo mais notável foi a cocaína. Em 1906, ela já estava bem avançada em sua transição de droga milagrosa para ameaça social, e sua retirada das prateleiras das farmácias pela Lei de Alimentos e Medicamentos Puros criou um mercado não regulamentado para a cocaína em pó vendida nas ruas, em pequenos pacotes conhecidos como "five-cent sniffs" (cheiradas de cinco centavos). Esse comércio era comum nos portos, favelas e distritos com alto índice de criminalidade de muitas cidades norte-americanas, mas rapidamente passou a ser associado com a população negra dos estados do sul: em 1905, o *New York Times* definiu o problema com a manchete "Negro Cocaine Evil" (O mal da cocaína negra, em tradução livre).[28] Algumas autoridades médicas argumentavam que a cocaína tinha um efeito mais destrutivo sobre os negros, levando a alucinações, paranoia e impulsos violentos, e até mesmo tornando-os imunes às balas da polícia. Esses foram os anos de Jim Crow, marcados pelos esforços violentos dos supremacistas brancos Southern Redemptionists para reverter os ganhos da Reconstrução e suprimir o voto negro por meio de testes de alfabetização e impostos eleitorais. Os linchamentos de negros atingiram seu pico sombrio, com uma média de mais de cem por ano entre 1891 e 1901. O ethos da Era Progressista, de ação local e empoderamento, foi mobilizado pelas comunidades brancas para ampliar os direitos dos estados e permitir maior liberdade às forças policiais, que citavam os perigos da cocaína como motivo para intensificar seu controle sobre as comunidades negras. A dependência da cocaína era comumente descrita como "escravidão", um termo que posicionava os ativistas antidrogas e segregacionistas como os novos abolicionistas.[29]

O avanço da produção em massa, da cultura de massa e da política de massa do século XX encontrou resistência em uma vigorosa contracultura de individualismo e cultivação do eu interior. Em 1904, o sociólogo Max Weber começou a escrever *A Ética Protestante e o Espírito do Capitalismo,* no qual argumentava que a busca racional pelo ganho econômico deixava um resquício de "desencanto": um mundo assombrado pela perda do sagrado, no qual o indivíduo estava confinado em uma "gaiola de ferro" construída pelas exigências do capital, da indústria e da burocracia. À medida que a religião tradicional recuava, movimentos espirituais como o Novo Pensamento floresciam, nos quais as tradições taoísta, védica e budista se misturavam aos preceitos autossuficientes de Emerson e dos transcendentalistas e às possibilidades expansivas da evolução darwiniana para cultivar uma conexão interior com o divino, a mente universal ou a "inteligência infinita".

A convicção de que a consciência humana estava se expandindo ou evoluindo não se limitava aos teosofistas. Em 1901, o psiquiatra canadense Richard Bucke publicou sua influente obra *Cosmic Consciousness* (Consciência Cósmica), na qual argumentava que a consciência "superior" ou mística estava se tornando mais difundida. Em 1903, F. H. W. Myers propôs que o eu subliminar poderia incluir faculdades "ultraintelectuais" ou "supernormais" que a humanidade futura poderia aprender a utilizar. Em 1909, C. H. Judd, presidente da Associação Americana de Psicologia, usou seu discurso anual para se opor à onda do materialismo biológico, discutindo a evolução da consciência. Judd argumentou que os recentes avanços nas artes, na ciência e na indústria transcendiam a biologia e que "não há problema da ciência atual de importância mais vital para o psicólogo" do que compreender a consciência superior que os havia produzido.[30] Em 1913, a socialite nova-iorquina e devota do Novo Pensamento, Mabel Dodge, escreveu: "Quase todas as pessoas pensantes atualmente estão em revolta contra algo, porque o desejo do indivíduo é por mais consciência, e porque a consciência está se expandindo e rompendo os moldes que a contiveram até agora".[31]

Para essa vanguarda da mente moderna, no entanto, as drogas não desempenhavam nenhum papel na busca por uma consciência superior. Assim como o álcool, eram mais um cadeado na porta da gaiola de ferro de Weber. Em 1914, Dodge organizou um ritual improvisado com peiote em seu apartamento no Greenwich Village, que terminou desastrosamente e quase provocou um escândalo; ela ficou horrorizada com a possibilidade de que fosse noticiado como uma "'festa de entorpecentes'. Que horror! Eu tinha ouvido falar de tais reuniões, e elas eram a antítese de tudo o que eu desejava representar".[32] Três anos depois, ela se mudou de Nova York para Taos, onde mergulhou nas tradições espirituais dos índios Pueblo, enquanto fazia campanha durante décadas contra o uso do peiote em suas cerimônias. Em 1936, quando o direito dos Pueblo ao uso ritual do peiote foi confirmado pelas diretrizes do Indian New Deal, ela escreveu a Harold Ickes, secretário do Interior do presidente Roosevelt: "Você defenderia o haxixe, a cocaína ou a morfina com base na liberdade religiosa?".[33] Para os espiritualmente evoluídos, as "drogas" eram agentes químicos de controle, bombeados pelas grandes empresas para induzir um estado de hipnose em massa e desconexão do mundo natural e espiritual.

Entre os convidados de Mabel Dodge em seu retiro em Taos estava Aldous Huxley, que forneceu a representação literária definitiva dessa visão em sua parábola distópica *Admirável Mundo Novo* (1932). No romance, o peiote é confinado aos "selvagens" nas reservas do Novo México; na sociedade civilizada do futuro, os antigos intoxicantes foram suplantados pelo *soma*, um paliativo para todos os fins. Junto a outras tecnologias escapistas, o *soma* resolveu os problemas da cultura de massa industrializada, criando um mundo de fantasia hipermediado que afasta o risco de agitação social. Distraídas e satisfeitas, as castas mais baixas da população trabalham arduamente nas fábricas: "sete horas e meia de trabalho leve e não exaustivo, e depois a ração de *soma*, jogos, copulação irrestrita e os *feelies*. O que mais eles poderiam querer?".[34] O *soma* era o sacramento de uma ideologia política – Huxley tinha em mente Henry Ford, George Bernard Shaw e a Sociedade Fabiana – na qual um estado mundial mantém sua população sob controle com uma cultura de massa que permite a transcendência apenas pela anulação da individualidade. A droga é consumida em círculos ritualizados, com hinos em louvor a Ford e o brinde: "Bebo ao Ser Superior".[35]

Em comparação com seus escritos psicodélicos posteriores, Huxley é curiosamente vago sobre o estado de consciência que o *soma* produz. Ele é descrito de várias maneiras e em diferentes doses como euforizante, antidepressivo, analgésico e alucinógeno, mas praticamente não há descrição subjetiva da experiência que produz. Uma personagem, segundo nos é dito, sente "um êxtase calmo de consumação alcançada... ela estava plena, ela estava perfeita, era ainda mais do que apenas ela mesma": satisfação sem realização, sensação sem conteúdo, prazer sem causa.[36] Nas ficções sobre drogas do século XIX, a narrativa frequentemente se desenrolava no mundo interior intensificado de seu protagonista mentalmente alterado; o *soma*, por outro lado, é uma "droga" vista sob as lentes do behaviorismo, uma forma de controle social induzida quimicamente, que manifesta apenas uma euforia vazia e ilusória.[37]

Aqueles que anunciavam o uso de drogas na Era Progressista faziam-no como um ato de transgressão ostensiva. O mais proeminente foi o poeta, aventureiro e ocultista Aleister Crowley, que as incorporou à sua persona pública de maneiras que as sociedades ocultistas do *fin-de-siècle* haviam meticulosamente evitado. A ordem que Crowley fundou em 1907, a A∴A∴, foi explícita desde o início ao incluir drogas como parte de sua prática cerimonial e mística. Sua revista elegantemente impressa, *The Equinox,* combinava tratados e ensaios mágicos com poesia, contos e arte. A primeira edição, publicada no equinócio da primavera de 1909, incluía um artigo sobre a farmácia do haxixe por Edward Whineray, proprietário da farmácia Messrs Lowe & Co., na Bond Street, em Londres, que anunciava na revista e se especializava no fornecimento de drogas obscuras, elixires e incensos para o círculo ocultista. A segunda edição, no equinócio do outono do mesmo ano, incluía um poema orientalista florido, "The Opium-Smoker" (O Fumante de Ópio, em tradução livre), e um longo tratado sobre "The Psychology of Hashish" (A psicologia do haxixe, em tradução livre), de Oliver Haddo, um *pseudônimo* transparente para Crowley, que havia sido levemente ficcionalizado sob esse nome no romance *The Magician* (O Mágico, em tradução livre), de Somerset Maugham, publicado no ano anterior.

A carreira de Crowley no mundo das drogas, segundo ele relata aqui, começou em 1898, logo após deixar a Universidade de Cambridge, quando conheceu Allan Bennett, um químico analítico, budista e membro da Ordem da Aurora Dourada. Suas primeiras experiências com haxixe foram influenciadas pelas leituras de Fitz Hugh Ludlow e Charles Baudelaire, e ele incorporou os efeitos em suas práticas mágicas. O haxixe, escreveu ele, "afrouxa as vigas da alma" e produz uma marcante "intensificação da faculdade introspectiva", uma subjetividade expansiva que permite ao adepto impor sua vontade e imaginação ao subconsciente e, com mais prática, ao mundo externo.[38] Ele descobriu que a dosagem era fundamental. Em pequenas quantidades, ele descreveu o haxixe como "volátil-aromático":

> a emoção, descrita por Ludlow, como um novo pulso de poder que permeia a pessoa. Psicologicamente, o resultado é que a pessoa entra em um estado absolutamente perfeito de introspecção. Ela percebe seus pensamentos e nada mais além deles... em outras palavras, a esse respeito, ela possui a consciência direta do idealismo berkeleiano. O Ego e a Vontade não estão envolvidos.[39]

Em doses maiores, o efeito é bem diferente, um estado "alucinógeno tóxico" no qual "a Vontade e o Ego ficam alarmados e podem ser atacados e dominados". Como observaram adeptos desde Cahagnet e Randolph, são necessários altos níveis de treinamento para combater "a maré de imagens implacáveis".[40]

Embora Crowley fosse explícito e muitas vezes se gabasse de seu uso de drogas, ele estava ansioso para afastar o leitor de qualquer suspeita de autoindulgência. Ele enfatizava a disciplina mental necessária para trabalhar com drogas e descrevia seus rigorosos protocolos de autoexperimentação. A "velha regra de Chancery Lane", como ele a chamava – referindo-se aos quartos onde morava quando ele e Bennett começaram seus experimentos –, era "começar com metade da dose mínima na Farmacopeia", esperar pelos efeitos e, se nada acontecesse, dobrar a dose. "Se você continuar por tempo suficiente", aconselhava ele, "é quase certo que algo acontecerá!"[41] A *Equinox* tinha como subtítulo "A Revista do Iluminismo Científico", e Crowley apresentava seu trabalho com seriedade – como um experimento científico rigoroso – e a si mesmo como um observador altamente treinado. Assim como o microscópio revolucionou a ciência, argumentava ele, "o misticismo revolucionou, repetidas vezes, as filosofias da humanidade". Em uma das trocas circulares socráticas de que gostava, ele discutia com um inquisidor científico imaginário:

> E suponha que ele retruque: – Você treinou deliberadamente a si mesmo para ter alucinações!
>
> Que resposta eu teria? Nenhuma que eu saiba. Exceto que a microscopia revolucionou a cirurgia, etc...
>
> O haxixe, pelo menos, dá prova de uma nova ordem de consciência e (parece-me) é esse caso *prima facie* que os místicos sempre precisaram demonstrar e nunca demonstraram.
>
> Mas hoje eu afirmo que os fenômenos do haxixe são fenômenos mentais da mais alta importância; e exijo uma investigação.
>
> [...] – Mas, se você perturbar a faculdade de observação com drogas e um treinamento mental especial, seus resultados serão inválidos.
>
> E eu respondo:
>
> – Mas, se você perturbar a faculdade de observação com lentes e um treinamento mental especial, seus resultados serão inválidos.

E assim por diante. Parece improvável que Crowley tenha convencido algum cientista com esses argumentos, ou mesmo que esperasse fazê-lo, embora seja possível que a prontidão com que autodidatas de má reputação pudessem reivindicar justificativas científicas para o uso de drogas tenha desempenhado um pequeno papel no declínio da autoexperimentação.

"A Psicologia do Haxixe" passou a discutir conceitos das tradições espirituais orientais, como *sankhara* e *viññanam*, à luz da intoxicação pelo haxixe, embora aqui, como em outros lugares, Crowley tenha ocultado os detalhes práticos de como incorporava drogas em suas práticas cerimoniais (esses detalhes são codificados e cifrados até mesmo em seus cadernos particulares). Ao longo dos anos, ele experimentou obstinadamente todos os compostos que alteravam a consciência que conseguiu

29. Aleister Crowley em 1934, um ícone do hiperindividualismo saturnino.

Fonte: Wikipedia org., Domínio público.

encontrar. Ele e Bennett fizeram o que ele descreveu em retrospecto como "tentativas infrutíferas de nos envenenarmos com todas as drogas da Farmacopeia (e fora dela)", e, em 1910, ele estava encomendando extratos de "anhalonium" – peiote – da Parke-Davis, em Detroit.[43] Crowley escreveu ensaios sobre absinto, cocaína e éter, todos elogiados em termos que combinavam euforia e elevação espiritual:

> Tenho inalado o vapor do éter por alguns momentos, e todas as coisas comuns são tocadas pela beleza. O mesmo acontece com o ópio e a cocaína: calma, paz, felicidade, sem nenhum objeto específico, resultam de alguns minutos dessas drogas. Que prova mais clara de que tudo depende do estado de espírito... O homem é um *pouco* inferior aos anjos: um passo, e toda a glória é nossa.[44]

Crowley acabou desenvolvendo sérias dependências da cocaína e, mais tarde, da heroína, esta última mantendo-o em seu domínio até sua morte, em 1947. Ele detestava sua escravidão a essas substâncias, o que zombava de sua vontade supostamente superior e o forçava a se juntar à classe baixa e criminosa dos "jovens em busca de emoções fortes" que ele tanto desprezava.[45] Sua associação com as drogas foi um elemento proeminente em seu status de pária público e um exemplo cautelar de seu inevitável fim na dependência, pobreza e ruína moral. Foi somente com a contracultura da década de 1960 que sua celebração das drogas – juntamente com seu talento insuperável para autorretratos exóticos – lhe trouxe reconhecimento póstumo como um ícone do hiperindividualismo saturnino.

Em 1911, a crescente campanha para regulamentar o comércio global de drogas culminou na Convenção Internacional do Ópio, realizada em Haia, na Holanda. Ela incluiu delegações dos Estados Unidos, Grã-Bretanha e suas colônias ultramarinas produtoras de ópio, França, Itália, Pérsia, Japão, China e Rússia, e foi concluída em janeiro de 1912 com um apelo a todas as nações signatárias para que controlassem o comércio interno de ópio, morfina, heroína, cocaína e quaisquer outras drogas perigosas que pudessem surgir em seu rastro.

Nos Estados Unidos, esse apelo foi apoiado pelo Departamento Federal de Química, chefiado por Harvey Wiley, e adotado para legalização pelo representante democrata Francis Burton Harrison, que havia servido como adjunto-geral do Exército dos EUA nas Filipinas, onde a venda e o consumo de ópio foram proibidos durante a ocupação americana. A extensão das proibições de estilo colonial ao solo americano foi contestada por muitos, incluindo a Associação Médica Americana, mas as empresas farmacêuticas que controlavam e promoviam o comércio de narcóticos foram facilmente equiparadas, pelos defensores da proibição, às cervejarias e destilarias, magnatas dos negócios que acumulavam lucros vultosos às custas da saúde pública. O argumento foi mais facilmente aceito no caso das drogas do que no do álcool. A maioria do público não via mal algum no consumo moderado de álcool, mas as "drogas" eram agora firmemente identificadas com tipos e comunidades problemáticas: minorias étnicas chinesas ou negras, boêmios, doentes mentais ou criminosos.

A Lei Harrison sobre Narcóticos foi aprovada em dezembro de 1914, após apenas alguns minutos de deliberação, e quase passou despercebida entre uma enxurrada de outras legislações. Na semana seguinte, uma resolução para a proibição federal do álcool atraiu muito mais atenção. Durante o debate, uma petição com 6 milhões de assinaturas, a maior já apresentada ao Congresso, foi desdobrada da galeria para o plenário –, mas acabou sendo rejeitada por uma pequena margem. A Lei Harrison concedeu autoridade federal às restrições estaduais sobre a venda de drogas que haviam proliferado desde a Lei de Alimentos e Medicamentos Puros, tornando crime federal comprá-las ou vendê-las sem se registrar como vendedor licenciado e pagar impostos comerciais. A lei também formalizou "narcóticos" como um termo médico-legal para designar drogas controladas, expandindo seu significado além da definição farmacêutica de sedativos ou indutores do sono, estabelecida há muito tempo pelo Comitê de Farmacopeia. De acordo com a lei, a cocaína, o estimulante mais poderoso da farmacopeia, passou a ser classificada como narcótico (o extrato desnaturado da folha de coca da Coca-Cola, "Mercadoria nº 5", foi especificamente isento, com a empresa argumentando que era "usado exclusivamente para dar sabor").[46] O Conselho de Saúde da cidade de Nova Iorque, onde as histórias sobre "antros de haxixe" eram assíduas nos jornais locais, acrescentou o haxixe à sua lista de narcóticos; o *New York Times* aprovou a medida, alegando que tinha "praticamente o mesmo efeito que a morfina e a cocaína".[47]

30. Um traficante conhecido como "Cocaine Emil" vendendo pacotes de 5 marcos nas ruas da Berlim dos anos 1920.

Fonte: Bundesarchiv, Bild 102-07741 / CC-BY-SA 3.0, CC BY-SA 3.0 DE <https://creativecommons.org/licenses/by-sa/3.0/de/deed.en>, via Wikimedia Commons.

Nessa época, os mercados informais ou ilícitos de drogas estavam se tornando mais visíveis nas ruas das cidades europeias, especialmente nos portos com grandes populações multiétnicas. Em Berlim e Hamburgo, as farmácias ofereciam injeções de morfina como tratamento para os nervos; em Paris, onde as drogas eram oficialmente controladas por regulamentos que limitavam sua venda a médicos, pacotes e frascos de cocaína ou morfina eram vendidos de mesa em mesa nos cafés de Montmartre. As farmácias agora estocavam novos produtos "éticos", como o Veronal, o primeiro de uma nova classe de drogas sedativas, os barbitúricos. Em Londres, o epicentro do comércio não oficial de drogas era o Soho e a região dos teatros do West End, onde a comunidade chinesa, o comércio sexual, os salões de dança e os clubes de jazz boêmios se sobrepunham, criando uma subcultura onde dançarinas de palco e "garotas de festa" conviviam com homens negros, e farmácias noturnas vendiam pacotes de pós brancos sem rótulo sob o balcão.

Com o início da Grande Guerra, os jornais transformaram essas "cenas de drogas" localizadas em pânico moral de alcance nacional. As histórias de drogas alimentavam a ansiedade sobre os soldados em serviço, expostos a vendedores inescrupulosos, e, igualmente, sobre as tentações para as mulheres desprotegidas que eles deixavam para trás. Em setembro de 1914, rumores tomaram conta da imprensa britânica de que os soldados estavam sendo corrompidos pelo vício em cocaína de seus aliados canadenses e americanos; outras denúncias detalhavam como o comércio ilegal estava gerando lucros para as empresas farmacêuticas alemãs. No front interno, as drogas eram vistas como uma ameaça às jovens que ingressavam no mercado de trabalho, especialmente aquelas que frequentavam os ambientes noturnos das grandes cidades.

Na França, o comércio de drogas foi proibido em julho de 1916 pela Lei 12 de julho, que impunha penas privativas de liberdade pela posse de ópio, cocaína e haxixe. No mesmo mês, o governo britânico aprovou medidas semelhantes contra opiáceos e cocaína na Lei de Defesa do Reino. Embora o objetivo principal da lei fosse controlar informações confidenciais, ela também proibia a venda de drogas perigosas e impunha horários de licenciamento para a venda de álcool. A lei pôs fim ao comércio respeitável de cocaína e morfina: a Harrods, loja de departamentos de luxo, foi obrigada a retirar de circulação seus kits de injeção de cocaína e morfina, anunciados como "Um presente útil para amigos no campo de batalha", e os comprimidos de cocaína mais vendidos da Burroughs Wellcome, "Forced March", desapareceram das prateleiras das farmácias.[48] Com o fechamento desses pontos de venda, o mercado ilícito tornou-se mais lucrativo e firmemente estabelecido, e as "drogas" assumiram a aura do submundo do crime, no qual agora circulavam.

Enquanto isso, no campo de batalha, a cocaína vendida pela neutra Holanda, fabricada pela Nederlandsche Cocaïnefabriek a partir de folhas cultivadas nas plantações de coca em Java, era fornecida às forças armadas dos Aliados e das Potências Centrais como um estimulante de desempenho, impulsionador de moral e remédio contra a fome e a fadiga, qualidades que despertaram o interesse de Sigmund Freud nas experiências militares de Theodore van Aschenbrandt. A substância era particularmente popular entre os novos e arrojados pilotos de caça e ases da aviação, que a utilizavam para se manter alertas durante longos voos e aguçar seus reflexos. Como dizia um relatório militar francês:

> A cocaína corria nas veias dos poucos aviadores de combate que recorriam àquela exaltação fria e perfeitamente lúcida – única entre as drogas – que ela podia provocar, mantendo intacto o controle sobre seus atos. Também os fortalecia, é possível dizer, ao suprimir o medo do risco.[49]

Era uma função para a qual o álcool era usado em conflitos desde tempos imemoriais, mas a cocaína – e mais tarde as anfetaminas – provaria ser ideal para os desafios da guerra moderna.

Por volta de 1910, James Lee retornou do Sudeste Asiático para a Grã-Bretanha, desta vez trazendo consigo sua esposa indiana, Mulki. Como de costume, ele se desintoxicou da cocaína e da morfina durante a viagem, utilizando seu método experiente de redução gradual. Ele estava a caminho de uma nova missão como engenheiro em uma mina de ouro na África Ocidental e decidiu tirar férias em Londres. Lá, descobriu que era fácil conseguir drogas e logo estava "bastante alterado por doses frequentes de cocaína, morfina e cannabis indica".[50] Normalmente, ele ficava em casa quando tomava grandes doses de drogas, mas, nessa ocasião, saiu para um passeio noturno:

> As pessoas ao meu redor pareciam anormais em todos os sentidos imagináveis. Algumas pareciam ter cerca de três metros de altura, enquanto outras pareciam microscópicas... O tempo todo havia formas espirituais flutuando ao meu redor, indo e vindo constantemente, sendo substituídas por outras novas... Eu passeava como se estivesse no país das fadas. Estava em um estado intenso de felicidade, sem nenhuma preocupação no mundo; parecia estar caminhando nas nuvens.[51]

Ele entrou na estação de metrô em King's Cross e esperou na fila da bilheteria, onde ficou surpreso ao ver um senhor hindu com turbante à sua frente. Quando o funcionário perguntou que bilhete ele queria, o homem permaneceu em silêncio.

> Pensando que talvez ele não falasse inglês, falei com ele em hindustani, perguntando para onde ele queria ir, mas novamente não obtive resposta.
>
> Em seguida, virei-me para o funcionário da bilheteria e disse:
>
> – Este senhor, creio que quer uma passagem para algum lugar.
>
> – Qual senhor? – perguntou o funcionário.
>
> – Este senhor – respondi, apontando para o hindu, que não tinha se mexido.
>
> Imediatamente, notei uma expressão estranha e assustada no rosto do funcionário e estendi a mão, mas senti apenas o ar.
>
> – Quero uma passagem para Piccadilly – disse rapidamente, colocando o dinheiro no balcão.[52]

Lee refletiu sobre sua alucinação enquanto caminhava de volta por Piccadilly sob "uma luz ofuscante proveniente dos letreiros luminosos e das fachadas das lojas brilhantemente iluminadas", com as calçadas "lotadas de pessoas bem-vestidas, determinadas a se divertir". Ele foi interrompido em seu devaneio por uma jovem que ele imediatamente reconheceu como usuária de cocaína, com pupilas dilatadas, expressão exausta e "uma pequena inclinação patética, como a de uma criança cansada".[53] Ele aceitou o convite para ir ao apartamento dela em uma das ruas secundárias atrás da Shaftesbury Avenue, onde perguntou há quanto tempo ela usava cocaína. Ela fingiu inocência, até que ele a tranquilizou dizendo que já usava há anos. A jovem expressou espanto com sua boa saúde, e ele explicou seu regime de uso. Ele pediu para ver a seringa dela e inspecionou as vedações de couro nas tampas rosqueadas:

> – Você já desmontou e limpou completamente com carbol ou sublimado? – perguntei.

> Ela não o fazia.
>
> Seu organismo estava sendo envenenado por matéria séptica, enquanto sua vitalidade era rapidamente minada pela falta de sono e alimentação adequada.[54]

Ele deixou a garota com um cronograma de instruções a seguir e nunca mais a viu. Foi um lembrete salutar de que nem todos embarcaram em suas carreiras com drogas tão bem preparados quanto ele havia sido por seu médico em Assam, e que uma nova geração de usuários de drogas estava crescendo fora do alcance da lei e da expertise médica.

Lee embarcou para Lagos, deixando Mulki na Inglaterra, que ela achou tão exótica quanto Lee achava o Oriente. Ela rapidamente se cansou dos pontos turísticos históricos, mas ficou entusiasmada com os parques de diversões, atrações e entretenimentos modernos. O destaque de sua visita anterior tinha sido conhecer a rainha Vitória, que a escolheu na multidão, falou com ela em hindi e lhe deu uma moeda de 5 xelins, dizendo-lhe para transformá-la em um broche. Após a missão de Lee na África, ele viajou para a China, retornando para se juntar a Mulki em Londres no outono de 1914. Em 25 de novembro, eles se hospedaram em um hotel em Cheapside, na cidade de Londres, e Lee comprou um pouco de cocaína em solução na Ray's, uma farmácia em Holborn. De volta ao hotel, eles injetaram a droga com um pouco de morfina, e Mulki perdeu a consciência repentinamente. Lee encontrou uma enfermeira, e eles aplicaram respiração artificial e deram conhaque a ela, levando-a ao hospital mais próximo, o St Bartholomew's. Para o horror de Lee, o médico de plantão, William Thompson, injetou outra dose de morfina e cocaína nela, que morreu imediatamente.

No relatório do legista, Thompson atribuiu sua morte a "insuficiência cardíaca – seu hábito de injetar essas drogas, cocaína e morfina, seria a causa".[55] Para Lee, com seus anos de experiência, estava claro que a injeção de Thompson tinha sido uma overdose fatal. Mas, para os usuários de drogas, especialmente de minorias étnicas, o roteiro já estava escrito. O jornal *The Times* noticiou a história no dia seguinte, juntamente com o veredito do médico legista de morte acidental. Lee, observou o jornal, "usava drogas desde 1895"; e Mulki, "como quase todos os indianos", também tinha "o hábito de usar drogas".[56] Apesar do veredito do médico legista, a reportagem do jornal especulou que poderia ter sido um ato de suicídio.

Lee optou por não retomar o episódio em suas memórias, escrevendo simplesmente, com uma imprecisão atípica: "Pobre garota, ela morreu repentinamente em Londres" por causa de uma overdose de "alguma droga, acho que morfina".[57] Mas isso marcou o fim de sua carreira com drogas:

> Quando a Lei das Drogas Perigosas entrou em vigor, eu parei de usar todas as drogas, porque o perigo e o risco de obtê-las eram grandes demais. As quantidades insignificantes, sobre as quais as autoridades fazem tanto alarde, não tinham utilidade para mim, e eu consegui abandoná-las sem qualquer dificuldade ou sofrimento, graças às minhas experiências e descobertas.[58]

Lee sempre foi fascinado pelos submundos clandestinos em que os usuários de drogas se reuniam, isolados do olhar da vida pública rotineira. Mas ele não tinha interesse no meio criminoso ao qual as drogas estavam agora relegadas no Ocidente moderno. Não foi apenas o status legal das drogas que mudou nas primeiras décadas do século XX, mas também o seu significado. Os não iniciados sempre as associaram ao excesso, à autoindulgência e à instabilidade mental, e ele sempre foi discreto em seu uso; mas, agora, as regras do jogo haviam mudado. Ele e Mulki haviam se tornado membros de uma classe de usuários de drogas cujos hábitos e estilos de vida os colocavam fora da proteção da lei. As aventuras da consciência que Lee havia perseguido ao longo de sua vida adulta eram agora práticas desviantes, de interesse apenas para psiquiatras e criminologistas.

Capítulo Oito

DUAS VEZES NASCIDO

EM 25 DE MARÇO DE 1961, APÓS UMA SÉRIE EXAUSTIVA de quarenta e três reuniões plenárias em sua sede em Nova York ao longo de dois meses, a Convenção Única sobre Entorpecentes da Organização das Nações Unidas (ONU) foi assinada e tornou-se lei internacional. Exatamente cinquenta anos haviam se passado desde a Convenção de Haia de 1911, a primeira tentativa de impor controles internacionais ao comércio, e foi saudada pelos exaustos delegados da ONU como a concretização de uma promessa de longa data. A Convenção de 1961 baseou-se em uma colcha de retalhos de acordos regulatórios internacionais – a Convenção Internacional do Ópio, assinada em Genebra em 1925 sob os auspícios da Liga das Nações, e a criação, em 1946, de uma Comissão de Entorpecentes da ONU, para controlar a produção, importação e exportação de drogas opiáceas – e foi apresentada como uma evolução natural desses tratados anteriores, uma operação de reorganização que fechou brechas e alinhou diferentes jurisdições.

Na realidade, ela ampliou consideravelmente o escopo e os poderes do direito internacional. A nova convenção listava mais de cem drogas diferentes, desde opioides sintéticos até cannabis, e incluía novos poderes punitivos que iam muito além dos requisitos anteriores de licenciamento e tributação. Todas as nações signatárias eram (e ainda são) obrigadas a reprimir o "cultivo, produção, fabricação, extração, preparação, posse, oferta, oferta para venda, distribuição, compra, venda, entrega em quaisquer termos, intermediação, despacho, despacho em trânsito, transporte, importação e exportação de drogas contrárias às disposições desta Convenção"; e todas as infrações às novas leis devem ser punidas com "pena adequada, particularmente com prisão ou outras penas privativas de liberdade".[1]

Muitas das disposições da convenção já haviam sido introduzidas nos EUA pelo Departamento Federal de Narcóticos, criado em 1930 após o colapso da proibição do álcool. Embora o álcool tivesse se revelado muito enraizado na sociedade em geral para ser eliminado, a proibição das drogas estabelecida pela Lei Harrison, de 1914, tornou-se cada vez mais firme. O Departamento Federal de Narcóticos era o feudo de seu comissário Harry Anslinger, que acumulou poder e influência com campanhas de propaganda chamativas contra a "ameaça das drogas", que as associavam a comunidades marginais, consideradas pelo público em geral como ameaças à ordem social. Anslinger ampliou sua competência promovendo uma legislação para maior controle das drogas, notadamente a Lei do Imposto sobre a Maconha, de 1937, que criminalizou o comércio de cannabis por vendedores não registrados. O registro era restrito a um punhado de órgãos médicos e, de fato, solicitar o registro equivalia a incriminar-se como fornecedor ilícito.

Sob a administração de Anslinger, o uso de drogas tornou-se um crime e um vício. Era policiado em conjunto com outros vícios criminosos, como o comércio sexual e jogos de azar ilícitos; estes eram crimes em que os perpetradores e as vítimas eram cúmplices voluntários, e as "brigadas antivício", encarregadas de policiá-los, eram frequentemente obrigadas a recorrer a armadilhas e subornos, tornando-se peões nas rivalidades entre gangues criminosas, tal como acontecera durante a proibição do álcool. Enquanto as drogas eram vistas, durante a Era Progressista, como uma ferramenta de lucro das grandes empresas, agora elas se tornavam produtos do crime organizado. As campanhas de Anslinger as identificavam com minorias étnicas: ele utilizava o termo estrangeiro "marijuana" em suas declarações públicas para obscurecer o fato de que a planta era há muito conhecida como cannabis, o termo médico, e cânhamo, a fibra cultivada. "A ameaça da marijuana é relativamente nova nos Estados Unidos", escreveu ele em 1937. "Ela veio do México e se espalhou pelo país com uma velocidade incrível."[2]

Anslinger recuou ainda mais na história para invocar as lendas dos Assassinos, "cuja história é marcada por crueldade e assassinatos". "Seus membros são usuários confirmados de haxixe", escreveu ele, sob a influência do qual eles "se envolvem em atos violentos e sangrentos". Um de seus artigos de campanha, "Marijuana: assassina da juventude", afirmava que "ninguém sabe, quando a fuma, se se tornará um filósofo, um folião alegre, um louco insensato ou um assassino".[3] Anslinger começou a pressionar por um tratado internacional em 1948, e seus relatórios dessa época foram incluídos nas evidências apresentadas à Convenção da ONU de 1961, juntamente com os de Charles Vaille, representante francês da Comissão sobre Entorpecentes, para quem a guerra de independência da Argélia conferiu ao mito dos Assassinos uma potência renovada. Na preparação da Lei de Drogas da França de 1970, os políticos gaullistas lembraram a associação entre haxixe e "assassino" e alertaram sobre "elementos estrangeiros" que contaminavam a juventude com "paraísos artificiais".[4]

Talvez a expressão linguística mais marcante da Convenção de 1961 seja a descrição da "dependência de drogas entorpecentes" como "um grave mal para o indivíduo", que está "repleto de perigos sociais e econômicos para a humanidade". A convenção afirma que seus signatários estão "conscientes de seu dever de prevenir e combater esse mal". O uso de drogas, nessa formulação, não é apenas crime, vício ou doença, mas um pecado. O termo "mal" é muito incomum em documentos da ONU, que têm o cuidado de evitar linguagem inflamada: ele não é usado para descrever escravidão, tortura ou guerra nuclear. Mesmo os genocídios da Segunda Guerra Mundial são descritos, na Declaração Universal dos Direitos Humanos, simplesmente como "atos bárbaros" e, na Convenção sobre Genocídio, como um "flagelo odioso".[5] Seu uso na Convenção Única sobre Drogas ecoa o de termos como "mal do ópio" nas campanhas antidrogas do século XIX e parece ter sido incorporado a partir das evidências apresentadas pela Igreja Católica Romana.[6] O uso da palavra "mal" enquadrou as drogas como uma ameaça existencial à ordem internacional e colocou as novas leis fora do alcance de evidências ou debates políticos.

A Convenção de 1961 continua sendo a base do atual regime internacional de controle de drogas, que, dez anos depois, o presidente Richard Nixon marcaria com o slogan duradouro "A Guerra às Drogas". No entanto, 1961 também marcou o momento em que o significado de drogas passou por uma mudança profunda e irreversível em relação às visões da Era Progressista que a convenção consagrou. Os "anos 60", como fenômeno cultural, ainda eram um embrião; os historiadores sociais geralmente datam seu início a partir da morte de John F. Kennedy, em 1963 – o ano em que, segundo Philip Larkin, as atividades sexuais começaram, "entre o fim da proibição de 'Chatterley' e o primeiro LP dos Beatles".[7] Esse foi um momento decisivo para as drogas, assim como foi para o sexo e o rock and roll. Os primeiros anos da década foram ambivalentes, nos quais a versão da modernidade que se consolidou por volta de 1900 se afirmava contra um novo conjunto de valores, no qual as drogas não eram mais um mal, mas o portal para novas experiências e horizontes expansivos das possibilidades humanas.

Em 1961, a Polícia Metropolitana de Londres percebeu, pela primeira vez, que a cannabis, até então um problema de "vício" confinado à população caribenha e indiana da cidade, estava se espalhando para a corrente social dominante:

> Os usuários brancos dessa droga têm principalmente entre 18 e 25 anos e são do tipo que frequenta os clubes de jazz e cafés do West End, onde essa atividade se concentra. Há sinais, no entanto, de que ela está se espalhando para brancos com tendências semelhantes em Brixton, Kensington, Chelsea, Paddington e na área de Notting Hill... a tendência mais perigosa é o interesse demonstrado por jovens brancos irresponsáveis de ambos os sexos por essa droga.[8]

O exemplo mais alarmante foi a prisão por posse de cannabis de Godfrey Peter Manley Glubb, filho de 20 anos do tenente-general John Bagot Glubb, conhecido como "Glubb Pasha", um bastião altamente condecorado do establishment militar que comandou a Legião Árabe na Transjordânia durante a Guerra Árabe-Israelense de 1948. Esse foi um exemplo marcante do que os sociólogos haviam recentemente apelidado de "o fosso entre gerações", mas também foi emblemático de um momento em que o equilíbrio da geopolítica estava mudando drasticamente. Em novembro de 1961, as Nações Unidas também criaram seu Comitê Especial de Descolonização, e a Grã-Bretanha estava em processo de entregar a Nigéria, Tanzânia, Uganda, Quênia, Malaui e Zâmbia às suas próprias populações. A geração do pós-guerra que deu origem à cultura das drogas na década de 1960 havia sido criada, em contraste com seus pais, como consumidores em uma economia em rápida globalização e estava descobrindo que o álcool não era a única substância intoxicante do mundo. As drogas que seus pais consideravam "hábitos degenerados" de "raças inferiores" não carregavam esse estigma para eles; pelo contrário, representavam a promessa de aventuras exóticas e autodescoberta.

Em 1961, no Marrocos, o autor americano Paul Bowles trabalhava nas histórias que reintroduziram os fumantes de *kif* do Magrebe à literatura ocidental. Bowles se estabeleceu em Tânger em 1947, e seu best-seller de 1949, *The sheltering sky* (O céu que nos protege), chamou a atenção tanto para ele quanto para os cenários no Saara, com sua combinação de miséria infestada de moscas e beleza natural intensa. Depois de o Marrocos conquistar a independência da França em 1956, ele se tornou um ímã para visitantes literários – Tennessee Williams, Gore Vidal, Truman Capote, Allen Ginsberg e William Burroughs –, e Bowles viajou extensivamente pelo interior do deserto. Recebeu financiamento da Biblioteca do Congresso dos Estados Unidos para gravar os músicos tradicionais do país, bem como seus poetas e contadores de histórias de rua, e mergulhou no submundo dos fumantes *de kif*, para desaprovação do Ministério do Interior de Marrocos.

A imagem do *kif* que emergiu das histórias de Bowles, publicadas pela decana das editoras *beatnik*,[I] a City Lights de São Francisco, em 1962, em *One Hundred Camels in the Courtyard* (Cem camelos no pátio, em tradução livre), tinha pouca semelhança com a terrível "maconha" de Harry Anslinger ou mesmo com as cenas inspiradas em *As Mil e Uma Noites*, retratadas pelos viajantes e romancistas ocidentais do século XIX. Bowles escrevia numa prosa evocativa, mas simples, em grande parte desprovida de introspecção; *o kif* era fumado em quase todas as páginas, mas seus efeitos mentais raramente eram descritos diretamente. Era uma presença, como ele explicava, que ligava cenas e memórias que não estavam obviamente conectadas, exceto por "motivações dirigidas pelo *kif*" que "as forçavam a uma relação simbiótica". Como Jacques-Joseph Moreau havia observado no Egito um século antes, seu uso generalizado promoveu uma cultura compartilhada, na qual coincidências, sonhos e eventos sobrenaturais se entrelaçavam à vida cotidiana. Os fumantes marroquinos de *kif*, escreveu Bowles, habitam dois mundos: um da realidade cotidiana e outro "no qual cada pessoa percebe a 'realidade' de acordo com as projeções de sua própria essência".[9]

O *kif* desempenhava um papel igualmente ambivalente na vida cotidiana marroquina. Era ilegal, mas a lei era aplicada apenas esporadicamente, e o produto era facilmente encontrado em vendedores de mercado. Era possível ser revistado na rua e preso por possuí-lo, mas podia ser fumado com segurança em certos cafés pertencentes a membros da família real. As histórias de Bowles mergulhavam o leitor nas minúcias da vida entre os pobres e marginalizados e seguiam o ritmo narrativo dos contos populares marroquinos, mas ele também utilizava o *kif* como ferramenta para a experiência literária modernista, para justapor cenas não relacionadas e fluxos paralelos de consciência. Muitas vezes, essas experiências revelavam verdades surpreendentes, assim como, segundo

---

[I] Termo popularizado pela imprensa norte-americana a partir de 1958, derivado de *beat generation*, para designar jovens artistas e intelectuais boêmios ligados ao movimento literário dos anos 1950 (como Jack Kerouac e Allen Ginsberg).

ele, os devaneios aparentemente sem sentido dos fumantes *de kif* marroquinos podiam ser vistos como "uma peregrinação realizada com o objetivo expresso de consultar um oráculo".[10]

Bowles traduziu os relatos de viagem de Isabelle Eberhardt, deixados inéditos após sua morte em 1904. Ele também trouxe à nova geração de leitores ocidentais a voz do fumante marroquino de *kif*, ausente da literatura sobre haxixe do século XIX. Entre os contadores de histórias locais que ele ouvia, gravava e traduzia estava Mohammed Mrabet, um morador de Tânger e visitante regular do apartamento de Bowles, onde cozinhava, fumava *kif* e contava histórias de outros forasteiros, errantes e fumadores de *kif* que surgiam tanto de eventos da vida real quanto de seus sonhos. Bowles gravou e publicou as histórias de Mrabet, cujas cadências e reviravoltas arabescas influenciaram sua própria escrita. A cultura emergente das drogas, como sua predecessora do século XIX, seria popularizada e narrada predominantemente por vozes brancas, ocidentais e masculinas, mas, desde o início, desenvolveu-se em uma modernidade pós-colonial e estava viva em um espectro mais amplo de experiências vividas.

Em Nova Iorque, em 1961, a uma curta viagem de táxi do local onde os delegados da ONU se reuniram para discutir os novos controles globais sobre as drogas, o café Dollar Sign, no Lower East Side, vendia peiote comprado por encomenda de um fornecedor atacadista em Laredo, Texas, em pó e vendido em cápsulas de gelatina por 50 cêntimos cada. No café San Remo, em Greenwich Village, reduto frequentado por Allen Ginsberg, Miles Davis e Jack Kerouac, o escritor Terry Southern lembrou que "as pessoas começaram a cortá-los e comê-los como figos".[11] Durante a Era Progressista, entusiastas boêmios da cultura indígena, como Mabel Dodge, lideraram campanhas contra o uso indígena do peiote, considerando-o um flagelo das tribos comparável ao uísque contrabandeado. Na versão futura da modernidade, atrairia uma nova geração para a cultura, espiritualidade e direitos políticos dos nativos americanos.

A redescoberta das drogas não ocidentais foi um dos muitos sintomas de uma mudança geracional que se afastou dos movimentos sociais da

Era Progressista e se aproximou de algo mais parecido com a era do indivíduo que a precedeu. Os movimentos comunitários e sociais dos anos 1900 haviam se transformado, para muitos, em uma cultura opressora de conformidade em massa. O roteirista e crítico Ben Hecht, em seu livro de memórias *Child of the Century* (Filho do século), publicado em 1954, caracterizou sua vida como uma era sistematicamente dedicada à "derrota da individualidade humana":

> Nossa civilização é como uma campanha publicitária implacável, determinada a superar toda expressão individual... O indivíduo saudável o suficiente para ter seus próprios pensamentos é entorpecido pelo pandemônio ao seu redor. Ele não deve parecer um indivíduo, mas o mais raivoso dos anarquistas, se quiser "pensar por si mesmo"... O indivíduo está sendo remodelado como uma parte sem rosto da Democracia, do Socialismo, do Comunismo e do Fascismo.[12]

Essas críticas já estavam bem estabelecidas nas ciências psicológicas, nas quais uma reação contra os princípios do behaviorismo estava em andamento. A contracultura da psicanálise, que colocava os impulsos humanos básicos e a experiência de vida individual no centro de suas investigações, foi reforçada por sociólogos e antropólogos que acreditavam que a Alemanha nazista havia demonstrado a necessidade de um Estado democrático incentivar os cidadãos a pensar por si mesmos. Em 1950, a extensa pesquisa *The Authoritarian Personality* (A Personalidade Autoritária), da Universidade da Califórnia, em Berkeley, financiada pelo Comitê Judaico-americano, introduziu uma escala influente para avaliar a suscetibilidade de um indivíduo ao fascismo, opondo a subserviência à autoridade, à criatividade, ao individualismo e à mente aberta, aspectos necessários para nutrir uma sociedade livre. No início da década de 1960, esses valores estavam sendo abraçados por uma geração de jovens do pós-guerra, que, vivendo à sombra da bomba nuclear, encontrou uma causa comum em sua desconfiança do Estado e da cultura suburbana conformista que ele valorizava. Como lembrou o historiador social Theodore Roszak em seu relato clássico sobre o processo, *The making of a counter culture* (A contracultura), de 1968, uma sucessão contínua de pontos de inflamação e "questões" marcou a nova sensibilidade em relação à antiga:

> No final dos anos 50, os membros mais ousados dessa geração em crise de identidade já haviam decidido que os poetas *beatniks* e os cantores folk de Greenwich Village eram modelos melhores do que os pais que venderam suas almas à General Motors ou as mães que se esforçavam o dia inteiro para assar um biscoito mais perfeito. Eles sonhavam em estar *na estrada* em vez de *no trabalho*. O cabelo se tornou uma questão: deixá-lo crescer significava dissidência. Palavrões se tornaram uma questão: os palavrões não censurados significavam irreverência. O sexo fora do casamento tornou-se uma questão: significava promiscuidade sem riscos e, possivelmente, mulheres fora de controle. Fumar maconha tornou-se uma questão: significava flertar com o status de fora da lei e a consciência marginal. Era fácil brotavam questões. Elas cresciam abundantemente nas fendas entre a moralidade moribunda da privação e uma nova e exuberante ordem econômica que tornava a gratificação quase obrigatória.[13]

O termo genérico "drogas", ainda carregado do estigma da era Anslinger e aplicado com igual força moral e legal à cannabis, ao peiote e à heroína, estava pronto para ser recuperado. Na análise de Roszak, os dois trunfos da contracultura emergente eram a poesia dos beats e o LSD. Um pioneiro notável foi o escritor William Burroughs, que, em meados da década de 1950, estava ocupado reunindo uma constelação de substâncias que alteravam a mente, provenientes de fontes que variavam de frascos de comprimidos descartados em armários de banheiro a cipós alucinógenos da selva amazônica colombiana. O primeiro romance de Burroughs, *Junky* (1953), lançava um olhar cínico sobre a cena beat emergente, enquanto ele caçava as substâncias desejadas entre os vigaristas e pequenos criminosos de Nova York, Nova Orleans e Cidade do

México. Suas descrições implacáveis de suas experiências com drogas, equilibradas entre a observação imparcial e o sonho acordado, remetiam às reportagens subjetivas do século XIX:

> A morfina atinge primeiro a parte de trás das pernas, depois a nuca – uma onda de relaxamento que se espalha e afrouxa os músculos dos ossos, de modo que você parece flutuar sem bordas ou limites, como se estivesse deitado em água salgada e morna. À medida que essa onda relaxante se espalhava pelos meus tecidos, senti uma forte sensação de medo. Tive a sensação de que alguma imagem horrível estava logo além do meu campo de visão, movendo-se quando eu virava a cabeça, de modo que nunca consegui vê-la completamente. Senti náuseas; deitei-me e fechei os olhos. Uma série de imagens passou, como se estivesse assistindo a um filme: um enorme bar de coquetéis iluminado por neon que ficava cada vez maior até incluir ruas, trânsito e reparos nas vias; uma garçonete carregando um crânio em uma bandeja; estrelas no céu límpido.[14]

Burroughs era tão atraído pelas memórias do submundo do crime e das drogas do passado quanto pelas próprias drogas: *You Can't Win* (Você não pode vencer, em tradução livre – 1926), as memórias do ladrão e andarilho Jack Black sobre arrombamento de cofres, vícios, prisão e vida na estrada, era um dos seus favoritos, assim como as memórias de James Lee, *The Underworld of the East* (O submundo do oriente, em tradução livre). Burroughs elogiou o livro de Lee em um prefácio não publicado como uma narrativa "conjurada do ar não poluído do século XIX", antes que as drogas se tornassem tabu, quando seus prazeres podiam ser celebrados abertamente. Ele ficou fascinado com os detalhes do sistema de redução e abstinência de drogas de Lee e seu "regime saudável de quatro injeções diárias de morfina e cocaína em quantidades iguais, quatro cachimbos de ópio antes de se deitar e haxixe ao longo do dia".

O "livro nostálgico" de Lee tornou-se uma carta e um modelo para a redescoberta de Burroughs de um regime de polidrogas a partir de fontes igualmente ecléticas: conhecimento médico, farmacologia de rua e viagens ao exterior.[15] No final de *Junky*, na Cidade do México, ele observou que "o peiote é uma nova moda nos Estados Unidos. Não está sujeito à Lei Harrison e pode ser comprado de traficantes de ervas pelo correio".[16] Ele comprou um pouco de um fornecedor local, examinou-o de perto, descascou quatro cabeças e ralou a polpa "até ficar parecendo salada de abacate". Engoliu com dificuldade, vomitou e esperou pelos efeitos. "A euforia do peiote é parecida com a da benzedrina", concluiu. "Você não consegue dormir e suas pupilas ficam dilatadas. Tudo parece uma planta de peiote."

A benzedrina foi uma das primeiras adições à farmácia de rua, encontrada ao pegar carona durante a noite com caminhoneiros de longa distância. Em 1954, fugindo de problemas legais e da acusação de homicídio culposo de sua esposa, Burroughs se inspirou nos escritos de Paul Bowles para visitar Tânger, onde incluiu o haxixe em seu repertório diário. Ficou fascinado pela lenda dos Assassinos, que transformou em um mito contracultural de iniciação a uma cultura underground de drogas, assim como Théophile Gautier havia feito em seus relatos sobre o Club des Hashischins. O Velho da Montanha, Hassan-i-Sabbah, tornou-se para Burroughs um motivo recorrente de resistência ao controle autoritário. Enquanto Jacques-Joseph Moreau dosava seus súditos com a falsa bênção assassina "Isso será deduzido da sua parte no Paraíso", Burroughs identificou o credo de Hassan-i-Sabbah com o lema "Nada é verdadeiro. Tudo é permitido."[17]

Em fevereiro de 1961, enquanto as deliberações da ONU sobre a Convenção Única sobre Drogas estavam em andamento, o programa de autoexperimentação mais importante da época foi lançado nos subúrbios de Boston. Ao lado da lareira de sua casa alugada em Newton, com vista para a Universidade de Harvard do outro lado do rio, o psicólogo pesquisador Timothy Leary e seu colega sênior Richard Alpert, professor assistente de psicologia clínica, contaram cinco comprimidos rosa de 2 mg de

Indocybin, o composto sintético psilocibina recentemente isolado de um cogumelo mexicano e lançado no mercado pela Sandoz Pharmaceuticals de Basileia, na Suíça.

No verão anterior, Leary havia feito sua primeira experiência com cogumelos psilocibinos em uma vila com vista para um campo de golfe em Cuernavaca, um balneário luxuoso a uma hora ao sul da Cidade do México. Suas férias luxuosas à beira da piscina se transformaram em uma experiência alucinante, durante a qual ele riu e chorou incontrolavelmente enquanto era levado através do tempo e do espaço em um passeio por palácios, templos, selvas e vórtices caleidoscópicos. Após cinco horas, retornou, exausto e eufórico, com uma convicção que definiu o rumo do resto de sua vida. Ao retornar a Harvard, ele abordou Alpert para se juntar a ele na formação do Projeto Psilocibina de Harvard, que tinha como objetivo ampliar sua autoexperimentação a um grupo de professores e alunos de pós-graduação. Juntos, propuseram reunir um dossiê de relatos subjetivos que, esperavam, abriria um novo e empolgante campo da psicologia.

Apesar do declínio da introspecção durante a Era Progressista e do apogeu do behaviorismo, a autoexperimentação não havia desaparecido totalmente. O método manteve alguns defensores ferrenhos nas ciências, embora eles se vissem indo contra a corrente. Um exemplo proeminente foi o biólogo J. B. S. Haldane, cujo pai, John Scott Haldane, foi um cientista heroico à moda do século XIX: em 1895, ele se deixou descer a um poço no qual cinco homens haviam morrido por inalar um gás venenoso não identificado – e conseguiu determinar a presença de sulfeto de hidrogênio. J. B. S., ao longo de uma carreira de destaque que abrangeu genética, matemática e fisiologia, fez da experimentação em si mesmo uma questão de princípio e admitiu alegremente ter, em muitas ocasiões, "perdido a consciência devido a golpes na cabeça, febre, anestésicos, falta de oxigênio e outras causas".[18] Ele considerava os animais "úteis para experiências preliminares", mas claramente uma segunda opção quando o objetivo da pesquisa era estudar as respostas humanas.

Para Haldane, a autoexperimentação não era apenas uma escolha ética óbvia – em suas próprias pesquisas, os cientistas deveriam estar dispostos a liderar pelo exemplo –, mas também proporcionava resultados superiores. Em 1927, em um famoso ensaio intitulado "On Being One's Own Rabbit" (Sobre ser o próprio coelho de laboratório, em tradução livre), ele descreveu uma série de experimentos nos quais "queria descobrir o que acontecia com um homem quando se tornava mais ácido ou mais alcalino".[19] Ele tentou saturar seu sangue com dióxido de carbono respirando excessivamente, com um colega à disposição para cutucá-lo quando ele desmaiasse; ingerindo 85 gramas de bicarbonato de sódio; bebendo meio litro de solução corrosiva de ácido clorídrico; e comendo cloreto de amônio. Ele se declarou "bastante satisfeito por ter reproduzido, em mim mesmo, o tipo de falta de ar que ocorre na fase terminal da doença renal e do diabetes".[20] "Pode-se pensar que experiências como as que descrevi são perigosas", concluiu ele, mas "esse não é o caso se forem feitas com inteligência... Experiências nas quais se arrisca a vida pela correção da própria bioquímica são muito mais seguras do que as de um projetista de aviões que está preparado para cair mil pés se sua aerodinâmica estiver incorreta. Elas também são talvez mais propensas a beneficiar a humanidade em geral."[21]

As práticas de Haldane eram racionais, corajosas e assustadoras em igual medida e, em parte, uma afirmação do heroísmo da geração de seu pai contra um método científico impassível do século XX. Ele se oferecia regularmente para testes em humanos realizados por outros cientistas, incluindo em 1949, no departamento de farmacologia da University College London, onde tentou completar tarefas cognitivas sob a influência de óxido nitroso em um projeto supervisionado pela jovem psicofarmacologista Hannah Steinberg. Steinberg teve uma carreira distinta estudando as ações das drogas que, seguindo o exemplo de Haldane, ela fez questão de testar em si mesma. A autoexperimentação, escreveu ela, alimentou suas percepções sobre o quanto os efeitos podiam variar, dependendo do sujeito e de seu estado emocional.[22] Seu método a tornou uma exceção entre os colegas, mas seu gênero atraiu menos atenção do que o de May Smith uma geração antes. Em 1970, ela se tornou a primeira professora de psicofarmacologia da University College London.

Foi na farmacologia, como no caso de Steinberg, que a autoexperimentação permaneceu mais profundamente enraizada, especialmente quando novas drogas psicoativas estavam sendo sintetizadas e testadas. A descoberta das anfetaminas, a família mais significativa de drogas psicoativas a surgir no início do século XX, ilustrou seus benefícios. Em junho de 1929, no departamento de fisiologia da UCLA, o químico norte-americano Gordon Alles desenvolveu um novo composto a partir da adrenalina, a beta-fenil-isopropilamina, que testou em cobaias. Ele descobriu com seus animais de laboratório que o composto aumentava a pressão arterial, mas a autoexperimentação lhe revelou muito mais do que eles jamais poderiam. Quando injetado com o composto por um colega, ele registrou "uma sensação de bem-estar" e ficou falante; convidou o colega para jantar em sua casa com sua esposa, ocasião em que sua conversa foi excepcionalmente animada. Depois disso, teve uma "noite inquieta, sem dormir", na qual sua "mente parecia saltar de um assunto para outro".[23]

Alles e seus colegas fizeram experiências em si mesmos com doses diárias do composto e o batizaram de anfetamina. A substância aumentava sua energia, excitação e "ânimo" e, em alguns casos, sua ansiedade. Alles criou outros compostos no laboratório e, em 16 de julho de 1930, ingeriu 126 mg de uma variante que havia criado adicionando átomos de hidrogênio à molécula. Isso produziu efeitos visuais mais marcantes: a sala parecia "estar cheia de fumaça ondulante". "Não consigo pensar em cadeias longas", ele rabiscou; "o pensamento salta rapidamente, mas parece bastante claro". Essas alterações foram acompanhadas por uma "sensação generalizada de bem-estar", juntamente com pupilas dilatadas e ranger de dentes.[24] O composto ficaria conhecido como metilenodioxianfetamina ou MDA, um parente próximo do MDMA (ecstasy).

Alles obteve uma patente para a anfetamina e a levou à empresa farmacêutica Smith, Kline and French (SKF), que, em 1934, lançou a Benzedrina, uma preparação volátil de anfetamina em um tubo de metal para pulverização nos seios nasais como descongestionante. Foi um sucesso comercial instantâneo. A SKF estava igualmente interessada em seu potencial como estimulante de desempenho mental e embarcou em uma série de testes com participantes, que incluíam desde colegas químicos até crianças com dificuldades de aprendizagem. Anúncios em revistas médicas ofereciam amostras grátis de comprimidos de sulfato de Benzedrina a médicos, que relataram que ela poderia ser prescrita com sucesso para fadiga, depressão e narcolepsia.[25]

No entanto, era crucial diferenciar esse tipo de experimento profissional livre de restrições do uso indiscriminado pelo público em geral. Entre os primeiros a receber a Benzedrina estava William Sargant, do Maudsley Hospital, em Londres, um dos primeiros e ferrenhos defensores de tratamentos psiquiátricos como o coma insulínico e a terapia por eletrochoque. Sargant percebeu o potencial inicial da anfetamina no tratamento de pacientes depressivos e passou a fazer experiências em si mesmo:

> Embora raramente tenha tomado medicamentos para fins experimentais, com receio de que pudessem influenciar meu julgamento, experimentei um desses comprimidos em uma tarde de sábado e, em seguida, caminhei energicamente pelo Jardim Zoológico, com uma sensação deliciosa de confiança e sem o menor cansaço. Ao voltar para o hospital, trabalhei duro durante toda a noite, ainda feliz e vigoroso. De repente, ocorreu-me que, a menos que essa sensação de estar no topo do mundo fosse causada por outro fator, a benzedrina claramente me ajudaria a passar nos exames.[26]

Como era de se esperar, Sargant foi aprovado com louvor no Diploma de Medicina Psicológica sob o efeito de anfetaminas, e um pequeno teste informal com seus colegas de Maudsley comprovou que o medicamento "melhorou visivelmente a porcentagem de respostas corretas". Sargant teorizou que isso estava relacionado às suas virtudes como antidepressivo: ele não necessariamente aumentava a inteligência, apenas a confiança. Alguns anos depois, porém, ficou chocado ao descobrir que a Benzedrina estava sendo comprada em farmácias "na forma de comprimidos como 'Drinamyl' ou 'Purple Hearts', que psicopatas, viciados em drogas e simples delinquentes usavam como fonte de 'curtição' barata". Embora "eu mesmo tivesse testado seus efeitos anteriormente e descoberto que ela era compatível com minha constituição particular", ele pressionou vigorosamente para que seu uso fosse limitado à prescrição médica.[27] As linhas entre pesquisa e recreação, ciência e defesa, uso profissional e pessoal foram traçadas com mais clareza no século XX do que na época de Sigmund Freud, como Leary e Alpert descobririam rapidamente.

Em 31 de janeiro de 1960, o autor, poeta e classicista Robert Graves se juntou a Gordon Wasson e sua esposa, Valentina, em seu apartamento em Manhattan, com vista para o East River, para um experimento com "cogumelos mágicos". Wasson, um experiente profissional de relações públicas do banco de investimentos J. P. Morgan, causou sensação em 1957 quando seu artigo "Seeking the Magic Mushroom" (Em busca do cogumelo mágico, em tradução livre) foi publicado em oito páginas ricamente ilustradas na edição de maio de 1957 da revista *Life*, nas quais descrevia sua participação em rituais sagrados com cogumelos nas remotas montanhas de Oaxaca, no México. Foi Graves quem originalmente alertou Wasson sobre a história, com base em um artigo do etnobotânico de Harvard Richard Evans Schultes, escrito em 1939, que identificou a planta sagrada descrita nos códices astecas como *teonanácatl*, "carne dos deuses", como um fungo alucinógeno.[28] O trabalho de Schultes despertou pouco interesse fora de sua disciplina especializada na época, mas, em meados da década de 1950, era de enorme importância para entusiastas como Wasson, que havia desenvolvido um fascínio amador, mas tenaz e bem financiado, pelo papel sagrado e alucinógeno dos cogumelos na pré-história.

Wasson ofereceu a Graves os cogumelos "em forma cristalina", a indocibina que o químico da Sandoz Pharmaceuticals e descobridor do LSD, Albert Hofmann, havia isolado em 1958 das amostras de cogumelos mexicanos de Wasson, e com a qual Leary e Alpert fariam sua primeira experiência formal no ano seguinte. Graves não sabia o que esperar e temia ser visitado por "demônios hediondos e horrores sem nome", mas, à medida que os comprimidos cor-de-rosa faziam efeito, ele alcançou uma transcendência sem esforço:

> Minha experiência mais próxima disso foi na primeira infância, quando, após esperar interminavelmente no corredor frio e escuro, minhas irmãs e eu vimos a porta da sala de estar se abrir repentinamente, e lá brilhava a árvore de Natal: todas as velas acesas, seus galhos reluzindo com enfeites multicoloridos.[29]

Wasson tocou sua gravação de Maria Sabina, a *curandeira* mazateca que o havia guiado em seu primeiro encontro com cogumelos, invocando Cristo na forma de Tlaloc, a divindade pré-hispânica da chuva e da fertilidade. Para Graves, "poderia ter sido a deusa Afrodite dirigindo-se ao seu filho Eros". Ele ficou encantado, e "as notas da música se tornaram elos intrincados de uma corrente dourada que se enrolava e se entrelaçava como uma serpente entre arbustos verde-jade". Após várias horas, o transe e as visões desapareceram e, enquanto o grupo comia sanduíches frios de peru na cozinha, Graves percebeu que "um curioso laço de afeto havia se estabelecido entre nós: tão forte que senti que nada poderia quebrá-lo". Ele partiu na manhã seguinte, "profundamente revigorado e (nas palavras de Wordsworth) deixando um rastro de glória".[30]

Refletindo sobre a experiência, Graves concluiu que tinha sido mais do que uma transformação pessoal; tinha mudado completamente o significado de "drogas":

> A palavra "droga", originalmente aplicada a todos os ingredientes utilizados na química, farmácia, tingimento, etc., adquiriu uma conotação particular em inglês, que não se pode aplicar à *psilocibina*: "drogar" é entorpecer, e não aguçar os sentidos... Esta virtude particular da *psilocibina*, o poder de melhorar a realidade pessoal, transforma "Conhece-te a ti mesmo" num preceito prático.[31]

Nos anos cruciais do início da década de 1960, muitas coisas mudaram de uma só vez. No momento em que a noção de "drogas" da Era Progressista foi consagrada no direito internacional, uma nova classe de drogas surgiu sob o nome de "psicodélicos", um termo criado para escapar e substituir os aspectos negativos de "drogas" por associações positivas que a alinhavam com a última fase da modernidade. Graves estava entre a primeira onda de cientistas, escritores e intelectuais proeminentes que se repugnavam com a ideia de "drogas" tal como a concebiam anteriormente, mas se tornaram defensores declarados e apaixonados do que ficou conhecido como "a experiência psicodélica". Isso, por sua vez, foi parte de uma mudança mais ampla, na qual a psicologia comportamental e normativa que sustentava a rejeição das drogas pela Era Progressista foi desafiada pela redescoberta da experiência mística e, em particular, pelos escritos de William James e pela visão abrangente da vida mental que ele defendia. Todas essas mudanças combinaram-se para criar novas possibilidades de estados de consciência induzidos por drogas, e, até mesmo, por meio de sua reformulação por figuras influentes como Wasson e Graves, para transformar a própria experiência.

O fato curioso de que os efeitos das drogas podiam ser transformados por seu contexto social havia sido recentemente examinado pelo sociólogo Howard Becker em seu artigo de 1953, "Becoming a Marijuana User" (Tornando-se um usuário de maconha, em tradução livre). Becker estudou músicos de jazz em Nova York, entre os quais era comum fumar cannabis; isso, concluiu ele, não ocorria porque seus membros eram desviantes ou criminosos, mas porque eles apreciavam seus efeitos de maneiras que não estavam disponíveis para a maioria não iniciada. "O uso da maconha", escreveu ele, "é uma função da concepção que o indivíduo tem da maconha e dos usos que ela pode ter". A maioria dos americanos não conhecia usuários de cannabis, e a experiência de ficar "chapado" seria estranha, alienante e perturbadora para eles; mas, dentro de uma subcultura que compartilhava e celebrava "referências concretas do termo 'chapado'", um novato poderia rapidamente ser iniciado no reconhecimento de seus prazeres. "Os novos conceitos", argumentou Becker, "tornam possível para ele localizar esses sintomas entre suas próprias sensações" e associá-los a efeitos agradáveis. A tontura e a confusão, em vez de serem percebidas como sintomas de doença, tornariam-se motivos para risadas e devaneios verbais, e a ansiedade ou a paranoia poderiam ser compartilhadas em um espírito de camaradagem e diversão.[32]

As percepções de Becker eram igualmente aplicáveis ao processo pelo qual as drogas que alteram a mente encontraram seu nicho no século XIX, e eram oportunas em um momento em que a virada biomédica da psiquiatria promovia a suposição de que seus efeitos eram construídos inteiramente no cérebro. Sua teoria era extremamente aplicável aos psicodélicos, como demonstraram as ideias introduzidas por Graves e Wasson. Nos anos após a psilocibina ter sido isolada do cogumelo mexicano e identificada como psicodélica, tornou-se gradualmente evidente que os fungos contendo psilocibina eram nativos da Europa e dos Estados Unidos. Não havia nenhuma tradição cultural ou religiosa documentada para o seu uso, mas, sim, muitos exemplos de ingestão acidental, registrados ao longo dos anos por médicos, micologistas e toxicologistas. Nenhum deles havia sido concebido como uma experiência mística ou espiritual. Ao perceberem o início precoce dos efeitos da psilocibina – tontura, distúrbios gástricos, pensamentos estranhos e intrusivos –, os indivíduos normalmente chegavam à conclusão de que haviam ingerido fungos venenosos inadvertidamente e estavam passando por uma crise tóxica, talvez fatal.[33] Os efeitos alucinatórios e as distorções visuais eram experimentados como delírio ou febre e, muitas vezes, tornavam-se mais perturbadores em razão da aplicação de medicamentos de emergência, como eméticos ou lavagens estomacais, pelos médicos assistentes.

Tudo isso mudou com o anúncio de Wasson de que havia descoberto uma cerimônia indígena com cogumelos que muitos especialistas ocidentais acreditavam estar extinta há muito tempo. A intoxicação por cogumelos foi reconcebida como uma experiência sagrada com uma história profunda que antecedia em muito o cristianismo, e o isolamento de um novo composto psicodélico a partir das amostras de Wasson por Albert Hofmann acrescentou o selo da ciência ao fascínio do ritual ancestral. Não era assim que Maria Sabina concebia os cogumelos: ela própria era uma católica devota e considerava sua cerimônia não como um ato de adoração, mas simplesmente como uma intervenção curativa, "feita com o único propósito de curar as doenças que afligem nosso povo".[34] Wasson, no entanto, afirmou que se tratava da sobrevivência vestigial de um culto pré-histórico aos cogumelos, que ele há muito suspeitava ser a origem das grandes religiões do mundo. Os "cogumelos mágicos", como os editores da *Life* os batizaram, passaram a ser imbuídos de qualidades que o termo "drogas" não conseguia abranger.

Wasson era um amador de mente curiosa, mas Robert Graves era uma autoridade eminente em religiões antigas e elaborou suas teorias sobre cogumelos sagrados para um amplo público leitor. A primeira edição de sua popular exploração do mito e da poesia clássicos, *The White Goddess* (A deusa branca), publicada em 1948, não fazia menção aos cogumelos, mas na terceira edição, de 1960, eles estavam por toda parte:

> Um culto secreto a cogumelos dionisíacos foi emprestado dos nativos pelasgos pelos aqueus de Argos. Os centauros, sátiros e ménades de Dionísio [*sic*], ao que parece, comiam ritualmente um cogumelo manchado chamado "fly-cap" (*Amanita muscaria*), que lhes dava enorme força muscular, poder erótico, visões delirantes e o dom da profecia. Os participantes dos mistérios eleusinianos, órficos e outros também podem ter conhecido o *Panaeolus papilionaceus*, um pequeno cogumelo de esterco ainda usado pelas bruxas portuguesas e com efeito semelhante ao da mescalina.[35]

Graves identificou motivos de cogumelos na arte grega e etrusca e determinou que Dionísio "pode ter sido outrora o deus dos cogumelos".[36] O festival ateniense de Scirophoria, no qual uma *skira* (ou guarda-sol) era carregada durante a procissão, era, segundo ele, um emblema do cogumelo sagrado. O colorido e familiar cogumelo *fly agaric*, teorizou ele, teria sido o ingrediente ativo e a "fonte da iluminação profética em Eleusis", o antigo rito misterioso grego.[37] Baseando-se em registros nahuas (astecas) e relatos siberianos sobre o uso de cogumelos *amanita muscaria* no xamanismo, Graves argumentou que o conhecimento sobre fungos alucinógenos constituía um antigo corpo de sabedoria ocultado pelas elites sacerdotais e posteriormente suprimido pelo cristianismo. Suas teorias, muitas vezes baseadas em associações poéticas, acrósticos e semelhanças etimológicas, foram amplamente rejeitadas por seus colegas classicistas, mas moldaram as jornadas psicodélicas da nova geração, conectando a experiência não apenas à química e à neurociência de ponta, mas também às religiões misteriosas da antiguidade profunda.

A história da origem dos psicodélicos há muito se tornou lenda. Em 19 de abril de 1943, Albert Hofmann, que trabalhava nos laboratórios Sandoz em Basileia, tomou o que imaginava ser uma dose minúscula de LSD-25, um composto que ele havia sintetizado a partir do fungo ergot cinco anos antes, mas que não havia experimentado na época. O que aconteceu a seguir, enquanto Hofmann pedalava em direção à sua casa nos arredores da cidade, foi repetidamente reproduzido e reimaginado em relatos psicodélicos, histórias em quadrinhos e animações, sem mencionar a impressão em quadrados de papel absorvente do próprio LSD: a estrada montanhosa sob os pneus da bicicleta de Hofmann se transformando em um rio caudaloso de cores do arco-íris, com as casas e o campo ao redor explodindo em fogos de artifício multicoloridos, cachoeiras e espirais caleidoscópicas. Tudo isso se baseia no relato que Hofmann escreveu em suas memórias publicadas em 1979, décadas após o evento, quando os tropos da psicodelia já estavam bem estabelecidos. Contudo, em suas anotações originais de 1943, enviadas três dias depois ao seu diretor de pesquisa na Sandoz, Arthur Stoll, os efeitos são descritos de maneira bem diferente. Não há menção a caleidoscópios e fontes, apenas uma enxurrada de sintomas psicóticos angustiantes:

> tontura, distúrbios visuais, os rostos das pessoas presentes pareciam vividamente coloridos e fazendo caretas, distúrbios motores poderosos,

alternando com paralisia; minha cabeça, corpo e membros pareciam pesados, como se estivessem cheios de metal; cãibras nas panturrilhas, mãos frias e sem sensação; gosto metálico na língua, garganta seca e contraída; sensação de sufocamento; confusão alternando com percepção da minha situação, na qual me sentia fora de mim mesmo como um observador neutro, enquanto chorava meio loucamente ou murmurava indistintamente.[38]

Hofmann concluiu seu relatório a Stoll descrevendo a experiência como comparável a uma overdose maciça de anfetaminas e especulando que o LSD era uma droga sem precedentes nessa classe. Em 1962, vinte anos depois, a história que ele contou à jornalista médica Margaret Krieg havia se tornado uma anedota clássica que foi "recontada muitas vezes"; mas ainda era reconhecidamente a versão de 1943:

> Fui dominado pelo medo de estar enlouquecendo, e o pior era que eu estava claramente consciente da minha condição; minha capacidade de observação não estava prejudicada. O espaço e o tempo tornaram-se mais desorganizados, mas eu não era capaz de qualquer ato de ímpeto. Não podia fazer nada para impedir o colapso do mundo ao meu redor. Em casa, chamaram um médico. Tive a sensação de estar fora do meu corpo. Pensei que tinha morrido... Até vi meu cadáver deitado no sofá.[39]

No entanto, na época em que Hofmann escreveu suas memórias, *LSD, My Problem Child* (LSD, meu filho problemático, em tradução livre – 1979), a era psicodélica estava em plena atividade, e o episódio de pesadelo da psicose assumira a forma pela qual será lembrado para sempre:

> Imagens caleidoscópicas e fantásticas irrompiam em mim, alternando-se, variando, abrindo-se e fechando-se em círculos e espirais, explodindo em fontes coloridas, reorganizando-se e hibridizando-se em constante fluxo... Cada som gerava uma imagem vividamente mutável, com sua forma e cor particulares.[40]

O outro texto canônico do movimento psicodélico, do qual o termo nasceu, foi um caso bem diferente. O ensaio best-seller de Aldous Huxley, *The Doors of Perception* (As portas da percepção – 1954), narrava sua primeira experiência com mescalina, mas incorporava ideias que Huxley já havia concebido muito antes da brilhante manhã de maio de 1953, quando ingeriu seus famosos 400 mg de cristais de mescalina dissolvidos em água. Grande parte do material que ele apresentou como epifania psicodélica já havia aparecido em sua antologia *The Perennial Philosophy* (A filosofia perene, 1946), que reunia textos espirituais do misticismo cristão e islâmico e tradições orientais, do Tao ao Vedanta, com o objetivo de destilar seu "Máximo Fator Comum" em uma verdade universal. Sua visão mais lembrada sobre a experiência psicodélica – o "modelo bergsoniano" de consciência, que concebia o cérebro como uma válvula redutora que limita nossa experiência cotidiana da realidade – já havia sido apresentada em sua carta introdutória a Humphry Osmond, sugerindo o experimento com mescalina.[41]

O que mudou para Huxley não foi seu interesse pela experiência mística, que já era antigo, mas sua crença de que as drogas poderiam ser um caminho para alcançá-la. Sua conversão foi repentina. Durante boa parte dos anos 1950, ele manteve a visão das drogas dramatizada em *Admirável Mundo Novo*, considerando-as ferramentas desumanizantes do capitalismo e de sua cultura de massa homogênea. Em seus romances e ensaios do início da década, ele escreveu extensivamente sobre as drogas como agentes de lavagem cerebral e condicionamento pavloviano, prevendo que "os propagandistas do futuro provavelmente serão químicos e fisiologistas".[42] No epílogo de *The Devils of Loudun* (Os demônios de Loudun, em tradução livre – 1952), livro que precedeu *As portas da percepção,* ele lamentou que "milhões e milhões de homens e mulheres civilizados continuam a prestar devoção não ao Espírito libertador e transfigurador, mas ao álcool, ao haxixe, ao ópio e seus derivados, aos barbitúricos e outras adições sintéticas ao catálogo milenar".[43] A autotranscendência com drogas era, argumentou ele na época, uma ilusão:

> O que parece uma libertação é, na verdade, uma escravidão... Para o usuário de drogas, o momento de consciência espiritual (se é que ele ocorre) dá lugar muito rapidamente a um estupor sub-humano, frenesi ou alucinação, seguido por ressacas sombrias e, a longo prazo, por um comprometimento permanente e fatal da saúde física e da capacidade mental... Trata-se de uma estrada descendente, e a maioria dos que a percorrem chegará a um estado de degradação.[44]

A experiência de Huxley com a mescalina era incompatível com a noção pejorativa de "drogas", assim como Graves rejeitaria o termo como descrição da psilocibina. Não era uma droga, concluiu ele, mas, sim, "o que os teólogos católicos chamam de 'graça gratuita'", não necessária para a salvação, mas, se disponibilizada, deve ser aceita com gratidão.[45] Em correspondência com Osmond após o evento, os dois decidiram que era necessária uma nova palavra para resgatar a mescalina e o LSD tanto da categoria manchada de "drogas" quanto dos termos clínicos recentemente adotados pelos psiquiatras, "alucinógeno" e "psicotomimético", que associavam seus efeitos aos sintomas da esquizofrenia. Osmond propôs *psychedelic*, significando "manifestador da mente" – uma formulação que privilegiava associações positivas, como o insight místico, o bem-estar mental e o crescimento espiritual. Huxley concordou, embora acreditasse que a grafia correta deveria ser *psychodelic*, com a qual insistiu, mas em vão.[46]

Nessa época, o LSD e a mescalina já eram amplamente utilizados na psiquiatria e, como seus efeitos singulares sobre a consciência só podiam ser capturados por observadores humanos treinados, levaram a um renascimento da autoexperimentação. A mescalina e o LSD foram rapidamente acompanhados por novos compostos psicodélicos, cada um descrito em relatos emocionantes em primeira pessoa por seus descobridores. Seu estilo remetia aos autoexperimentadores científicos do século XIX, e a semelhança não era mera coincidência. Aldous Huxley se baseou nessa literatura, particularmente nas descrições do peiote feitas por Havelock Ellis, que ele citou na primeira página de *As portas da percepção*. Ele questionou sua experiência por meio de comparações histórico-artísticas, assim como Ellis havia feito, e, ocasionalmente, chegou às mesmas conclusões. A poesia de William Wordsworth, por exemplo, que Ellis previu que seria "o poeta favorito dos bebedores de mescal",[47] era, para Huxley, "uma nova visão direta da própria Natureza das Coisas".[48]

Dez anos antes, a obra *A filosofia perene*, de Huxley, havia sido avaliada por críticos literários como um exemplo, nas palavras de Humphry Osmond, das "infelizes tendências místicas de seus últimos anos".[49] Em meados da década de 1950, e com o brilho da ciência moderna que a mescalina lhes conferia, essas ideias estavam em sintonia com o novo *zeitgeist*. A reação contra o paradigma behaviorista era agora amplamente difundida. O renegado freudiano Wilhelm Reich localizou a neurose nas restrições de uma sociedade de massa rígida e propôs a revolução sexual como remédio. A crítica de Herbert Marcuse ao "homem unidimensional" criado pela "sociedade afluente" do consumismo alimentou um desejo por experiências pessoais autênticas que transcendessem a cultura de massa. A teoria da individuação de Carl Jung propunha um crescimento pessoal ao longo da vida, estimulado por sonhos e práticas espirituais, por meio dos quais o sujeito poderia traçar seu caminho único para a plenitude e a realização.

A redescoberta da introspecção e das experiências místicas reavivou o interesse pelo trabalho de William James, particularmente *The Varieties of Religious Experience* (As variedades da experiência religiosa). Isso foi fundamental para a nova "psicologia humanística" do professor norte-americano Abraham Maslow, que introduziu muitos dos conceitos que moldariam a nova compreensão dos psicodélicos: a hierarquia das necessidades, a autorrealização e a "experiência de pico". Maslow considerava a psicologia de meados do século mecanicista e reducionista e desconfiava de sua pretensão de ser objetiva e isenta de valores, funcionando como ferramenta de uma sociedade regimentada e autoritária. Ao lado de William James, ele se inspirou em uma gama eclética de professores, incluindo o freudiano Alfred Adler, a antropóloga Ruth Benedict e o fundador da psicologia da Gestalt, Max Wertheimer. A partir de "A Theory of Human Motivation" (Uma teoria da motivação humana, em tradução livre – 1943), seu trabalho foi além do foco tradicional da psiquiatria na mente doente para estabelecer as bases para a saúde mental, a felicidade e a realização pessoal.

Na definição de Maslow, o ser humano era "um animal permanentemente insatisfeito", que estava, "na maioria das vezes, parcialmente satisfeito e parcialmente insatisfeito", com "percentuais crescentes de insatisfação à medida que subimos na hierarquia" desde necessidades básicas, como comida e abrigo, até a realização criativa e espiritual.[50] Para uma geração do pós-guerra, cujas necessidades materiais foram substancialmente atendidas, as necessidades mais urgentes eram satisfações sociais, como autoestima e respeito dos outros, e, no topo da hierarquia, a "autorrealização", na qual o indivíduo alcança seu potencial em todos os níveis. O ápice da autorrealização era a "experiência de pico", um momento extático em que o indivíduo alcança total autoconsciência e harmonia com o ambiente ao seu redor. Esse era um estado que transcendia as estruturas sociais: era democrático e ecumênico, sem exigir nenhuma crença religiosa.

O principal livro de Maslow da década de 1960, *Religions, Values and Peak Experiences* (Religiões, valores e experiências máximas), de 1964, incorporou a experiência psicodélica às suas teorias existentes, assim como a nova edição de *A deus branca,* de Robert Graves, havia feito. Com base nas ideias de Aldous Huxley e Alan Watts, ele afirmou a "autotranscendência" psicodélica de Huxley como um paradigma para a "experiência de pico", que, por sua vez, se tornou um paradigma através do qual os entusiastas psicodélicos articulavam suas experiências. Os psicodélicos geravam experiências de pico; as experiências de pico ajudavam as pessoas a se autorrealizarem, e a autorrealização tornava as experiências de pico mais alcançáveis. Maslow nunca tomou psicodélicos por conta de um problema cardíaco, mas também porque sentia que não havia necessidade: ele havia lido William James e "passado por isso".[51]

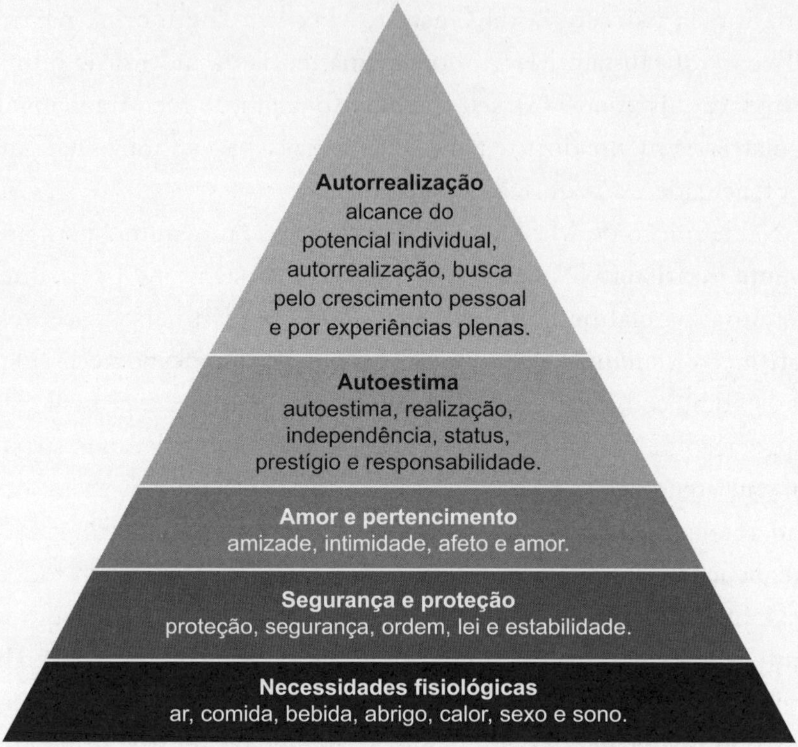

Hierarquia das Necessidades de Abraham Maslow.

Quando *As portas da percepção* se tornou um best-seller, a Sandoz Pharmaceuticals já havia disponibilizado o LSD para psiquiatras. Seus testes internos com a droga deixaram a empresa insegura quanto aos diagnósticos para os quais ela deveria ser indicada e em quais doses; sua solução foi oferecê-la gratuitamente a psiquiatras, em caráter experimental, em troca de suas recomendações clínicas. Entre aqueles que aceitaram a oferta da Sandoz estava o psicoterapeuta Oscar Janiger, de Los Angeles, cujos clientes famosos divulgaram o LSD para um público em massa. Em 1959, antes de Timothy Leary ter feito sua primeira viagem com cogumelos, Cary Grant estava no set de seu filme em produção, *Operation Petticoat* (Operação Petticoat), e anunciou à imprensa – para o horror dos publicitários do estúdio – que a terapia com LSD com o Dr. Janiger havia mudado sua vida:

> Foi uma libertação absoluta... Nós viemos a este mundo sem nada gravado em nossa fita. Afinal, somos computadores. O conteúdo dessa fita é fornecido por nossas mães, principalmente porque nossos pais estão caçando, atirando ou trabalhando. Agora, a mãe só pode ensinar o que sabe, e muitos desses padrões de comportamento não são bons, mas ainda assim são transmitidos à criança. Cheguei à conclusão de que precisava nascer de novo para limpar completamente fita.[52]

Em *As Variedades da Experiência Religiosa*, William James propôs uma distinção entre dois tipos de caráter que levavam a "duas concepções diferentes do universo de nossa experiência". Um tipo ele chamou de "nascidos uma vez": aqueles que aceitam suas vidas como elas são e tentam tirar o melhor proveito delas. Para a outra classe, os "nascidos duas vezes", a tarefa era diferente: "A paz não pode ser alcançada pela simples adição de pontos positivos e eliminação de pontos negativos da vida". Os nascidos duas vezes precisavam começar de novo; eram aqueles que, no esquema de James, experimentavam uma conversão religiosa repentina ou insights existenciais transformadores, semelhantes aos de Cary Grant. Embora James se referisse aos nascidos uma vez como "de mente saudável" e aos nascidos duas vezes como "almas doentes", o objetivo de sua distinção era enfraquecer o julgamento moral: uma mentalidade, como ele insistia, não pode ser criticada do ponto de vista da outra. Ele também sugeriu que a mente nascida uma vez, por mais saudável que seja, tende ao conservadorismo presunçoso e enfadonho, enquanto a nascida duas vezes busca aventura e transformação.[53] Os psicodélicos eram agentes de mudança radical para os nascidos duas vezes e de experiências máximas para todos.

Durante os anos decisivos do início da década de 1960, o estigma associado à loucura e aos estados mentais anormais foi contestado em vários níveis. Os golpes foram desferidos com uma rapidez impressionante. Em

1961, o sociólogo Erving Goffman publicou *Asylums* (Manicômios, em tradução livre), um estudo sobre um dos vastos hospitais psiquiátricos que surgiram durante os anos do pós-guerra, expondo-os como máquinas de "institucionalização" que corroíam as habilidades de vida e as identidades de seus pacientes. No mesmo ano, *The Myth of Mental Illness* (O Mito da Doença Mental), do psiquiatra novaioriquino Thomas Szasz, rejeitou a psiquiatria como uma forma moderna de clero que pronunciava diagnósticos de doença mental da mesma forma que as igrejas outrora perseguiam hereges ou bruxas. A monumental obra *Histoire de la folie à l'âge classique*, de Michel Foucault, publicada pela primeira vez em 1961 e posteriormente traduzida para o inglês, em forma resumida, como *Madness and Civilization* (História da loucura na Idade Clássica), argumentava que a Era da Razão havia forjado uma versão da modernidade na qual as vozes dos loucos – anteriormente uma polifonia de absurdos, alegorias, sagacidade e sabedoria – não podiam mais ser compreendidas, apenas patologizadas e punidas. Em 1960, o psiquiatra escocês R. D. Laing publicou *The Divided Self* (O eu dividido), repensando radicalmente a esquizofrenia e visando resgatá-la da psiquiatria e entendê-la como uma crise com potencial para curar uma mente atormentada por problemas insolúveis. Laing, em particular, seguiria um caminho que se cruzava com a cultura das drogas dos anos 1960, administrando LSD a seus pacientes e afirmando que era uma ferramenta de libertação mental que quebrava as barreiras entre a loucura e a sanidade, para o benefício de ambas.

Em 1962, *One Flew over the Cuckoo's Nest* (Um estranho no ninho), o romance best-seller do jovem Ken Kesey, dramatizou as ideias de Goffman, Szasz, Foucault e Laing para um grande público, transformando-as em uma parábola de uma sociedade que impunha a conformidade esmagando a alteridade mental. Kesey baseou o cenário institucional em suas experiências no Hospital de Veteranos em Menlo Park, em Stanford, onde se ofereceu como voluntário para um ensaio com drogas psicodélicas, incluindo LSD, psilocibina e mescalina.[54] Os experimentos foram conduzidos por um psicofarmacologista, Leo Hollister, que se tornou cético em relação à suposição predominante de que os psicodélicos produziam uma "psicose modelo" que replicava os sintomas da doença mental. Hollister lançou um estudo no qual os sintomas psicóticos de pacientes de hospitais psiquiátricos foram comparados com "psicoses" induzidas por drogas em voluntários saudáveis, função para a qual Kesey foi recrutado, recebendo uma remuneração inicial de US$ 25 por sessão experimental.

As descobertas de Hollister, publicadas em 1962, expuseram o modelo psicotomimético dos psicodélicos a um escrutínio do qual ele nunca se recuperou. O problema central, concluiu ele, era o termo "alucinação", que parecia um termo clínico preciso, mas, na prática, era usado para descrever dezenas de fenômenos muitas vezes não relacionados. Hollister demonstrou que os psicodélicos raramente induziam alucinações verdadeiras, muito menos "síndromes mentais comparáveis a reações esquizofrênicas".[55] A maioria dos sintomas típicos da esquizofrenia, como "desorientação, ideação paranoica, pensamento perturbado e alucinações auditivas, gustativas, olfativas ou táteis" eram incomuns sob o efeito de psicodélicos, particularmente em indivíduos saudáveis que os tomavam em ambientes relaxados e benignos.[56] Pacientes com diagnóstico de esquizofrenia eram facilmente capazes de distinguir os efeitos transitórios do LSD de sua condição de longo prazo.

O modelo psicotomimético impulsionou a pesquisa clínica sobre psicodélicos por uma década e foi adotado por muitos de seus primeiros defensores. Aldous Huxley iniciou *As portas da percepção* com a afirmação de que os efeitos da mescalina "são semelhantes aos que ocorrem na praga mais característica do século XX, a esquizofrenia";[57] Robert Graves descreveu sua viagem com psilocibina como "uma esquizofrenia perfeita".[58] Mas, agora, a ciência estava avançando. As enfermarias de emergência dos hospitais estavam observando um aumento no número de pacientes que apresentavam sintomas clássicos de psicose, como ouvir vozes e delírios de perseguição, e que acabaram tendo tomado grandes doses de anfetaminas. O termo "psicose por anfetamina" foi cunhado em 1958, e a pesquisa clínica sobre sua base biológica passou a se concentrar no papel do sistema dopaminérgico, que sustentava a ação tanto das anfetaminas quanto dos novos medicamentos antipsicóticos. Os psicodélicos não eram mais patologizados como uma forma química de psicose, mas, ao mesmo tempo, as perspectivas deslumbrantes que eles ofereciam para a cura da esquizofrenia desapareceram.

O Projeto Psilocibina de Harvard ofereceu a Timothy Leary e Richard Alpert a oportunidade de reunir todos os primeiros adeptos dos psicodélicos, de *beatniks* a místicos e cientistas, e chegar a um consenso para uma exploração mais aprofundada. Eles planejaram que todos tomassem psilocibina juntos e convocaram cada um por vez, mas o exercício apenas evidenciou suas diferenças. Aldous Huxley, lutando com seu romance psicodélico utópico *Island* (A ilha), ficou encantado ao saber que as novas drogas seriam estudadas em Harvard, revivendo o legado de William James, e chegou acompanhado de seus colegas místicos Gerald Heard e Humphry Osmond. A aparição de Allen Ginsberg perturbou o clima acadêmico, e suas recitações excêntricas de poesia inspirada por drogas deixaram os psiquiatras e membros do corpo docente de Harvard perplexos. Ele apresentou a cannabis a Leary e, ansioso por espalhar a palavra entre sua rede de anarquistas e revolucionários sexuais, levou um estoque de comprimidos de psilocibina de volta para Nova Iorque, onde os distribuiu no café Five Spot, no Bowery, para frequentadores assíduos, incluindo o pianista de jazz Thelonious Monk.

Richard Alpert insistiu em convidar William Burroughs, que "sabe mais sobre drogas do que qualquer outra pessoa viva", mas sua chegada só piorou as coisas.[59] As experiências pioneiras e globais de Burroughs com psicodélicos – peiote no México, ayahuasca na Amazônia, DMT em Londres e Tânger – inspiraram-no com visões, mas também o deixaram em estado de choque e traumatizado, e ele considerou a adoção entusiástica dessas substâncias pela psiquiatria e pela CIA como um primeiro passo para o seu uso como armas na era do controle mental que se aproximava. Sentado com seu chapéu fedora, bebendo gim-tônica e observando a cena com desdém, ele rapidamente se cansou do otimismo revolucionário de Leary e foi embora. "A imortalidade, a consciência cósmica e o amor deles são uma porcaria de segunda categoria", escreveu ele mais tarde em *Nova Express* (Nova expresso, em tradução livre –1964). "Joguem as drogas deles no ralo."[60]

Leary foi incapaz de unir essas perspectivas díspares, muito menos integrá-las a um projeto de pesquisa universitário que havia se transformado em uma festa exclusiva e contínua, 24 horas por dia. David McClelland, o professor que trouxe Leary para revitalizar o Centro de Pesquisa da Personalidade de Harvard, ficou decepcionado com o fato de os testes com drogas propostos terem sido resumidos a um experimento de estilo de vida livre: "É difícil não inferir que um dos efeitos da droga é diminuir a responsabilidade ou aumentar a impulsividade."[61] Huxley ficou exasperado com a "conversa sem sentido" de Leary, que ele via como "apenas mais um artifício para irritar as pessoas no poder, desrespeitar as convenções e zombar do mundo acadêmico". "Gosto muito do Tim", confessou ele a Osmond, "mas por que, ah, por que ele tem que ser tão idiota?"[62] Um editorial mordaz no *Harvard Crimson* descreveu o projeto como uma rebelião performática contra a academia:

> A precariedade do trabalho deles como cientistas é resultado menos da incompetência do que de uma rejeição consciente das formas científicas de ver as coisas. Leary e Alpert se consideram profetas de uma revolução psíquica destinada a libertar o homem ocidental das limitações da consciência.[63]

Em março de 1962, a Food and Drug Administration (FDA) foi alertada sobre os procedimentos e determinou que um médico deveria estar presente sempre que a droga fosse administrada. Nesse momento, Leary decidiu que o "jogo" científico havia chegado ao fim e que os psicodélicos eram mais importantes do que Harvard.

A atenção rigorosa da FDA ao Projeto Psilocibina foi um indício precoce de desenvolvimentos que impactariam o futuro da ciência psicodélica de forma muito mais profunda do que a demissão de Leary da universidade. Em outubro de 1962, o presidente John F. Kennedy sancionou uma série de novas medidas, conhecidas como Emenda Kefauver-Harris, que conferiram à Lei Federal de Alimentos, Medicamentos e Cosméticos maiores poderes para garantir que os medicamentos fossem seguros e eficazes. Com as emendas, o processo de aprovação de novos medicamentos tornou-se mais rigoroso. Sua eficácia precisava ser demonstrada por ensaios clínicos randomizados contra um placebo, em condições clínicas que excluíssem quaisquer "variáveis extrafarmacológicas". Todas as reações adversas deveriam ser relatadas à FDA, com mais dados exigidos antes de prosseguir para os testes em humanos. A aplicação terapêutica de um novo medicamento deveria ser especificada antes do ensaio, e o parâmetro de qualidade de um produto farmacêutico era a precisão com que seus efeitos podiam ser reproduzidos.

A Emenda Kefauver-Harris não era direcionada à pesquisa psicodélica. Especificamente, foi uma resposta à tragédia da talidomida, que não havia sido aprovada pela FDA e levou ao nascimento de milhares de crianças com defeitos congênitos. Seus objetivos mais amplos eram semelhantes aos da Lei de Alimentos e Medicamentos Puros de 1906: publicidade imprecisa, terapias charlatanescas, envenenamento de consumidores por grandes corporações e testes de novos medicamentos em populações humanas cativas, como pacientes ou prisioneiros. No entanto, seu efeito no campo psicodélico foi devastador. Dada a enorme variação em seus efeitos em diferentes indivíduos, o LSD, a mescalina e a psilocibina eram o oposto de drogas de "qualidade" sob a nova definição. Os efeitos que produziam não podiam ser medidos por nenhum dos biomarcadores convencionais. Os ensaios com placebo estavam fadados a falhar, uma vez que um comprimido sem efeitos psicoativos era imediatamente identificável como tal. Era impossível excluir as "variáveis extrafarmacológicas ", uma vez que os efeitos dos psicodélicos eram profundamente determinados pelo humor e pelo contexto – como agora se sabia, o "set e setting". Os ensaios em humanos eram o único tipo de pesquisa que podia demonstrar seus efeitos, e as aplicações específicas não podiam ser determinadas antecipadamente.

As alterações refletiam novas abordagens ao risco médico, buscando controlá-lo ao direcionar o desenvolvimento de medicamentos para benefícios mensuráveis e indicações precisas de doenças. Isso funcionou bem para alguns tipos de medicamentos, como os antibacterianos, em que os biomarcadores e os patógenos eram facilmente identificados e os tratamentos concorrentes, diretamente comparáveis, seja em relação ao placebo ou entre si. Mas seu efeito sobre os tratamentos mentais foi perverso e, muitas vezes, contraproducente. Sua suposição implícita, de que todos os medicamentos funcionavam por meio de ação bioquímica direta, incentivou categorias diagnósticas excessivamente rígidas para doenças mentais, combinadas com medicamentos "milagrosos" demasiado específicos para tratá-las. A exclusão de dados qualitativos em favor dos maiores ensaios clínicos possíveis marcou efetivamente o fim da autoexperimentação médica. Os ensaios em humanos não podiam mais ser realizados de forma especulativa, sem uma proposição médica preestabelecida a ser testada; tampouco o testemunho subjetivo podia informar o processo, uma vez que a qualidade era agora determinada pelo resultado geral ou médio. As descrições da experiência subjetiva foram relegadas de dados científicos a anedotas.

Não havia proibição explícita da pesquisa com drogas psicodélicas – os ensaios com LSD continuaram na Clínica Spring Grove, em Maryland, por exemplo, até meados dos anos 1970 –, mas o novo regime da FDA teve um efeito inibidor. Tornou-se mais difícil financiar ensaios e mais oneroso aprovar pedidos de registro de medicamentos. Os projetos de ensaios psicodélicos, na tentativa de cumprir as novas emendas, produziram resultados incompatíveis. Alguns optaram por se concentrar na ação fisiológica da droga, e outros, na psicoterapia que a acompanhava. Alguns foram realizados em hospitais, e outros, em ambientes comunitários. Com variáveis extrafarmacológicas rigorosamente excluídas, o panorama geral ficou confuso: enquanto alguns ensaios sugeriram que doses menores eram mais eficazes, outros afirmavam que doses maiores eram mais eficazes. Alguns produziram uma mistura de resultados surpreendentemente positivos e negativos, que foram suavizados em pontuações médias irrelevantes que não representavam nenhum dos dois. No final da década, a ciência psicodélica havia perdido seu apelo na academia, e os pedidos de financiamento estavam se esgotando.

No entanto, como tantas vezes aconteceu durante esses anos de duas faces, quando uma porta se fechava, outra se abria. Em abril de 1960, o químico orgânico Alexander Shulgin, de 35 anos, com a curiosidade despertada pela leitura de *As portas da percepção*, recebeu a dose de 400 mg de mescalina de Huxley, administrada por um amigo psicólogo em sua casa nos arredores de Berkeley. A experiência, escreveu Shulgin mais tarde, "confirmou inquestionavelmente toda a direção da minha vida". Ele foi transportado por cores que pareciam se estender além do espectro visível e pelo requinte dos detalhes do mundo vivo – "a estrutura íntima de uma abelha colocando algo em um saco em sua pata traseira para levar para a colmeia" –, mas sua percepção central foi a mesma que seus antecessores, de Havelock Ellis a Aldous Huxley e Robert Graves, encontraram na poesia de William Wordsworth:

> Mais do que tudo, o mundo me surpreendeu, pois eu o via como quando era criança. Eu havia esquecido a beleza, a magia e o conhecimento dele e de mim mesmo. Eu estava em um território familiar, um espaço onde outrora havia vagado como um explorador imortal, e estava me lembrando de tudo o que era autenticamente conhecido por mim naquela época e que eu havia abandonado e esquecido com o amadurecimento.[64]

Shulgin trabalhava como químico industrial, principalmente em seu laboratório doméstico, onde também colaborava com a Agência Antidrogas dos Estados Unidos (DEA) na identificação de novos compostos de drogas ilícitas. Nos anos seguintes, ele sintetizou dezenas de novas drogas psicoativas, principalmente fenetilaminas relacionadas à mescalina. Entre elas estava a versão N-metilada da variante da anfetamina de Gordon Alles, MDA, conhecida como MDMA, que se espalhou rapidamente pelas culturas underground e dance dos anos 1970 sob o nome popular de "ecstasy".[65] Shulgin era um autoexperimentador principiado que acreditava que o encontro subjetivo com uma nova droga era parte integrante do processo de descoberta. A estrutura química de uma molécula, observou ele, não fornece nenhuma indicação clara se ela será psicoativa ou quais serão seus efeitos:

> Essas propriedades ainda não podem ser conhecidas, pois, nessa fase, elas ainda não existem... É somente com o desenvolvimento de uma relação entre a coisa testada e o próprio testador que esse aspecto do caráter surgirá, e o testador contribui tanto para a definição final da ação da droga quanto a própria droga.[66]

Como não tinha interesse em patentear seus compostos ou em obtê-los para prescrição médica, Shulgin pôde trabalhar fora das novas diretrizes da FDA. Em seu lugar, ele e seus associados instituíram um protocolo autoexperimental de sua própria autoria. As regras para a dosagem consistiam em começar com uma quantidade entre 10 e 50 vezes menor em peso do que a dose ativa esperada, com base nos compostos análogos mais próximos – uma versão mais cautelosa da "regra de Chancery Lane", de Aleister Crowley – e dobrar essa dose em dias alternados até que um efeito fosse alcançado. Nessa fase, era aplicada a Escala de Avaliação de Shulgin, uma autoavaliação simples da intensidade da droga. "Menos" significava nenhum efeito; "mais-menos" indicava um efeito limiar não específico; e "mais-um", uma percepção clara de que a droga estava funcionando, mesmo que os efeitos fossem apenas respostas físicas, como náusea. "Mais-dois" denotava um efeito perceptivo ou sensorial acentuado, capaz de descrição detalhada em termos visuais, táteis ou emocionais, geralmente acompanhada por comprometimento cognitivo do tipo que tornaria indesejável atender uma ligação telefônica ou imprudente dirigir um carro. "Mais-três" era a droga em sua intensidade máxima. Além disso, havia "um estado sereno e mágico que é amplamente independente da droga usada": isso não era uma intensificação do mais-três, mas uma categoria própria, para a qual Shulgin usou o termo "experiência de pico" de Abraham Maslow.[67]

31. O químico Alexander Shulgin sintetizou dezenas de novos compostos psicodélicos e elaborou um protocolo de autoexperimentação para avaliar seus efeitos.

Fonte: Creative Commons (CC BY-SA 2.0).

Shulgin publicou centenas de sínteses de drogas em dois volumes robustos, *Pihkal* (1991) e *Tihkal* (1997), que descreviam cada composto primeiro por síntese química e depois por "extensões subjetivas e comentários", extraídos das notas e descrições de sua própria experiência e das de seus voluntários. O formato devolveu a ciência psicodélica às suas origens no estudo pioneiro de Humphry Davy sobre o óxido nitroso, *Researches Chemical and Philosophical*... (Pesquisas químicas e filosóficas, de 1800), que começou com suas experiências de laboratório e terminou com os relatos de seus participantes humanos – médicos, poetas e escritores – sobre suas respostas subjetivas ao inalar o gás. Como Davy e Shulgin reconheceram, as linguagens da farmácia e da introspecção podem ser mutuamente incompreensíveis, mas um relato completo sobre uma droga e seus efeitos psicoativos requer ambas.[68] Os volumes de Shulgin se tornaram a bíblia para um grupo informal de químicos e pesquisadores underground que trabalhavam fora das academias, universidades e laboratórios do establishment científico, muitas vezes anonimamente e usando o rótulo autodescritivo de "psiconautas".

No final de 1962 – antes do primeiro LP dos Beatles, sem falar nas primeiras festas Acid Test e viagens no Magic Bus –, o roteiro das drogas no século XXI já estava essencialmente escrito. Elas emergiram daqueles anos decisivos delicadamente equilibradas sobre uma linha divisória entre duas versões da modernidade. Sob o direito internacional e no domínio da ciência institucional, as restrições da Era Progressista foram cimentadas e ampliadas: as drogas foram criminalizadas globalmente, e seus usos científicos e médicos, estritamente controlados. Ao mesmo tempo, as sementes foram plantadas para sua reavaliação por uma geração futura de consumidores globais intelectualmente curiosos, com um ethos de autoexperimentação heroica e um olhar fixo no horizonte da autotranscendência.

Epílogo

DEPOIS DAS DROGAS

NO SÉCULO XXI, A CATEGORIA MONOLÍTICA DE "DROGAS" se fragmentou e se tornou difusa. Muitas das substâncias que eram proibidas no século XX já não estão restritas aos traficantes de rua e ao submundo do crime. A cannabis pode agora ser comprada em lojas elegantes nas principais ruas dos EUA e do Canadá; na Europa, os "coffee shops" de cannabis da Holanda estão prestes a espalhar-se por todo o continente, juntamente com o modelo espanhol de "clubes de cannabis" baseados em adesão, que produzem para consumo próprio e são tolerados pelas autoridades locais. Sedativos e estimulantes prescritos estão disponíveis em fornecedores on-line não licenciados em todo o mundo, e todas as substâncias imagináveis que alteram a mente podem ser encontradas nos mercados da Dark Web. No Vale do Silício, está em curso uma corrida do ouro para garantir patentes e licenças para drogas psicodélicas, como a psilocibina e o MDMA, à medida que avançam meticulosamente nos testes da FDA que prometem legitimar seu uso na psicoterapia clínica.

A visão da Era Progressista de que as drogas são um problema social não desapareceu de forma alguma, mas, ao mesmo tempo, suas possibilidades expansivas que foram exploradas no século XIX estão sendo redescobertas. A busca moderna por estimulantes mentais criou uma galáxia de potenciadores cognitivos e nootrópicos, combinando suplementos químicos "estimulantes cerebrais" com ervas *ayurvédicas*, cogumelos chineses, raízes "ativadas" e prata coloidal, em um mercado avaliado, em 2018, em mais de US$ 2 bilhões, com previsão de dobrar até 2025.[1] Assim como os cintos eletropáticos e as terapias glandulares do século XIX, seus benefícios e perigos são intensamente debatidos, e suas possibilidades futurísticas inspiram os descendentes fictícios do *Médico e o Monstro* e as histórias da revista *The Strand Magazine* sobre autoexperimentos que deram errado: romances e filmes como *Limitless* e a infinidade de séries de TV disponíveis em streaming em que drogas sintéticas ou testes farmacêuticos lançam os protagonistas em estranhas metamorfoses, surtos psicóticos ou realidades alternativas.[2]

Apesar do tabu sobre a autoexperimentação na ciência acadêmica, a última década viu um ressurgimento no uso de drogas para a exploração da consciência. Os pesquisadores atuais normalmente utilizam psicodélicos potentes de ação curta, como DMT ou cetamina, em vez de anestésicos voláteis, como éter ou clorofórmio, mas seus relatos de existência desencarnada variam, de maneira semelhante aos do século XIX, desde o contato com entidades não humanas até experiências místicas transcendentais, vida após a morte e dimensões ocultas da mente.[3] As drogas são igualmente prevalentes nas subculturas modernas da espiritualidade, magia e imaginação criativa, onde práticas derivadas do xamanismo, da Wicca e do paganismo se misturam com os mundos fantásticos imersivos da ficção, das aventuras digitais e dos jogos de RPG. O termo do século XXI "occultura", em que arte, literatura e práticas mágicas estão interligadas como eram para os simbolistas e espiritualistas do *fin-de-siècle,* demarca um território impregnado de experiências com drogas, graças, em grande parte, à presença póstuma e ameaçadora de Aleister Crowley.

Hoje, a consciência alterada e a realidade não comum estão associadas principalmente aos psicodélicos que surgiram na década de 1950, mas, como vimos, explorações desse tipo remontam a muito mais tempo: os psicodélicos colonizaram um nicho cultural preexistente que floresceu muito antes de o termo ser cunhado. Durante o século XIX, quando as drogas que hoje classificamos como psicodélicas estavam presentes apenas nas margens, viagens interiores desse tipo eram realizadas com uma mistura eclética de substâncias; algumas delas, como o haxixe e o óxido nitroso, encontraram seu próprio nicho no panorama moderno das drogas, enquanto outras, como o éter e o clorofórmio, foram amplamente esquecidas. A categoria "psicodélico", além de suas várias definições farmacológicas, passou a incluir o sentido de que esses compostos específicos oferecem um canal único para a experiência espiritual, a cura mental ou uma realidade superior.[4] Assim como o termo "drogas" foi carregado desde o início com as associações pejorativas incorporadas na versão da modernidade da Era Progressista, "psicodélicos" carrega a marca do renascimento da experiência interior meio século depois. Ambos os termos carregam um conjunto oculto de julgamentos de valor, análogos modernos do profano e do sagrado.

A aceitação dos psicodélicos no século XXI foi saudada como o início do fim da "Guerra às Drogas", mas também reforçou e consolidou a categoria de "drogas", excluindo dela substâncias menos estigmatizadas. Essa reformulação do problema foi descrita, notadamente pelo professor de psicologia da Universidade de Columbia Carl Hart, como "excepcionalismo psicodélico". Para Hart, escrevendo a partir de uma perspectiva negra, não é coincidência que as substâncias dessa categoria sejam as drogas preferidas dos usuários brancos com formação universitária: ele vê seus defensores como "protegendo estrategicamente sua missão de garantir o apoio público a alguns poucos psicodélicos selecionados", separando-os do "problema das drogas", mais amplo e com conotações raciais.[5] A linha racial identificada por W. E. B. Du Bois ainda é visível nas leis sobre drogas e em sua aplicação. Por trás das lojas boutique de cannabis e das startups psicodélicas do Vale do Silício, a Guerra às Drogas continua, com seus tribunais especializados em drogas, confisco de bens, testes obrigatórios e sentenças privativas de liberdade. O número de prisões por drogas nos EUA hoje está praticamente inalterado desde o pico da Guerra às Drogas, no final do século XX.[6] O discurso sobre drogas continua fortemente censurado: imagens de drogas são removidas das plataformas de mídia social, e muitos provedores de serviços de internet bloqueiam o acesso a sites com conteúdo sobre drogas (incluindo informações sobre elas e serviços de saúde). A visão da Era Progressista sobre as "drogas" permanece institucionalmente arraigada, e a guerra contra elas ainda é desproporcionalmente direcionada a minorias étnicas e grupos sociais marginalizados.

Outra característica que Hart observa no discurso atual sobre psicodélicos é o silêncio em relação à questão do prazer. Ele lembra de um "veterano militar branco de meia-idade" que o abordou na academia da Columbia para compartilhar sua apreciação pelos psicodélicos, aos quais se referia como "medicamentos vegetais". "Era particularmente importante para ele que eu soubesse que ele 'não ficava chapado'", escreveu Hart, "e só usava as plantas para facilitar sua 'jornada espiritual'". Hart o deixou perplexo com sua resposta impassível: "O que há de errado em ficar chapado?".[7] Os debates do século XIX sobre euforia, nos quais o prazer induzido por drogas se tornou suspeito ou patológico, foram sucedidos pela neurociência do século XXI, na qual o humor positivo é visto como um sintoma de aumento dos níveis de dopamina ou serotonina e interpretado através da linguagem dos mecanismos de recompensa do cérebro, do desejo e do vício. O medo dos médicos de incentivar o comportamento de busca por drogas torna o prazer um sintoma negativo: por exemplo, a esketamina, análoga da cetamina licenciada como antidepressivo pela FDA em 2019 e comercializada pela Janssen Pharmaceuticals como Spravato®, inclui, no topo de sua longa lista de efeitos colaterais comuns, "sensação de extrema felicidade ('euforia')". Hart – assim como Moreau, Mantegazza e Freud – considera o prazer algo positivo, com potencial para desencadear uma ampla gama de benefícios físicos, mentais e sociais. "O prazer é algo bom, algo que deve ser abraçado", insiste ele, acrescentando: "É estranho que eu me sinta compelido a escrever a frase anterior, porque a ideia parece tão óbvia".[8] Os defensores dos psicodélicos preferem descrevê-los como "medicamentos", "enteógenos" ou "sacramentos", termos que evitam o rótulo estigmatizado de "drogas" e também contornam a possibilidade do prazer como motivo para seu uso.

Hart tem sido um crítico severo da ciência institucional sobre drogas e, particularmente, da agência federal dos EUA, o Instituto Nacional sobre Abuso de Drogas (NIDA), que financiou muitos de seus estudos e em cujo conselho consultivo ele atuou. Como o próprio nome sugere, o NIDA tem se concentrado quase exclusivamente em financiar pesquisas que identificam os danos relacionados às drogas e os apresentam da forma mais enfática que os dados permitem. O avanço na carreira, para Hart como para outros, dependia da internalização da crença de que as drogas eram um perigo do qual o público devia ser protegido: uma crença que ele próprio subscreveu por muitos anos, apesar das evidências claras de que os indivíduos usuários de drogas com quem trabalhava estavam obtendo resultados positivos com seu uso. Somente após uma década de tais estudos é que as evidências o forçaram a concluir que todas as drogas, não apenas as psicodélicas, tinham a capacidade de fazer com que seus usuários se sentissem "mais altruístas, empáticos, eufóricos, focados, gratos e tranquilos".[9]

O desaparecimento da autoexperimentação na década de 1960 foi seguido por uma série de descobertas neurocientíficas que colocaram as drogas que alteram a consciência no centro de uma nova compreensão do cérebro. Na década de 1970, os receptores neuroquímicos que modulavam os efeitos dos opiáceos foram identificados, e os peptídeos semelhantes à morfina isolados da glândula pituitária foram chamados de "endorfinas", uma contração de "morfina endógena". Descobriu-se que os opiáceos funcionavam imitando as substâncias químicas utilizadas pelo cérebro para aliviar a dor e provocar euforia em resposta à comida, ao sexo e às drogas. Posteriormente, demonstrou-se que as drogas psicodélicas funcionavam aumentando os níveis de serotonina, um neurotransmissor descoberto originalmente em 1948; estimulantes como a cocaína e a anfetamina inundavam o cérebro com dopamina. Em 1983, descobriu-se que os poderosos efeitos dissociativos da cetamina e da fenciclidina (PCP) eram causados pelo bloqueio do glutamato, o neurotransmissor mais abundante no cérebro. Em 1992, o químico israelense Raphael Mechoulam isolou o primeiro endocanabinoide e demonstrou que ele se ligava aos mesmos receptores que o THC, o principal composto psicoativo da cannabis. À medida que o cérebro revelava seus segredos neuroquímicos, tornava-se evidente que ele próprio funcionava como uma fábrica de substâncias que alteram a mente – muitas delas idênticas às drogas consideradas ilegais.

A revolução na neuroquímica acarretou um intenso escrutínio científico sobre os efeitos dessas drogas, mas os novos métodos eram bem diferentes dos do século XIX. Com seu conjunto de ferramentas amplamente expandido, os neurocientistas conseguem estudar as ações das drogas a distância, examinando suas correlações fisiológicas em exames cerebrais e seus efeitos médios por meio de dados de ensaios clínicos randomizados. A pesquisa institucional, como a financiada pelo NIDA, não se concentra na experiência subjetiva, mas no próprio cérebro, identificando locais de receptores e mecanismos de recompensa que podem oferecer pistas para o tratamento da dependência química. Surgiu uma gíria da ciência popular que recicla caracterizações simplistas da atividade dos neurotransmissores: "serotonina" tornou-se um sinônimo de felicidade, e "dopamina", do ciclo de desejo e recompensa.

A "Década do Cérebro", como foi chamada a década de 1990 pelo presidente George H. W. Bush, provou ser o trampolim para um renascimento do interesse científico pelas drogas e, particularmente, pelo estudo humano de psicodélicos, que havia estagnado após a emenda da FDA de 1962. Em 1990, o psicofarmacologista clínico Rick Strassman obteve financiamento do governo dos EUA para testes com o potente psicodélico de curta duração DMT, na Universidade do Novo México, nos quais seus participantes relataram experiências místicas e de quase morte. Nessa época, os ativistas Rick e Sylvia Doblin fundaram a Associação Multidisciplinar para Estudos Psicodélicos (MAPS), com o objetivo de integrar psicodélicos à psicoterapia clínica. Em 2008, a MAPS concluiu seu estudo piloto financiado de forma independente sobre o MDMA (ecstasy) no tratamento do transtorno do estresse pós-traumático em veteranos militares, e, em 2017, recebeu o status de "terapia inovadora" da FDA, permitindo que avançasse para ensaios clínicos que possibilitariam o licenciamento do MDMA como medicamento prescrito.

Na última década, o gotejar da pesquisa sobre psicodélicos se tornou uma enxurrada. O estudo de Strassman abriu caminho para que universidades, da Johns Hopkins, em Baltimore, ao Imperial College, em Londres, e à Universidade da Califórnia, em Berkeley, estabelecessem laboratórios e departamentos para estudar o efeito das drogas psicodélicas no cérebro. A MAPS está agora no centro de uma constelação de institutos de pesquisa, investidores de capital de risco, empresas farmacêuticas e empreendedores do Vale do Silício que desenvolvem psicodélicos para uso em terapias clínicas. O crescimento exponencial da ciência psicodélica no século XXI colocou sob tensão a proibição da autoexperimentação e dos relatos subjetivos. Muitos dos principais pesquisadores da área foram atraídos por suas próprias experiências psicodélicas e continuam a fazer autoexperimentação informalmente. Outros mantêm objeções baseadas em princípios: a experiência subjetiva corre o risco de distorcer os dados clínicos ou introduzir preconceitos em direção a descobertas solipsistas e não mensuráveis. Mesmo que esses riscos sejam evitados, a autoexperimentação pode impactar negativamente a confiança na integridade do projeto.[10] O argumento a favor raramente é defendido explicitamente, mas foi articulado em 2007 por Felix Hasler, da Escola de Mente e Cérebro da Universidade Humboldt, em Berlim:

> Existem duas posições clássicas. Algumas pessoas dizem que não se deve fazer autoexperimentos porque isso compromete a objetividade científica. Não concordo com isso. Se faço pesquisa com alucinógenos, devo conhecer os efeitos dessas substâncias em primeira mão. Além disso, há uma responsabilidade ética. Se espero que meus sujeitos de teste suportem certos estados, devo pelo menos saber, por experiência própria, o que eles estão passando.[11]

Os argumentos de Hasler ecoam pela longa história da autoexperimentação: da posição de princípio de J. B. S. Haldane à psicofarmacologia prática de Alexander Shulgin, e remontando ao "Nullius in Verba" da Royal Society. Hoje, a autoexperimentação sobrevive à margem de um paradigma científico baseado em dados objetivos e mensuráveis, num campo em que a experiência subjetiva ainda luta para encontrar espaço.

Nas fronteiras da neurociência e da psiquiatria, no entanto, a autoexperimentação encontrou alguns nichos produtivos. O neurofilósofo alemão Thomas Metzinger, por exemplo, baseia-se em suas experiências com LSD, DMT e mescalina para fundamentar suas teorias sobre subjetividade e o eu; o psicólogo britânico David Luke mergulha nos rituais de peiote do povo Huichol, do norte do México, para estudar o papel desempenhado pelo cacto em suas práticas de clarividência e cura. A proibição da autoexperimentação pode, por si só, ser poderosamente utilizada. Em sua influente contribuição aos estudos de gênero, *Testo Junkie* (2008, originalmente publicado como Beatriz Preciado), Paul Preciado utilizou autoexperimentos com testosterona para explorar a história da sexualidade e seu contexto médico. Autodenominando-se "pirata de gênero" ou "hacker de gênero", ele fez experimentos fora dos parâmetros da medicina licenciada:[12]

> A relação de uma pessoa com a testosterona muda assim que ela sai da estrutura do protocolo médico e legal para a mudança de sexo... fora do contexto institucional definido pelo Estado, a testosterona não faz mais parte de uma terapia de substituição hormonal e se torna uma droga ilegal, assim como a cocaína ou a heroína.[13]

Preciado cita as experiências com cocaína de Sigmund Freud como um precedente para "a absorção de novas tecnologias de modificação da subjetividade" e afirma que a operação de Steinach, à qual Freud se submeteu em seus últimos anos, foi precursora de suas próprias experiências com hormônios.[14] Ele vê a autoexperimentação – "o princípio da autocobaia" – como democrática e empoderadora, "um modo de produção de conhecimento 'comum' e transformação política" que precisa ser recuperado da medicina institucional e direcionado para "os futuros movimentos de libertação das minorias de gênero, sexuais, raciais e somático-políticas".[15]

O mundo de onde surgiu o termo "drogas" está desaparecendo de vista. A solidariedade social da Era Progressista deu lugar a um individualismo atomizado, no qual não é mais possível policiar as escolhas privadas de consumo de milhões de pessoas. Quando Richard Nixon relançou a "Guerra às Drogas", em 1971, a cannabis (ou "maconha") era uma mercadoria estranha para a maioria das pessoas com mais de trinta anos. Hoje, a maioria das pessoas abaixo da idade de aposentadoria reconhece as drogas, para o bem ou para o mal, como parte da cultura moderna. Somos consumidores globais, familiarizados com o novo e o exótico em tudo, da comida à música, das viagens à espiritualidade; nosso apetite por substâncias intoxicantes participa dessa busca por novidades e sensações e está ligado a ela pela publicidade de consumo que se inspira na iconografia das drogas que alteram a mente para nos vender de tudo, desde bebidas energéticas até férias e smartphones. O termo "drogas", quando surgiu por volta de 1900, baseava-se em uma desconfiança reflexiva do estranho, que, por sua vez, se tornou estranho para os habitantes do século XXI.

Nesse ínterim, o termo ultrapassou o sentido original e neutro de "droga" para se tornar seu significado principal. Embora o sentido mais amplo da palavra seja mantido em alguns usos cotidianos, ele está lentamente desaparecendo: drogas médicas, por exemplo, agora são mais comumente chamadas de "medicamentos" ou "remédios", para evitar confusão ou estigma. A categoria de "drogas" permanece incorporada em nossas leis para um futuro previsível, mas é tentador imaginar o que pode estar além disso. Se ela desaparecesse, não haveria necessidade de substituí-la. Um mundo pós-drogas não precisaria de uma nova linguagem, mas da recuperação de uma mais antiga. Por trás dela está um grupo heterogêneo de plantas e produtos químicos cujas propriedades oferecem termos mais significativos: estimulante, sedativo, narcótico, psicodélico, euforizante. Se precisássemos de um termo composto, poderíamos usar o mais óbvio e neutro: "psicoativo" ou "alterador da mente". Julgamentos de valor, tanto elogiosos quanto demonizadores, já são abundantes, e novos julgamentos sem dúvida surgirão.

A invenção do termo "drogas" pode ser vista como uma tentativa, característica de seu momento histórico, de traçar uma linha nítida entre substâncias boas e ruins e aplicá-la com o controle do Estado. No entanto, sabemos, desde a Antiguidade, que o bem e o mal não são inerentes a nenhuma planta ou molécula em particular. Como escreveu a autoridade clássica Dioscórides, há mais de dois mil anos, "a dose faz o veneno": todas as drogas têm o potencial de curar ou prejudicar. Somos, nas palavras de Sigmund Freud, deuses protéticos; o significado das drogas não está nas substâncias, mas em nós mesmos.

NOTAS FINAIS

PRÓLOGO ANTES DAS DROGAS

1. Davis 1998 214
2. Most 1984
3. Davis e Weil 1992 56
4. Davis 1998 235
5. 3 June 1994
6. Davis 1998 235
7. Hart 2021 93
8. Por exemplo, "Highway Highs: Keeping Tabs on the Net is Harder than Learning How to Make Them" (Alta na estrada: controlar a internet é mais difícil do que aprender a fazer as drogas, em tradução livre), *Arena* 53, setembro/outubro de 1995, 50–2.
9. Exemplos digitalizados dessa subcultura pré-internet podem ser encontrados no indispensável site www.erowid.org. No Reino Unido, o arquivo da DrugScope, uma instituição de caridade para profissionais que trabalham com drogas que reuniu uma extensa biblioteca de publicações underground de usuários de drogas desse período, agora está alojado na Wellcome Collection.
10. Baudelaire 1996 [1860] 71. Os dois estudos mais conhecidos na época eram *Opium and the Romantic Imagination* (1968), de Alethea Hayter, e *Samuel Taylor Coleridge: A Bondage of Opium* (1974), de Molly Lefebure, ambos agora clássicos no que se tornou um campo concorrido.
11. Hofmann 2013 113
12. Arnold 1869 vii
13. Perry 1948 363
14. Carta de Jones a James Strachey, tradutor inglês de Freud, em Ferris 1997, 59
15. Uthaug et al. 2019
16. Biden 2021 205
17. Sherwood et al. 2020

18. Pollan 2018 277
19. Taylor 1989 3
20. Ibid. 393

1 O ELIXIR DA VIDA

1. April 1884, in Byck (ed.) 1974 6
2. Freud 1884, in Byck (ed.) 1974 53
3. Freud, carta a Wilhelm Fliess, 1 Feb. 1900, in Masson (ed.) 1985 397–8
4. Oppenheim 1991 84
5. Beard 1881 96
6. Ibid. 103
7. Ibid. 98
8. Ibid. 99
9. Ibid. 100
10. Freud 1884, in Byck (ed.) 1974 65
11. Ibid. 64
12. Balzac 2018 [1829] 18
13. Ibid. 23
14. Ibid. 24
15. Ibid. 25
16. A Michael Foster, 18 September 1844, *Medical History Supplement* 28 (2009), 105–33
17. Brown-Séquard 1889 105
18. Ibid. 106
19. Phillips 2014 73
20. Aschenbrandt 1883 732
21. Bentley 1880, in Byck (ed.) 1974 16
22. von Bibra 1995 [1855] 85
23. Ibid. 87
24. Ibid. 92
25. Uma "dracma", ou dram, equivale a pouco mais de 3,4 gramas. O sistema de medidas *avoirdupois*, usado por boticários e primeiros farmacêuticos, começava com um "grão" (aproximadamente 65 mg); 20 grãos formavam um "escrúpulo" (cerca de 1,2 grama), três escrúpulos formavam uma dracma e 8 dracmas formavam uma onça.
26. Mantegazza 1859, in Andrews e Solomon (eds.) 1975 39
27. Ibid. 40
28. Ibid. 42
29. Samorini 1995 17
30. Ibid. 18
31. Ibid. 20
32. Ibid. 16
33. Freud 1884, in Byck (ed.) 1974 58
34. Ibid.

35. Ibid. 60
36. von Bibra 1995 [1855] 92
37. In Byck (ed.) 1974 98–9
38. Newton, *Of Colours*, MS Add. 3975, pp. 1–22, Cambridge University Library
39. Hooke registra ter sido "muito revigorado pelo tabaco" em seu diário de 17 de julho de 1678 (Arquivos Metropolitanos de Londres, CLC/495/MS01758).
40. Hooke 1726 210
41. 1 October 1672, in Hooke 1935
42. Breen 2019 101
43. Schaffer 1992 339
44. Franklin 1837 [1785] 56
45. Ibid. 18
46. 18 April 1799, Davy to Davies Giddy, http://www.davy-letters.org.uk. Em "The atmosphere of heaven" (Jay, 2009), conto a história completa da Pneumatic Institution e dos experimentos com óxido nitroso.
47. Davy 1800 458–9
48. Stansfield 1984 166
49. Davy 1800 496
50. Ibid. 496
51. Ibid. 488–9. Para uma discussão mais aprofundada sobre a epifania de Davy e suas fontes, consulte Jay 2009 198–9.
52. Strickland 1998 458–9
53. Goethe tinha receio dos poderes estimulantes do café na sua juventude, quando os seus colegas estudantes eram frequentemente advertidos contra os danos à saúde causados pelo uso excessivo do café para estudar durante toda a noite. Mais tarde, porém, desenvolveu um interesse por sua farmacologia, e Runge impressionou-o no seu primeiro encontro, em que discutiram venenos vegetais, dilatando a pupila de um gato com uma gota de beladona. Goethe deu a Runge um punhado de grãos de café arábica para analisar, e ele conseguiu extrair sua essência estimulante pura em seu laboratório. Runge dedicou sua descoberta ao grande homem e batizou o novo composto de cafeína. Outros químicos estavam trabalhando em linhas semelhantes e, em dois anos, quatro outros pesquisadores alemães alcançaram o mesmo resultado a partir de outras plantas que contêm cafeína, como chá, noz de cola e mate.
54. Hanzlik 1938b, 141. A noz-moscada contém o alcaloide psicoativo miristicina; cerca de 5 g da noz podem produzir pensamentos dispersos, distorções de tempo e espaço e alucinações visuais. Doses maiores produzem tontura, náusea e estupor. O relato subjetivo mais conhecido está em *A autobiografia de Malcolm X* (1965), que descreve seu uso como intoxicante na prisão.
55. Para as experiências de Coleridge com óxido nitroso, consulte Jay 2009 192–4
56. Strickland 1998 462
57. De Quincey 1986 [1821] 72
58. Ibid. 75
59. Ibid. 103

60. Tallis 2012 [2002] 5
61. Tony James 1995 102
62. Phillips 2014 74
63. O termo "cientista" foi adotado por um comitê da Associação Britânica para o Avanço da Ciência em 1834. Na década de 1840, ele já havia se consolidado nos EUA, mas não era de uso geral na Europa até o final do século XIX.
64. *Oxford English Dictionary*
65. Von Bibra 1995 [1855] 152–7
66. Breen 2019 146 ff.
67. Jay 2009 182
68. Oreskes 1996 104
69. Observou-se que, entre as plantas medicinais do mundo colonial estudadas pelos cientistas do século XIX, a classe que carece visivelmente de descrições autoexperimentais é a dos abortivos. Schiebinger 2005 153.
70. Johnston 1859 [1855] vol. II 193
71. Moreau 1973 [1845] 1
72. Ibid. 17
73. Tony James 1995 102
74. In Byck (ed.) 1974 62
75. Ibid. 62
76. Ibid. 53
77. Ibid. 164
78. Ibid. 60
79. Ibid. 41
80. Ibid. 60
81. Ibid. 62
82. In Andrews e Solomon (eds.) 1975 41
83. Moreau 1973 [1845] 27
84. In Byck (ed.) 1974 60
85. James Crichton Browne 1889, in Milnes 2019 ch. 12 (ebook)
86. Milnes 2019 ch. 12
87. Ibid. 102
88. Pendergrast 2013 22

2 DEUSES PROTÉTICOS

1. Byck (ed.) 1974 32
2. Ibid. 73
3. Davy, 1800, 556. Para mais informações sobre as razões pelas quais a proposta de Davy teve que esperar cinquenta anos antes de se tornar a maior descoberta médica do século XIX, consulte Jay 2009 211-15.
4. Spillane 1999 23
5. Friman 1999 85
6. Byck (ed.) 1974 14
7. Ibid. 39–40

8. Ibid. 156
9. Ibid. 71
10. Ibid. 157–8
11. Ibid. 59
12. Ibid. 62
13. Small 2016 11
14. Ibid. 15
15. Ibid. 197
16. Levinstein 1878 7
17. Ibid. 8
18. Hickman 2004 1276
19. Milligan 2005 541
20. Small 2016 4
21. Levinstein 1878 1
22. Hickman 2004 1279
23. Beddoes 1799 27
24. Levinstein 1878 4; Milnes 2009 ch. 12
25. Byck (ed.) 1974 128
26. Ibid. 144
27. Ibid. 125
28. Ibid. 133
29. Ibid. 145
30. Phillips 2014 88
31. In Byck (ed.) 1974 164
32. Holloway 2016 81
33. Ashley 2005 9
34. Wells 1927 927
35. Ibid. 941
36. Ibid.
37. Ibid. 942. O romance posterior de Wells, *Tono-Bungay* (1908), leva o nome de um tônico para a saúde, sem valor médico, mas imensamente lucrativo, que traz riqueza e status – juntamente com complicações imprevistas – ao seu protagonista.
38. *British Medical Journal* 1887 1229
39. Byck (ed.) 1974 173
40. Ibid. 171
41. See Borch-Jacobsen 2000
42. Ibid. 182
43. Byck (ed.) 1974 183
44. Ibid. 184
45. Ibid. 185
46. Andrews e Solomon (eds.) 1975 250
47. Byck (ed.) 1974 186–7
48. Andrews e Solomon (eds.) 1975 247

49. Ibid. 250
50. Ibid. 251
51. Ibid. 59
52. Ibid. 115
53. Atualmente Park Avenue South, entre Madison e 4th.
54. Markel 2012 108
55. Ibid. 233
56. Ibid. 238–9
57. Ibid. 69
58. Lee 1935 2
59. Ibid. 181
60. Ibid. 26–7
61. Ibid. 29
62. Ibid. 30
63. Ibid. 31
64. Ibid. 37
65. Ibid. 105
66. Ibid. 2
67. Ibid. 103
68. Lewin 1998 [1931] 58
69. Markel 2012 239
70. Stevenson havia consumido vinho de coca antes de escrever *O médico e o monstro* e, em 1890, estava usando preparações mais fortes da droga durante sua invalidez crônica em Samoa. Ele escreveu ao seu médico na Inglaterra: "Descobri que posso (quase imediatamente) combater um resfriado com extrato líquido de coca" e sugeriu que "talvez uma exposição mais forte – injeções de cocaína, por exemplo" – pudesse fazer o mesmo para a gripe (Rankin 2001 [1987] 217). Os medicamentos de Stevenson também incluíam ergotina, um alcaloide do fungo ergot, tóxico e alucinógeno, a partir do qual Albert Hofmann sintetizaria o LSD. As propriedades vasoconstritoras da ergotina a tornavam um tratamento eficaz para hemorragias, aplicação que Hofmann estava buscando.
71. Stevenson 1979 [1886] 83
72. Ibid. 84
73. Ibid. 81
74. Ibid. 9
75. Ibid. 81
76. Ibid. 82
77. Hammack 2005 90
78. Griffiths 1899 199–200
79. Ibid. 208–9
80. Machen 1995 [1895] 111–13
81. Doyle 1928 4
82. Ibid.
83. Doyle 1929 143

84. Ibid. 144
85. Doyle 1928 12
86. Ibid. 809
87. Conti 2015 118
88. Borch-Jacobsen 2000 4–5
89. Byck (ed.) 1974 255
90. Comers 1923 vi–vii
91. Freud foi uma das várias figuras conhecidas a serem "Steinachadas" nas décadas de 1920 e 1930; outra foi William Butler Yeats, cujas experiências com haxixe e peiote nos círculos ocultistas e literários da década de 1890 são descritas no capítulo 6. Yeats usava haxixe em práticas mágicas que evocavam arquétipos tântricos e entendia o procedimento de Steinach em termos tântricos como uma "autogerência", por meio da qual ele poderia gerar energias superabundantes ao reintegrar os aspectos masculinos e femininos de seu corpo. Ele ficou muito satisfeito e convencido de que a operação restaurou sua potência, tanto sexual quanto poética. Ver Kimberley Myers (2009), que interpreta as últimas peças de Yeats, *The King of the Great Clock Tower* e *Full Moon in March* (O rei da grande torre do relógio e Lua cheia em março, em tradução livre), de 1934-1935, nas quais o protagonista é decapitado, como dramas simbólicos do procedimento de Steinach.
92. Doyle 1928 1265
93. Freud 1979 [1929] 13
94. Ibid. 15
95. Ibid. 28–9

3 UM MUNDO DE EXPERIÊNCIA PURA

1. James 1882, in Green (ed.) 2016 93
2. Ibid. 94
3. Ibid. 95
4. Ibid. 94
5. Ibid. 93
6. James 1874 627
7. Richardson 2007 159
8. James 1874 627
9. Partridge 2018 71
10. Blood 1920 vii
11. Ibid. viii
12. Blood 1874 33
13. In ibid., de Alfred Tennyson, 'The Two Voices', escrito em 1833–4, publicado em *Poems*, 1842
14. Blood 1874 6
15. Ibid. 36–7
16. Davy 1800 488
17. Jay 2009 61–2
18. James 2000 [1892–1909] 314

19. Davy 1800 489
20. Jay 2009 187
21. Ibid. 186
22. *A Dissertation on the Chymical Properties and Exhilarating Effects of Nitrous Oxide Gas and its Application to Pneumatick Medicine*, in Green (ed.) 2016 75
23. Davy 1800 556
24. Smith 1982 35
25. Jay 2011 32
26. In Green (ed.) 2016 84
27. Ibid.
28. Smith 1982 37
29. Grayson 1996 115
30. Smith 1982 54
31. Jay 2011 34–5
32. Ball 2006 187
33. Ibid. 112
34. Smith 1982 58
35. Gabriel 2010 79
36. Ibid.
37. Snow 2008 30
38. Stratmann 2003 38
39. Gordon 1897 108
40. Ole Secher, carta ao *British Medical Journal*, 25 de dezembro de 1971, 814
41. Gabriel 2010 68
42. Distribuído no *Monmouthshire Merlin*, 17 de julho de 1847, 4
43. Warren 1849 5
44. Ibid. 35
45. Ibid. 36
46. Ibid. 35
47. Gabriel 2010 85
48. Holmes, carta a Morton, 21 de novembro de 1846, *Oxford English Dictionary*
49. Holmes 1879 46–7
50. Russell 1945 123
51. Boon 2002 100
52. Ibid. 98
53. Original em Emily Dickinson, Poems: Packet XX, Fascicle 10 (guardado como 109b, Houghton Library, Harvard University); publicado pela primeira vez em *Unpublished Poems* 1935.
54. Blood 1920 216
55. Ibid. viii
56. James 1874 628
57. In Green (ed.) 2016 93
58. Ibid. 97
59. James 2000 [1892–1909] 188

60. Reed 1997 209
61. James 2000 [1892–1909] 77
62. Ibid. 175
63. James 1978 [1910] 1295
64. James 1995 70
65. Maury 1845 14
66. Maudsley, in McCorristine (ed.) 2012 vol. 1 174–5
67. Ibid. 183
68. Ibid. 173
69. Ibid. 185
70. Ibid. 187
71. Blum 2007 72

4 A REGIÃO INVISÍVEL

1. McCorristine (ed.) 2012 vol. 1 206
2. Oppenheim 1985 257
3. Richardson 2007 274
4. McCorristine (ed.) 2012 vol. 5 255
5. Myers 1892 444
6. Blum 2007 105
7. Blood 1920 224
8. *Journal of the Society for Psychical Research*, June 1893, 94–5.
9. Ramsay 1893 237
10. Ibid. 239
11. Ibid. 243–4
12. Blood 1920 223-4. William Ramsay foi nomeado cavaleiro em 1902, após essa palestra, mas antes de Blood publicar sua resposta.
13. A BNAS foi reincorporada em 1884 como London Spiritualist Alliance, hoje conhecida como College of Psychic Studies. Sua sede fica em Queensberry Place, South Kensington, no prédio adquirido para ela por Sir Arthur Conan Doyle, que se tornou seu presidente em 1925. 14. Wyld, 1880, 120
14. Wyld 1880 120
15. Ibid.
16. Ibid. 127
17. Wyld 1903 71–2
18. Wyld 1880 127
19. Ibid. 123
20. Ibid. 125
21. Ibid. 66
22. Ibid. 132
23. Besant 1897 55
24. Synge 1912 [1897] 207
25. Ibid. 210–12
26. Ibid. 215

27. Hewitt 2015 61
28. Synge 1912 [1897] 215
29. Binet 1890 14
30. Ibid. 9
31. Sommer 2020 8
32. Ellenberger 1994 [1970] 166; Richardson 2007 344
33. Wells 1927 407
34. Ibid. 416–17
35. Richardson 2007 237
36. Ibid. 106
37. O episódio e as disputas subsequentes sobre a causa da morte de Gurney são discutidos em Hamilton 2009, 166.
38. Jay 2011 38
39. Richardson 1893 456
40. Ibid. 449–50
41. Ibid. 458
42. Maupassant 2000
43. Kurk 1986 286
44. Dunbar 1905 77
45. Maupassant 2000
46. Ibid.
47. Ibid.
48. Ibid.
49. Barnes 2019 73
50. Lorrain 2002 [1895] 109–10
51. Lorrain era um duelista inveterado em uma sociedade na qual a honra e o insulto eram levados muito a sério, e um duelo era um recurso mais dramático (além de mais rápido e barato) do que processar por difamação. A honra podia ser satisfeita, como aconteceu no famoso duelo de Lorrain com o jovem Marcel Proust, quando ambos os protagonistas erraram o alvo por uma milha.
52. Coleridge, *The Friend,* vol. 1, 1809, Ensaio III
53. Lorrain 2002 [1895] 134–5
54. Ibid. 34
55. James 1985 [1902] 387
56. In Green (ed.) 2016 93
57. James 1985 [1902] 387–8
58. Ibid. 380–1
59. Ibid. 423
60. William Crookes também sofreu ataques à sua reputação depois que grandes figuras científicas, como Michael Faraday e John Tyndall, condenaram os fenômenos das sessões espíritas como truques e charlatanismo. No entanto, seu trabalho pioneiro com tubos de raios catódicos, o radiômetro e os raios X garantiu seu status profissional, e ele continuou a afirmar publicamente sua crença em forças sobrenaturais e no mundo espiritual.

61. James 1911 174
62. James 1890 251
63. James 1985 [1902] 516
64. Partridge 2018 82
65. Everdell 1997 306
66. James 1890 620
67. Kern 2003 [1983] 151
68. Ibid. 19
69. Menand 2001 384
70. Ibid. 394
71. Du Bois 2007 [1903] 8
72. Ibid. 65
73. Ibid. 76
74. James 2000 [1892–1909] 315
75. James 1978 [1910] 173
76. Ibid.
77. Ibid. 189

5 CONTOS DOS COMEDORES DE HAXIXE

1. *Chemist and Druggist*, 16 de abril de 1892, 568
2. Sheppard 2022 169
3. Ibid.
4. *Chemist and Druggist*, 28 de janeiro de 1893, 106
5. See Irwin 1994 16–19
6. Stevenson 1906 88
7. As preparações de datura têm uma longa história de uso criminoso como auxiliar em roubos no Oriente Médio, Índia e América do Sul.
8. Guba 2020b 84
9. Em seu *Gargantua e Pantagruel* (1532-1564), François Rabelais descreve os efeitos alucinógenos da mítica "erva Pantagruelion", que alguns comentaristas identificaram como cannabis. Parece, porém, que se trata de uma descrição irônica, e não literal: de acordo com o estudioso de Rabelais Mikhail Bakhtin, uma sátira às alegações extravagantes dos vendedores de remédios charlatões e, talvez, uma referência erudita à história de Heródoto sobre os citas inalando fumaça de cannabis ao queimar a planta em um braseiro. Rabelais estava familiarizado com o cânhamo – seu pai o cultivava em grande escala em sua fazenda em Chinon –, e seu hino parece ser uma paródia cômica sobre o absurdo de fazer afirmações tão grandiosas sobre uma planta comum, em vez de uma evidência do uso psicoativo da cannabis no início da Europa moderna.
10. Daftary 1994 169
11. Ibid. 164
12. Guba 2020b 42
13. Ibid. 80
14. Moreau 1973 [1845] 1

15. Guba 2020 125
16. O'Shaughnessy 1839 850
17. Ibid. 839
18. Ibid. 840. "Dez grãos" equivalem a aproximadamente 0,7 gramas.
19. Ibid. 842
20. Ibid. 844–5
21. Ibid. 849
22. É difícil estimar as doses de haxixe que Moreau usava. Como todos os produtos de cannabis da época, a potência e a concentração eram variáveis e impossíveis de padronizar. Preparações comestíveis, como *dawamesc* e *majoun*, também variavam em potência, embora o amargor mencionado por Moreau sugira que a fórmula de Aubert-Roche era potente. Uma colherada da "geleia verde" pode ter contido 1 a 3 gramas de haxixe, uma dose muito grande para os padrões atuais, mas compatível com os efeitos intensos descritos por Moreau, Gautier e outros.
23. Moreau 1973 [1845] 7
24. Ibid. 8–10
25. Ibid. 18
26. Guba 2020b 164
27. Moreau 1973 [1845] 27
28. Ibid. 93
29. Ibid. 28
30. James 1884 189
31. Moreau 1973 [1845] 211
32. Ibid.
33. Ibid. 17
34. Ibid. 17
35. James 1995 107
36. Publicado na introdução de Charles Baudelaire, *Les Paradis artificiels*, Gallimard 1961 p. 12.
37. Mickel 1969 93
38. Gautier 1975 85
39. Baudelaire e Gautier 2019 62
40. Ibid. 88
41. Ibid. 90
42. Ibid. 93
43. Hammer-Purgstall 1835 138
44. Davenport-Hines 2001 61
45. Gautier 1915 70
46. Carta à Madame Hanska, 23 de dezembro de 1845, em Baudelaire 1996 [1860] xv
47. Gautier 1915 71
48. Mickel 1969 83 (minha tradução)
49. Davenport-Hines 2001 65
50. Dumas 2003 318–20

51. Holmes 1995 [1985] 249
52. Ibid. 247
53. Nerval 1975 107
54. Moreau 1973 [1845] 19
55. James 1995 131
56. Gautier 1915 74–5
57. Guba 2020b 166
58. Samorini 1996 37
59. Gustave Flaubert estava entre os clientes de Gastinel, embora talvez tivesse medo de experimentar a amostra que comprou dele (ver Schivelbusch 1993, 204).
60. Roger escreveu sob o nome de Roger de Beauvoir.
61. Gautier 1915 70
62. Baudelaire 1996 [1860] viii
63. De Quincey 1986 [1821] 33
64. Baudelaire 1996 [1860] 38–9
65. Ibid. 40
66. Ibid. 42
67. Ibid.
68. Ibid. 50
69. Ibid. 57
70. Ibid. 71
71. Ibid. 74
72. Ibid. 71
73. Ibid. viii
74. See Hilton 2004
75. Gautier 1915 77
76. Ibid. ix
77. Baudelaire 2010 [1863] 13
78. Calinescu 1987 47
79. Barnes 2019 43

6 EXTASIA, FANTASIA E ILLUMINATI

1. Deveney 1997 21
2. Ibid. 8
3. Cahagnet 1855 69
4. Cahagnet 1851 116–17
5. Ibid.
6. Ibid. 120
7. Ibid. 122
8. Ibid. 184
9. Ibid. 126
10. Hahnegraaff 2016 108
11. James 1995 107
12. Deveney 1997 146

13. Ibid. 147
14. Taylor 1855 137
15. Ibid. 138
16. Ibid. 141
17. Ludlow 1857 43
18. Johnston 1859 [1855] vol. II 113
19. Dulchinos 1998 38
20. Ibid. 72
21. Ibid. 78
22. Ludlow 1857 91
23. Deveney 1997 70
24. Godwin 1994 260–1
25. Randolph 1867 4
26. Ibid. 1
27. Ibid. 2–4
28. Deveney 1997 72
29. O biógrafo de Randolph, John Deveney, faz uma tentativa heroica (Deveney, 1997, Apêndice C 343-68). A tarefa pode ser comparada à de montar uma discografia completa do músico Sun Ra, sobre quem Randolph exerceu influência espiritual.
30. Godwin 1994 258
31. Randolph 1867 2–4
32. Hahnegraaff 2016 113
33. Lévi 2017 136
34. Partridge 2018 376 n3.
35. Até a chegada da adrenalina no início do século XX, esses fumigantes tóxicos eram os remédios mais comuns e eficazes para asma ou falta de ar e, a partir da década de 1850, eram vendidos como cigarros ou pós-patenteados para queima em pequenos braseiros domésticos. Cigarros medicinais desse tipo também podiam conter ópio como supressor da tosse; a linha de produtos do principal fabricante francês, Grimault & Co., incluía cannabis, mercúrio e arsênico. O alívio instantâneo que esses produtos ofereciam aos asmáticos os tornava um item básico em todas as farmácias, e a fumaça acre das solanáceas delirantes – junto com os odores característicos de cânfora, cannabis e clorofórmio – era uma presença médica familiar em casa. Os fumigantes narcóticos aparecem explicitamente na ficção ocultista da época, incluindo A *Strange Story* (Uma história estranha), de 1861, de Edward Bulwer Lytton, e *Ghost Land* (Terra Fantasma, em tradução livre, de 1876), de Emma Hardinge Britten. Ambos os romances foram considerados *romances-chave* de uma sociedade e a da vida real conhecida pelos seus autores como o círculo órfico, no qual o fumo alucinógeno era supostamente usado em conjunto com a cristalografia para clarividência.
36. Blavatsky 2012 [1877] vol. 2 589
37. Deveney 1997 254
38. *Light, A Journal of Psychical, Occult and Mystical Research*, 20 de maio de 1893 233

39. Uma possível exceção foi a Hermetic Brotherhood of Luxor, uma pequena sociedade britânica fundada em 1884 e inspirada diretamente, embora postumamente, por Paschal Beverly Randolph. Para relatos de que poções intoxicantes eram usadas como parte da iniciação em sua ordem, consulte Godwin et al. 2000.
40. Yeats 1922 73
41. Partridge 2018 170
42. Alford 1980 v
43. Ibid. 63
44. Munro 1969 74
45. Symons 1918
46. Alford 1980 58
47. Ibid.
48. Yeats 1907 25-7. A Ordem Martinista foi fundada pelo místico iluminista Louis Claude de St Martin (1743-74). Seus escritos foram disseminados na França revolucionária pelas "Sociedades do Filósofo Desconhecido", formadas para estudar seus ensinamentos. Estas evoluíram para a Ordem Martinista, cujo presidente na década de 1890 era o médico parisiense e ocultista rosacruz Papus (Gérard Encausse). Em seu *Traité élémentaire de magie pratique* (Tratado elementar de magia prática, em tradução livre), de 1893, Papus advertiu contra o uso de haxixe na prática mágica: "Esta substância... atua sobre as reservas de energia dos centros nervosos, esvaziando-as em um instante".
49. Ibid. *Degeneration* (Degeneração, em tradução livre – 1892), de Max Nordau, foi uma influente obra de crítica cultural que diagnosticou a decadência como um sintoma patológico da vida moderna.
50. Yeats 1922 13
51. Coote 1997 153
52. Jeffares 1949 109
53. Gonne 1995 [1937] 257
54. Greer 1995 188
55. Ibid. 187; Berridge 1988 54
56. As cartas *tattva*, escritas à mão por Yeats, estão guardadas na Biblioteca Nacional da Irlanda.
57. Gonne 1995 [1937] 250
58. Ibid. 251
59. Ibid. 259
60. Schmitt 1994 171
61. Symons 2014 [1899] 5
62. Ibid. 8
63. Outras plantas que mais tarde seriam incluídas no grupo "psicodélicas" estavam sendo descobertas por cientistas e exploradores nessa época. Em 1851, o botânico britânico Richard Spruce encontrou a ayahuasca durante suas viagens pela Amazônia; ele ingeriu um pouco, mas sentiu apenas náuseas intensas. Em 1858, o geógrafo equatoriano Manuel Villavicencio escreveu sobre suas experiências

visionárias após ingerir a bebida com o povo Shuar no Rio Napo; ele relatou um aumento dos sentidos e a sensação de voar para lugares maravilhosos (Villavicencio, 1858, 374). Em 1896, o explorador alemão Theodor Koch-Grünberg tomou ayahuasca na região do Rio Negro e descreveu alucinações semelhantes às causadas pelo haxixe. No entanto, foi somente na década de 1920 que a botânica e a farmacologia da ayahuasca foram estudadas por pesquisadores ocidentais.

64. Ellis 1898 7–8
65. See Jay 2019 6–7
66. 66. Ellis 1898 131. Em 1936, o poeta e dramaturgo Antonin Artaud visitou a região de Tarahumara, no norte do México, para tomar peiote. Seu relato da experiência foi publicado como *Les Tarahumaras* (A Dança do Peiote).
67. Ellis 1898 134–5
68. Ibid.
69. Ibid. 139
70. Brewster 1858 [1819] 135
71. Baudelaire 2010 [1863] 13
72. Ellis 1898 138
73. Symons 1918
74. Baudelaire e Gautier 2019 xvii
75. Jewanski et al. 2020 182 ff.
76. Dann 1998 33
77. Ibid. 187
78. Gonne e Yeats 1992 70
79. See Jay 2019 98–100
80. Yeats 1907 27
81. Shiel 1928 [1895] 4–5
82. Ibid.
83. Barnes 2019 37
84. Schmitz 2018 [1902] ix
85. Ibid. 97
86. Ibid. 15
87. Coakley 2017 [1897] 70
88. Kane 1883 946–7
89. Copos ou cabaças em forma de globo e canudos de prata são tradicionalmente usados na Argentina e no Uruguai para beber chá mate. A coca é tradicionalmente mastigada nos Andes, em vez de bebida como chá: como Freud estabeleceu, a cocaína é parcialmente decomposta no estômago e é absorvida de forma mais eficiente na corrente sanguínea através das membranas mucosas.
90. Lee 1935 2
91. Ibid. 60
92. Ibid. 65
93. Eberhardt 1988 [1920] 72
94. Ibid. 74

7 UM PECADO, UM CRIME, UM VÍCIO OU UMA DOENÇA?

1. *Chemist and Druggist*, 23 de dezembro de 1899, 1010–11
2. Parascandola 1997 162
3. Mill 2011 [1859] 141
4. Ibid. 146
5. Putnam e Garrett 2020 168
6. Kerr 1884 1
7. Rasmussen 2008 8
8. Spillane 1999 29
9. Musto 1999 23
10. Wiley já havia defendido a proibição federal do uso do cacto peiote pelos nativos americanos, sustentando que se tratava de um veneno delirante (ver Jay, 2019).
11. Müller et al. 2006 135
12. Kraepelin 1970 70–1
13. Breathnach 1993 413
14. Rivers 1908 19–20
15. Ibid. 109
16. Ibid. 114
17. Fancher 1996 298
18. Ibid. 301
19. Asprem 2018 177
20. *New York Times*, 25 October 1920, 8
21. Gautier 1915 69
22. Guba 2020b 184
23. Baker 2001 58
24. Schmied et al. 2006 147
25. Parssinen 1983 93
26. Carstairs 2000 54
27. Du Bois, 2007 [1903] 3; ver Koram (ed.) 2019 para a continuação da linha racial na política global de drogas hoje, e Michelle Alexander, *The New Jim Crow* (A nova segregação: racismo e encarceramento em massa), de 2011, para sua perpetuação nas políticas contemporâneas de encarceramento em massa dos EUA.
28. *New York Times*, 20 de março de 1905, 14
29. O pânico racial foi uma das várias razões para o desaparecimento da cocaína. O público preocupado com a saúde começou a evitá-la na década de 1890; após 1899, a introdução da novocaína, um anestésico local não intoxicante, marginalizou seu uso na odontologia e na cirurgia. Em 1903, a Associação Farmacêutica Americana fechou fileiras, determinando sua remoção dos medicamentos patenteados (incluindo a Coca-Cola, que passou a usar um extrato de folha de coca sem cocaína, conhecido comercialmente como "Mercadoria nº 5").
30. Judd 1910 77

31. Kern 2003 [1983] 182
32. Luhan 1936 277
33. Stewart 1987 237
34. Huxley 1932 229
35. Huxley 1980 13
36. Huxley 1932 84
37. Em "Wanted: A New Pleasure" (Procurado: um novo prazer), um ensaio escrito em 1931 para acompanhar *Admirável Mundo Novo*, Huxley considera "um substituto mais eficiente e menos prejudicial para o álcool e a cocaína", mas conclui que o "único prazer genuinamente moderno" é o efeito "inebriante" de viajar em alta velocidade (Huxley 1980, 9).
38. Regardie 1994 [1968] 100, 106
39. Ibid. 103
40. Ibid.
41. Ibid. 102
42. Ibid. 114–15
43. Ibid. 98. Crowley persistiu com o termo obscuro "anhalonium" para se referir ao peiote muito tempo depois de ele ter sido descartado por botânicos e farmacologistas. Para mais informações sobre o uso do peiote por ele, consulte Jay 2019, 105-9.
44. Partridge 2018 168
45. Ibid. 170
46. Gootenberg 2008 200
47. Davenport-Hines 2001 167
48. Kamieński 2016 100
49. Ibid. 97
50. Lee 1935 212
51. Ibid. 213
52. Ibid. 214
53. Ibid. 215
54. Ibid. 217
55. Coroner's Report, Mulki Reuti Gwalin, City of London, 30 de novembro de 1914, No. 154
56. *The Times*, 26 de novembro de 1914
57. Lee 1935 25
58. Ibid. 3. Ao se aposentar, James Lee voltou para o nordeste da Inglaterra, onde morou com sua irmã em Redcar. Ele faleceu em 1951, aos 77 anos; sua certidão de óbito indicou como causa da morte um carcinoma no fígado. Seu único livro posterior foi um pequeno panfleto autopublicado intitulado *Human Actions Produce Equal Re-Actions: The Secret of Perfect Health* (As ações humanas produzem reações iguais: o segredo da saúde perfeita, em tradução livre), de 1946, um tratado de autoajuda baseado nos princípios do *karma* que ele havia conhecido pela primeira vez durante uma estadia em um templo budista na China, em 1910.

8 DUAS VEZES NASCIDO

1. Convenção Única da ONU, 1961, Artigo 36, "Disposições Penais".
2. *The American Magazine*, julho de 1937; reimpresso em *Reader's Digest* 1938.
3. Ibid. O artigo serviu de base para um filme de propaganda de 1937 com o mesmo nome.
4. Guba 2020a 3–4
5. Ver Lines, 2010, 8-9. Rick Lines descobriu posteriormente que "mal" é usado em outro documento da ONU, a Convenção da ONU para a Supressão do Tráfico de Pessoas e da Exploração da Prostituição de Outros, de 1948.
6. A Igreja Católica Romana defendia a proibição estrita de todas as drogas: o uso de anestésicos em cirurgias só foi formalmente permitido pelo Papa Pio XII em 1957 (*Discurso a um Congresso Internacional de Anestesiologistas*, Documentos Oficiais, Papa Pio XII, *L'Osservatore Romano*, 24 de novembro de 1957).
7. Larkin, 'Annus Mirabilis', 1967, publicado em *High Windows* (1974).
8. Mills 2013 117
9. Bowles 1962 9–11
10. Ibid. 9
11. Torgoff 2004 61; consulte também Jay 2019 227–8
12. Hecht 2020 [1954] 15
13. Roszak 1968 xxiii–xxiv
14. Burroughs 1977 [1953] 7
15. New York Public Library, William S. Burroughs archive, Folio 36, Item 4, 'Forward [*sic*] to James Lee's Book', 3ª versão, 4 páginas, 9 de junho de 1972.
16. Burroughs 1977 [1953] 145–6
17. Burroughs e Ginsberg 2008 [1963] 70
18. Altman 1986 225
19. Haldane 1940 [1927] 106
20. Ibid. 111
21. Ibid. 113
22. Steinberg nunca tomou LSD, substância que se recusou a estudar porque acreditava que não tinha aplicações médicas. Obituário, *Guardian*, 21 de janeiro de 2020.
23. Rasmussen 2008 6
24. Ibid. 18
25. 4.6.2.1.3 Benzedrine Memos and Reports, GSK Heritage Archives
26. Sargant 1967 45
27. Ibid. 46
28. Schultes 1939
29. Graves 1962 135
30. Ibid. 136–7
31. Ibid. 138–9
32. Becker 1953 238
33. Discuto um exemplo bem documentado de 1799 em Jay 2011 160–2.

34. Letcher 2006 104
35. Graves 1960 40
36. Graves 1958 327
37. Ibid. 343
38. Arquivos Albert Hofmann, N. Hofmann 148.1, 22.4.43, Institut für Medizingeschichte der Universität Bern. Discuto as experiências subsequentes de Hofmann e outras possíveis fontes do relato em suas memórias de 1979 em https://mikejay.net/bicycle-day-revisited/
39. Krieg 1964 357
40. Hofmann 2013 21
41. Huxley 1980 29
42. Ibid. 16
43. Ibid. 24
44. Ibid. 25
45. Huxley 2004 [1954] 50
46. Huxley 1980 107
47. Ellis 1898 13
48. Huxley 2004 [1954] 14
49. Huxley 1980 36
50. Maslow 1943 393
51. Richards 2016 321
52. https://www.vulture.com/2017/06/cary-grants-lsd-therapy-the-inside-story.html
53. James 1985 [1902] 166
54. As experiências em que Kesey participou são frequentemente descritas como "financiadas pela CIA". O projeto MK-Ultra da CIA financiou muitos ensaios com LSD nessa época, incluindo vários que violavam as normas de consentimento e direitos humanos. Muitas vezes, o financiamento era fornecido por meio de fundações filantrópicas e científicas que ocultavam o envolvimento da CIA. Nesse caso, Leo Hollister foi apresentado à pesquisa psicodélica em uma conferência de 1959 organizada pela Fundação Josiah Macy, que, na época, tinha uma estreita ligação com a CIA, mas o financiamento declarado para seu projeto veio do Instituto Nacional de Saúde Mental em Bethesda, Maryland.
55. Hollister 1962 80
56. Ibid. 88
57. Huxley 2004 [1954] 3
58. Graves 1962 135
59. Leary 1983 95
60. Lee e Shlain 1985 82
61. Stevens 1989 228
62. Higgs 2006 52
63. Lattin 2010 97
64. Shulgin e Shulgin 1991 16

65. O MDMA foi sintetizado em 1912 pela Merck Pharmaceuticals, enquanto trabalhavam na síntese da mescalina, mas nunca foi comercializado.
66. Shulgin e Shulgin 1991 xxi
67. Shulgin et al. 1986 315–16
68. A Escala de Avaliação de Shulgin foi adotada por químicos clandestinos e tornou-se uma *linguagem comum* nos fóruns e newsgroups do início da era da internet. Hoje, ela prospera em toda a rede global de experimentadores informais com "produtos químicos de pesquisa". A ciência autorizada sobre drogas desenvolveu posteriormente seus próprios protocolos e questionários, como a Escala de Avaliação de Estados Alterados de Consciência da OAV, que pede aos participantes que avaliem suas experiências em dimensões que incluem "Ilimitação Oceânica" e "Reestruturação Visionária"; mas todas essas estruturas quantitativas refletem as suposições de seus criadores (ver Baggott 2018, 479). O sistema de Shulgin é simples, resiliente e culturalmente universal.

EPÍLOGO DEPOIS DAS DROGAS

1. Verified Market Research, Report ID 37661, 'Nootropics Market Size and Forecast', August 2021, https://www.verifiedmarketresearch.com/product/nootropics-market/
2. É notável que nenhuma das releituras de Sherlock Holmes do século XXI tenha mantido seu hábito de injetar cocaína: as adaptações modernas para o cinema e a TV de fontes do século XIX normalmente buscam maneiras de torná-las mais contemporâneas e "ousadas", mas o hábito de Holmes ainda precisa ser atenuado. Em algumas adaptações, ele é substituído por referências a um período de desintoxicação; em outras, por uma dependência de adesivos de nicotina. O único protagonista usuário de cocaína, injetável nos últimos anos foi retratado na série da HBO *The Knick* (duas temporadas, 2014-2015), ambientada em 1900. O personagem principal é um cirurgião viciado em cocaína, cuja personalidade é inspirada em William Halsted, e o próprio Halsted aparece em um episódio.
3. Ver, por exemplo, Gallimore, 2019 e St John, 2015. Um exemplo notável do uso do óxido nitroso para gerar experiências místicas no século XX foi o guru Bhagwan Shree Rajneesh, que instalou um aparelho odontológico de anestesia em seus aposentos privados em Rajneeshpuram, seu *ashram* em Oregon, na década de 1980. Ele ditou uma série de livros enquanto estava sob a influência do gás, incluindo *Notes of a Madman* (Notas de um homem louco, em tradução livre), Osho Books, 1985. "Sob a influência do gás do riso", disse Rajneesh, "estou tão aliviado por não ter mais que fingir ser iluminado". O episódio é discutido, com gravações de Rajneesh, no podcast *Building Utopia*, https://www.buildingutopiapodcast.com/minisode-3
4. Os "principais psicodélicos" são geralmente considerados as triptaminas (LSD, psilocibina, DMT) e as fenetilaminas (mescalina), que atuam poderosamente nos receptores 5-HT e no sistema serotoninérgico. No entanto, outras substâncias, como a salvinorina, a cetamina e a fenciclidina (PCP), que atuam em

diferentes sistemas neurotransmissores, são rotineiramente incluídas na categoria, e o MDMA, apesar de ser uma fenetilamina e um poderoso agonista da serotonina, é frequentemente excluído.

5. Hart 2021 190
6. Pollan 2021 86 cita um total de 1,247,713 para 1997 e 1,239,909 para 2019.
7. Hart 2021 178
8. Ibid. 205
9. Ibid. 246
10. Forstmann e Sagioglou 2021
11. Langlitz 2013 108–9
12. Preciado 2013 [2008] 55
13. Ibid. 250–1
14. Ibid. 353
15. Ibid. 357

BIBLIOGRAFIA

ADAMS, Clive E. James Crichton Browne and controlled evaluation of drug treatment for mental illness. **Journal of the Royal Society of Medicine**, v. 103, n. 4, p. 160-1, abr. 2010.

ADAY, Jacob S. *et al.* Beyond LSD: a broader psychedelic zeitgeist during the early to mid-20th century. **Journal of Psychoactive Drugs**, v. 51, n. 3, p. 210-17, 2018.

ALFORD, Norman. **The Rhymers' Club**: poets of the tragic generation. Cormorant Press, 1980.

ALTMAN, Lawrence K. **Who goes first?**: the story of self-experimentation in medicine. University of California Press, 1986.

ÁLVARO, Luis-Carlos. Hallucinations and pathological visual perceptions in maupassant's fantastical short stories – a neurological approach. **Journal of the History of the Neurosciences**, v. 14, n. 2, p. 100-15, 2006.

AMINOFF, Michael J. The life and legacy of Brown-Séquard. **Brain**, v. 140, p. 1525-32, 2017.

ANDREWS, George; SOLOMON, David (ed.). The Coca Leaf and Cocaine Papers. Harcourt Brace Jovanovich, 1975.

ARNOLD, Matthew. Culture and Anarchy. Smith, Elder & Co., 1869.

ASCHENBRANDT, T. Die physiologische Wirkung und Bedeutung des Cocain. muriat. auf den menschlichen Organismus. Klinische Beobachtungen während der Herbstwaffenübungen des Jahres 1883. **Deutsche Medicinische Wochenschrift**, v. 9, n. 50, p. 730-2, 1883.

ASHLEY, Mike. **Adventures in the strand**. British Library, 2016.

ASHLEY, Mike. **The age of the storytellers**. Oak Knoll, 2005.

ASPREM, Egil. **The problem of disenchantment**. State University of New York Press, 2018.

BAGGOTT, Matthew. Seed crystal: the contributions of alexander shulgin to the science of consciousness. *In*: SHULGIN, Alexander; SHULGIN, Ann. **The commemorative edition of Pihkal and Tihkal**. Transform Press, 2018. p. 474-82.

BAKER, Phil. **City of the beast**: the London of Aleister Crowley. Strange Attractor Press, 2022.

BAKER, Phil. **The Dedalus book of absinthe**. Dedalus Press, 2001.

BALL, Philip. **The devil's doctor**: Paracelsus and the renaissance world of magic and science. Heinemann, 2006.

BALZAC, Honoré de. **Treatise on modern stimulants**. Wakefield Press, 2018.

BARNARD, William G. **Exploring unseen worlds**: William James and the philosophy of mysticism. State University of New York Press, 1997.

BARNES, Julian. **The man in the red coat**. Jonathan Cape, 2019.

BARTON, William. **A dissertation on the chymical properties and exhilarating effects of nitrous oxide gas and its application to pneumatick medicine**. 1808. Tese (Doutorado) – University of Pennsylvania.

BARZUN, Jacques. **A stroll with William James**. University of Chicago Press, 1983.

BAUDELAIRE, Charles. **Artificial paradises**. Tradução: Stacy Diamond. Citadel Press, 1996.

BAUDELAIRE, Charles. **The painter of modern life**. Tradução: P. E. Charvet. Penguin, 2010.

BAUDELAIRE, Charles; GAUTIER, Théophile. **Hashish, wine, opium**. Tradução: Maurice Stang. Alma Classics, 2019.

BEARD, George M. **A practical treatise on nervous exhaustion (neurasthenia)**. William Wood & Co., 1880.

BEARD, George M. **American nervousness**: its causes and consequences. G. P. Putnam's Sons, 1881.

BECKER, Howard S. Becoming a marihuana user. **American Journal of Sociology**, v. 59, n. 3, p. 235-42, nov. 1953.

BECKER, Howard S. **Outsiders**: studies in the psychology of deviance. The Free Press, 1963.

BEDDOES, Thomas. **Notes of some observations made at the medical pneumatic institution**. Biggs & Cottle, 1799.

BENJAMIN, Walter. **On hashish**. Tradução: Howard Eiland. Belknap Press, 2006.

BENJAMIN, Walter. On some motifs in Baudelaire. *In*: **Selected writings**, vol. 4: 1938-40. Harvard University Press, 2003.

BENTLEY, W. H. Erythoxylon coca in the opium and alcohol habits. **Detroit Therapeutic Gazette**, 15 set. 1880.

BERGSON, Henri. **Time and free will**. Dover Publications, 2001.

BERINGER, Kurt. **Der Meskalinrausch**. Springer-Verlag, 1969.

BERRIDGE, Kent C.; KRINGELBACH, Morten L. Building a neuroscience of pleasure and well-being. **Psychology of Well-Being: Theory, Research and Practice**, v. 1, art. 3, 2011.

BERRIDGE, Virginia. The origins of the english drug "scene". **Medical History**, v. 32, p. 51-64, 1988.

BERRIOS, German. **History of mental symptoms**. Cambridge University Press, 1996.

BESANT, Annie. **The ancient wisdom**: an outline of theosophical teachings. Theosophical Publishing House, 1897.

BEWLEY-TAYLOR, David; JELSMA, Martin. Regime change: revisiting the 1961 single convention on narcotic drugs. **International Journal of Drug Policy**, v. 23, n. 1, p. 72-81, jan. 2012.

BIDEN, Hunter. **Beautiful things**. Gallery Books, 2021.

BINET, Alfred. **On double consciousness**: experimental psychological studies. Open Court Publishing Co., 1890.

BJELIĆ, Dušan. **Intoxication, modernity and consumerism**. Palgrave Macmillan, 2017.

BLAVATSKY, Helena P. **Isis unveiled**: a master-key to the mysteries of ancient and modern science and theology. Cambridge University Press, 2012.

BLOOD, Benjamin Paul. **The anaesthetic revelation and the gist of philosophy**. Amsterdam, New York, 1874.

BLOOD, Benjamin Paul. **The pluriverse**. Marshall Jones Co., 1920.

BLUM, Deborah. **Ghost hunters**. Century, 2007.

BOON, Marcus. **The road of excess**: a history of writers on drugs. Harvard University Press, 2002.

BORCH-JACOBSEN, Mikkel. **How a fabrication differs from a lie**. London Review of Books, 13 abr. 2000.

BOREN, Lynda S. William James, Theodore Dreiser and the anaesthetic Revelation. **American Studies**, v. 42, n. 1, p. 5-17, 1983.

BOWLES, Paul. **A hundred camels in the courtyard**. City Lights Books, 1962.

BREATHNACH, C. S. W. H. R. Rivers and the hazards of interpretation. **Journal of the Royal Society of Medicine**, v. 86, p. 413-16, jul. 1993.

BREEN, Benjamin. **The age of intoxication**. University of Pennsylvania Press, 2019.

BREEN, Benjamin. **Victorian occultism and the art of synaesthesia**. Public Domain Review, 19 mar. 2014.

BREWSTER, David. **The kaleidoscope**: its history, theory and construction. John Murray, 1858.

BROWN-SÉQUARD, C. The effects produced on man by subcutaneous injections of a liquid obtained from the testicles of animals. **The Lancet**, v. 2, p. 105-7, 1889.

BURROUGHS, William. **Junky**. Penguin Books, 1977.

BURROUGHS, William; GINSBERG, Allen. **The yage letters**. Penguin Classics, 2008.

BYCK, Robert (ed.). **Cocaine papers**: Sigmund Freud. Stonehill Publishing, 1974.

CAHAGNET, Louis Alphonse. **The celestial telegraph**. Partridge & Brittan, 1855.

CAHAGNET, Louis Alphonse. **The sanctuary of spiritualism**. Tradução: M. Flinders Pearson. Geo. Peirce, 1851.

CALINESCU, Matei. **Five faces of modernity**: modernism, avant-garde, decadence, kitsch, postmodernism. Duke University Press, 1987.

CANALES, Jimena. **The physicist and the philosopher**. Princeton University Press, 2015.

CAQUET, P. E. **Opium's orphans**: the 200-year history of the war on drugs. Reaktion Books, 2022.

CARSTAIRS, Catherine. The most dangerous drug: images of african-americans and cocaine use in the progressive era. **Left History**, v. 7, n. 1, p. 46-61, mar. 2000.

CHAMBERS, John Whiteclay. **The tyranny of change**: America in the progressive era. Rutgers University Press, 1992.

CHURCH, Roy; TANSEY, E. M. **Burroughs Wellcome & Co**: knowledge, trust, profit and the transformation of the british pharmaceutical industry, 1880-1940. Crucible Books: 2007.

COAKLEY, T. W. **Keef**: a story of intoxication, love and death. Editado por Ronald K. Siegel. Process Media, 2017.

COMERS, George F. **Rejuvenation**: how steinach makes people young. Thomas Seltzer, 1923.

CONNOR, Steven. **The matter of air**: science and art of the ethereal. Reaktion Books, 2010.

CONTI, Meredith. Ungentlemanly habits: the dramaturgy of drug addiction in fin-de-siècle theatrical adaptations of the Sherlock Holmes stories and the strange case of Dr. Jekyll and Mr Hyde. *In*: PENNER, Louise; SPARKS, Tabitha (ed.). **Victorian medicine and popular culture**. University of Pittsburgh Press, 2015.

COOTE, Stephen. W. B. **Yeats**: a life. Hodder & Stoughton, 1997.

COURTWRIGHT, David. **Forces of habit**: drugs and the making of the modern world. Harvard University Press, 2001.

COURTWRIGHT, David. **The age of addiction**: how bad habits became big business. Belknap Press, 2019.

COWLES, Henry. **The scientific method**: an evolution of thinking from Darwin to Dewey. Harvard University Press, 2020.

CRARY, Jonathan. **Suspensions of perception**: attention, spectacle and modern culture. MIT Press, 1999.

CRARY, Jonathan. Techniques of the observer. **Outubro**, v. 45, p. 3-35, Summer 1988.

CRARY, Jonathan. **Techniques of the observer**: on vision and modernity in the nineteenth century. MIT Press, 1991.

CRITCHLEY, Macdonald. Mescalism. **British Journal of Inebriety**, v. 28, p. 100-8, jan. 1931.

DAFTARY, Farhad. **The assassin legends**: myths of the isma'ilis. I. B. Tauris & Co., 1994.

DANN, Kevin T. **Bright colours falsely seen**: synesthesia and the search for transcendental knowledge. Yale University Press, 1998.

DASTON, Lorraine; GALISON, Peter. **Objectivity**. Zone Books, 2007.

DAVENPORT-HINES, Richard. **The pursuit of oblivion**. Weidenfeld & Nicolson, 2001.

DAVIS, Wade. **Smoking toad, shadows of the sun**. Island Press, 1998.

DAVIS, Wade; WEIL, Andrew. Identity of a new world psychoactive toad. **Ancient Mesoamerica**, v. 3, n. 1, p. 51-9, mar. 1992.

DAVY, Humphry. **Researches chemical and philosophical, chiefly concerning nitrous oxide and its respiration**. Joseph Johnson, 1800.

DE QUINCEY, Thomas. **Confessions of an english opium-eater**. Penguin Classics, 1986.

DEVENEY, John Patrick. **Paschal Beverly Randolph**. State University of New York Press, 1997.

DEVENOT, Neše. **Altered states/other worlds**: romanticism, nitrous oxide and the literary prehistory of psychedelia. 2015. Dissertação (Doutorado) – University of Pennsylvania.

DONLON, Helen. **Shadows across the moon**: outlaws, freaks, shamans and the making of Ibiza clubland. Jawbone Press, 2017.

DOWBIGGIN, Ian. Alfred Maury and the politics of the unconscious in nineteenth-century France. **History of Psychiatry**, v. 1, p. 255-87, 1990.

DOYLE, Arthur Conan. **Sherlock Holmes**: the complete long stories. John Murray, 1929.

DOYLE, Arthur Conan. **Sherlock Holmes**: the complete short stories. John Murray, 1928.

DU BOIS, W. E. B. **The souls of black folk**. Oxford University Press, 2007.

DU PLESSIS, Michael. Unspeakable writing: Jean Lorrain's Monsieur de Phocas. **French Forum**, v. 27, n. 2, p. 65-98, Spring 2002.

DULCHINOS, Donald P. **Pioneer of inner space**: the life of Fitz Hugh Ludlow, hasheesh eater. Autonomedia, 1998.

DUMAS, Alexandre. **The Count of Monte Cristo**. Tradução: R. Buss. Penguin, 2003.

DUNBAR, Ernest. The light thrown on psychological processes by the action of drugs. **Proceedings of the Society for Psychical Research**, v. 16, p. 62-77, 1905.

EARLEYWINE, Mitch (ed.). **Mind-altering drugs**: the science of subjective experience. Oxford University Press, 2005.

EBERHARDT, Isabelle. **The oblivion seekers.** Tradução de Paul Bowles. Peter Owen, 1988.

ELLENBERGER, Henri F. **The discovery of the unconscious**. Fontana Press, 1994.

ELLIS, Havelock. A new artificial paradise. **Contemporary Review**, v. 73, p. 130-41, jan. 1898.

ENRIGHT, Damien. **Dope in the age of innocence**. Liberties Press, 2010.

ESTES, J. Worth. John Jones' mysteries of opium reveal'd (1701): key to historical opiates. **Journal of the History of Medicine and Allied Sciences**, v. 34, n. 2, p. 200-10, abr. 1979.

EVANS, Jules. Abraham Maslow, empirical spirituality and the crisis of values. **Medium**, abr. 2021. Disponível em: https://julesevans.medium.com/abraham-maslow-empirical-spirituality-and-the-crisis-of-values-34148b775fla. Acesso em: 13 out. 2025.

EVERDELL, William R. **The first moderns**. University of Chicago Press, 1997.

FANCHER, Raymond. **Pioneers of psychology**. 3. ed. W. W. Norton & Co., 1996.

FERRIS, Paul. **Dr. Freud**: a life. Sinclair-Stevenson, 1997.

FIKS, Arsen. **Self-experimenters**: sources for study. Praeger, 2003.

FORSTMANN, Matthias; SAGIOGLOU, Christina. How psychedelic researchers' self-admitted substance use and their association with psychedelic culture affect people's perceptions of their scientific integrity and the quality of their research. **Public Understanding of Science**, v. 30, n. 3, p. 302-18, 2021.

FOSTER, Hal. **Prosthetic gods**. MIT Press, 2006.

FRANKLIN, Benjamin *et al.* **Animal magnetism**: report of Dr. Franklin and other commissioners, charged by the king of France with the examination of the animal magnetism as practised at Paris. H. Perkins, 1837.

FREUD, Sigmund. **Civilization and its discontents**. Hogarth Press, 1979.

FREUD, Sigmund. Cocaine papers. *In*: BYCK, Robert (ed.). **Cocaine papers**: Sigmund Freud. Stonehill Publishing, 1974.

FREUD, Sigmund. The complete letters of Sigmund Freud to Wilhelm Fliess 1887-1904. *In*: MASSON, M. (ed.). **The complete letters of Sigmund Freud to Wilhelm Fliess 1887-1904**. Belknap Press, 1985.

FRIMAN, H. Richard. Germany and the transformation of cocaine 1880-1920. *In*: GOOTENBERG, Paul (ed.). **Cocaine, global histories**. Routledge, 1999. p. 83-104.

FULLER, Robert C. Biographical origins of psychological ideas: Freud's cocaine studies. **Journal of Humanistic Psychology**, v. 32, n. 3, p. 67-86, Summer 1992.

GABRIEL, Joseph M. Anaesthetics and the chemical sublime. **Raritan**, v. 30, n. 1, p. 68-93, 2010.

GALLIMORE, Andrew. **Alien information theory**: psychedelic drug technologies and the cosmic game. Strange World Press, 2019.

GAULT, Alan. **The founders of psychical research**. Schocken, 1968.

GAUTIER, Théophile. **Charles Baudelaire**: his life. Greening & Co., 1915.

GAUTIER, Théophile. Le haschisch. **Annales Médico-psychologiques**, v. 11, p. 492, nov. 1833.

GAUTIER, Théophile. **My fantoms**. Tradução: Richard Holmes. New York Review of Books, 1976.

GAUTIER, Théophile. The hashish-eaters' club ('le club des haschischins'). *In*: HAINING, Peter (ed.). **The hashish club**, vol. 1. Peter Owen Ltd, 1975.

GAUTIER, Théophile; CHANEL, Christian; DEVENEY, John P. **The hermetic brotherhood of luxor**. Red Wheel/Weiser, 2000.

GODWIN, Joscelyn. **The theosophical enlightenment**. State University of New York Press, 1994.

GODWIN, Joscelyn; CHANEL, Christian; DEVENEY, John P. **The hermetic brotherhood of luxor**. Samuel Weiser, Inc. 1995.

GOLINSKI, Jan. **The experimental self**: Humphry Davy and the making of a man of science. University of Chicago Press, 2017.

GONNE, Maud. **A servant of the queen**: the autobiography of Maud Gonne. University of Chicago Press, 1995.

GONNE, Maud; YEATS, William Butler. **The Gonne-Yeats letters 1893-1938**. Editado por Anna MacBride White and A. Norman Jeffares. Hutchinson, 1992.

GOOTENBERG, P. **Andean cocaine**: the making of a global drug. University of North Carolina Press, 2008.

GOOTENBERG, P. (ed.). **Cocaine**: global histories. Routledge, 1999.

GORDON, H. L. **Sir James Young Simpson and chloroform**. T. Fisher Unwin, 1897.

GOWER, Barry. **Scientific method**. Routledge, 1997.

GRAVES, Robert. **Oxford addresses on poetry**. Doubleday, 1962.

GRAVES, Robert. **Steps**: stories, talks, essays, poems, studies in history. Cassell, 1958.

GRAVES, Robert. **The white goddess**. 3. ed. Farrar, Straus & Giroux, 1960.

GRAYSON, Ellen Hickey. Social order and psychological disorder: laughing gas demonstrations 1800-1850. *In*: THOMSON, Rosemarie Garland (ed.). **Freakery**: cultural spectacles of the extraordinary body. New York University Press, 1996.

GREEN, Adam (ed.). **Oh excellent air bag**: under the influence of nitrous oxide 1799-1920. Public Domain Review Press, 2016.

GREER, Mary E. **Women of the golden dawn**. Park Street Press, 1995.

GRIFFITHS, George. **Gambles with destiny**. F. V. White, 1899.

GUBA, David A. Jr. "A sovereign remedy": Grimault & Co.'s asthma cigarette empire. **Points: Blog of the Alcohol and Drugs History Society (ADHS)**, 2020a. Disponível em: https://pointshistory.com/2020/02/18/a-sovereign-remedy-grimault-cos-asthma-cigarette-empire. Acesso em: 13 out. 2025.

GUBA, David A. Jr. **Taming cannabis**: drugs and empire in nineteenth-century France. McGill-Queens University Press, 2020b.

GURNEY, Edmund. Hallucinations. Mind, v. 10, n. 38, p. 171-89, 1885. *In*: MCCORRISTINE, Shane (ed.). **Spiritualism, mesmerism and the occult 1800-1920**. vol. 1. Pickering & Chatto, 2012.

HACKING, Ian. **Mad travelers**. Harvard University Press, 2002.

HAHNEGRAAFF, Wouter. The first psychonaut? Louis-Alphonse Cahagnet's experiments with narcotics. **International Journal for the Study of New Religion**, v. 7, n. 2, p. 105-23, 2016.

HALDANE, J. B. S. **Possible worlds**. Evergreen Books, 1940.

HALL, Wayne. Why was early therapeutic research on psychedelic drugs abandoned?. **Psychological Medicine, Cambridge University Press**, 2021.

HAMILTON, Trevor. **Immortal longings**: F. H. W. Myers and the victorian search for life after death. Imprint Academic, 2009.

HAMMACK, Brenda Mann. The chemically inspired intellectual in occult fiction. **Mosaic: An Interdisciplinary Critical Journal**, v. 37, n. 1, p. 83-99, mar. 2004.

HAMMER-PURGSTALL, Joseph. **The history of the assassins**. Tradução: O. C. Wood. Smith & Elder, 1835.

HAMMOND, W. A. Coca: Its preparations and their therapeutic qualities, with some remarks on the so-called "cocaine habit". *In*: BYCK, Robert (ed.). **Cocaine papers**: Sigmund Freud. Stonehill Publishing, 1974.

HANZLIK, P. J. **Purkinje's pioneer self-experiments in pharmacology**. Part 1. California and Western Medicine, v. 49, n. 1, jul. 1938a.

HANZLIK, P. J. **Purkinje's pioneer self-experiments in pharmacology**. Part 2. California and Western Medicine, v. 49, n. 2, ago. 1938b.

HARIDAS, Rajesh P. Horace Wells' demonstration of nitrous oxide in Boston. **Anaesthesiology**, v. 119, n. 5, p. 1014-22, nov. 2013.

HARPER, George Mills. **Yeats golden dawn**. Macmillan, 1974.

HARRISON, John E. **Synaesthesia**: the strangest thing. Oxford University Press, 2001.

HART, Carl. **Drug use for grown-ups**. Penguin Press, 2021.

HAYTER, Alethea. **Opium and the romantic imagination**. Faber & Faber, 1968.

HEALY, David. **The creation of psychopharmacology**. Harvard University Press, 2002.

HECHT, Ben. **A child of the century**. Yale University Press, 2020.

HERZBERG, David. **White market drugs**: big pharma and the hidden history of addiction in America. University of Chicago Press, 2020.

HERZIG, Rebecca. **Suffering for science**: reason and sacrifice in modern America. Rutgers University Press, 2006.

HEWITT, Seán. An initiated mystic": modernisation and occultism in synge's "The Aran Islands". **New Hibernia Review**, v. 19, n. 4, p. 58-76, 2015.

HICKMAN, Timothy A. Mania americana: narcotic addiction and modernity in the United States 1870-1920. **Journal of American History**, v. 90, n. 4, p. 1269-94, mar. 2004.

HIGGS, John. **I have America surrounded**: the life of Timothy Leary. Friday Books, 2006.

HILTON, Frank. **Baudelaire in chains**: a portrait of the artist as a drug addict. Peter Owen Ltd, 2004.

HOFMANN, Albert. **LSD**: my problem child. Tradução: Jonathan Ott. Oxford University Press, 2013.

HOLLISTER, Leo E. Drug-induced psychoses and schizophrenic reactions: a critical comparison. **Annals of the New York Academy of Sciences**, v. 96, p. 80-92, jan. 1962.

HOLLOWAY, Verity. **The mighty healer**: Thomas Holloway's victorian patent medicine empire. Pen & Sword History, 2016.

HOLMES, Oliver Wendell (Sr). **Mechanism in thought and morals, a lecture delivered before the Phi Beta Kappa Society of Harvard University, 29 de junho, 1870**. Houghton, Osgood & Co., 1879.

HOLMES, Richard. **Footsteps**. Flamingo, 1995.

HOOKE, Robert. **Philosophical experiments and observations**. W. & J. Innys, 1726.

HOOKE, Robert. **The diary of Robert Hooke**. Editado por H. W. Robinson. Taylor & Francis, 1935.

HUGHES-HALLETT, Lucy. **The pike**: Gabriele D'Annunzio. Fourth Estate, 2013.

HUNT, Geoffrey P.; EVANS, Kristin. The great unmentionable: exploring the pleasures and benefits of ecstasy from the perspectives of drug users. **Drugs, Education, Prevention and Policy**, v. 15, n. 4, p. 329-49, 2008.

HUXLEY, Aldous. **Brave new world**. Doubleday, 1932.

HUXLEY, Aldous. **Moksha**: writings of psychedelics and the visionary experience 1931-1963. Editado por Michael Horowitz and Cynthia Palmer. Chatto & Windus, 1980.

HUXLEY, Aldous. **The doors of perception**. Penguin Vintage Classics, 2004.

HUYSMANS, Joris-Karl. **À rebours (Against nature)**. Tradução: Robert Baldick. Penguin Classics, 2003.

IRWIN, Robert. **The arabian nights**: a companion. Allen Lane, 1994.

JACKSON, Mark. "Divine stramonium": the rise and fall of smoking for asthma. **Medical History**, v. 54, n. 2, p. 171-94, 2010.

JAMES, Tony. **Dreams, creativity and madness in nineteenth-century France**. Clarendon Press, 1995.

JAMES, William. A pluralist mystic. *In*: BURKHARDT, Frederick H.; BOWERS, Fredson; SKRPSKELIS, Ignas K. (ed.). **Essays in philosophy**. Harvard University Press, 1978.

JAMES, William. **Final impressions of a psychical researcher**. Memories and Studies. Longman, 1911.

JAMES, William. On some hegelisms. **Mind**, v. 7, 1882.

JAMES, William. **Pragmatism and other writings**. Penguin Classics, 2000.

JAMES, William. Review of "The Anaesthetic Revelation and the Gist of Philosophy". **Atlantic Monthly**, v. 33, n. 5, p. 627-8, nov. 1874.

JAMES, William. **The principles of psychology**. Henry Holt & Co., 1890.

JAMES, William. **The varieties of religious experience**. Penguin, 1985.

JAMES, William. What is an emotion?. **Mind**, v. 9, n. 34, p. 188-205, abr. 1884.

JAY, Mike. **Emperors of dreams**: drugs in the nineteenth century. Rev. ed. Dedalus Press, 2011.

JAY, Mike. **Mescaline**: a global history of the first psychedelic. Yale University Press, 2019.

JAY, Mike. Miracle or menace? the arrival of cocaine 1860-1900. *In*: TABA, Pille; LEES, Andrew; SIKK, Katrin (ed.). The neuropsychiatric complications of stimulant abuse. **International Review of Neurobiology**, v. 120, cap. 3, 2015.

JAY, Mike. **The atmosphere of heaven**. Yale University Press, 2009.

JAY, Mike. The green jam of "Doctor X": science and literature at the club des hashischins. *In*: BRENNAN, Eugene; WILLIAMS, Russell (ed.). **Literature and intoxication**. Palgrave Macmillan, 2015.

JAY, Mike. What is a drug? *In*: HERLINGHAUS, Hermann (ed.). **The pharmakon**. Universitätsverlag, Heidelberg, 2018. p. 21-34.

JEFFARES, A. Norman. W. B. **Yeats**: man and poet. Routledge & Kegan Paul, 1949.

JENKINS, Philip. **Dream catchers**: how mainstream America discovered native spirituality. Oxford University Press, 2004.

JESSOP, Walter H. **Cocaine**. The Practitioner, jan. 1885.

JEWANSKI, Jörg *et al.* The "golden age" of synaesthesia enquiry in the late nineteenth century (1876-1895). **Journal of the History of the Neurosciences: Basic and Clinical Perspectives**, v. 29, n. 2, p. 175-202, 2020.

JOHNSTON, James. **The chemistry of common life**. 2 vol. William Blackwood & Sons, 1859.
JONES, John. **The mysteries of opium reveal'd**. Richard Smith, 1701.
JUDD, C. H. Evolution and consciousness. **Psychological Review**, v. 17, n. 2, mar. 1910.
JUNG, Carl. **Letters**. Vol. 2: 1951-1961. Editado por Gerhard Adler. Princeton University Press, 1976.
KAMIEŃSKI, Łukas. **Shooting up**: a history of drugs in warfare. Hurst & Co., 2016.
KANE, H. H. **Drugs that enslave**: the opium, morphine, chloral and haschisch habits. Presley Blakiston, 1881.
KANE, H. H. **A hashish house in New York**. Harper's Monthly, nov. 1883.
KANTOR, Arlene Finger. Upton sinclair and the pure food and drugs act of 1906. **American Journal of Public Health**, v. 66, n. 12, p. 1202-5, 1976.
KARMEL, Richard. Freud's cocaine papers: a commentary. **Canadian Journal of Psychoanalysis**, v. 11, n. 1, p. 161-9, 2003.
KERN, Stephen. **The culture of time and space 1880-1918**. Harvard University Press, 2003.
KERN, Stephen. Changing concepts and experiences of time and space. *In*: SALER, Michael (ed.). **The fin-de-siècle world**. Routledge, 2015.
KERR, Norman. **Inaugural address**: society for the study and cure of inebriety. H. K. Lewis, 1884.
KLÜVER, Heinrich. **Mescal and mechanisms of hallucination**. University of Chicago Press, 1966.
KNAUER, Alwyn; MALONEY, William. A preliminary note on the psychic action of mescalin. **Journal of Nervous and Mental Disease**, v. 40, n. 7, p. 425-36, jul. 1913.
KOHN, Marek. **Narcomania**. Faber & Faber, 1987.
KOHN, Marek. **Dope girls**: the birth of the british drug underground. Lawrence & Wishart, 1992.
KORAM, Kojo (ed.). **The war on drugs and the global colour line**. Pluto Press, 2019.
KRAEPELIN, Emil. **Memoirs**. Springer-Verlag, 1970.
KRIEG, Margaret. **Green medicine**: the search for plants that heal. Rand McNally, 1964.
KROKER, Kenton. The progress of introspection in America 1896-1938. **Studies in History and Philosophy of Biomedical Sciences**, v. 34, p. 77-108, 2003.
KURK, Katherine C. Maupassant and the divided self: "Qui Sait?". **Nineteenth-Century French Studies**, v. 14, p. 284-94, 1986.
LANGLITZ, Nicolas. **Neuropsychedelia**. University of California Press, 2013.
LANGLITZ, Nicolas. The persistence of the subjective in neuropsychopharmacology. **History of the Human Sciences**, v. 23, n. 1, p. 37-57, 2010.
LANGLITZ, Nicolas *et al.* Moral psychopharmacology needs moral inquiry: the case of psychedelics. **Frontiers in Psychiatry**, 2 ago. 2021.

LASKI, Marghanita. **Ecstasy**: a study of some secular and religious experiences. Cresset Press, 1961.

LATTIN, Don. **The Harvard psychedelic club**. HarperOne, 2010.

LEARY, Timothy. **Flashbacks**: an autobiography. Heinemann, 1983.

LEE, James S. **The underworld of the East**. Sampson, Marston & Low, 1935.

LEE, Martin A.; SHLAIN, Bruce. **Acid dreams**: the CIA, LSD and the sixties rebellion. Grove Press, 1985.

LEFEBURE, Molly. **Samuel Taylor coleridge**: a bondage of opium. Victor Gollancz, 1974.

LETCHER, Andy. **Shroom**: a cultural history of the magic mushroom. Faber & Faber, 2006.

LÉVI, Eliphas. **The doctrine and ritual of high magic**. Tarcher Perigee, 2017.

LEVINSTEIN, Edward. **Morbid craving for Morphia**. Tradução: Charles Harrer. Smith, Elder & Co., 1878.

LEWIN, Louis. **Phantastica**. Park Street Press, 1998.

LINES, Rick. Deliver us from evil? - the single convention on narcotic drugs, 50 years on. **International Journal on Human Rights and Drug Policy**, v. 1, p. 3-14, 2010.

LORRAIN, Jean. **Monsieur de Phocas**. Tradução: Francis Amery. Dedalus Books, 1994.

LORRAIN, Jean. **Nightmares of an ether-drinker**. Tradução : Brian Stableford. Tartarus Press, 2002.

LUDLOW, Fitz Hugh. **The hasheesh eater**: being passages from the life of a pythagorean. Harper & Brothers, 1857.

LUHAN, Mabel Dodge. **Intimate memories**. Vol. 3: Movers and Shakers. Harcourt Brace & Co., 1936.

LUKE, David. **Otherworlds**: psychedelics and exceptional human experience. Aeon Academic, 2019.

MACHEN, Arthur. **The three impostors**. Everyman Library, 1995.

MAEHLE, Andreas-Holger. **Drugs on trial**: experimental pharmacology and therapeutic innovation in the eighteenth century. Editions Rodopi, 1999.

MAKARI, George. **Revolution in mind**. Duckworth, 2008.

MANTEGAZZA, Paolo. On the hygienic and medicinal values of coca. *In*: ANDREWS, George; SOLOMON, David (ed.). **The coca leaf and cocaine papers**. Harcourt Brace Jovanovich, 1975.

MARKEL, Howard. **An anatomy of addiction**. Vintage Books, 2012.

MASLOW, Abraham. A theory of human motivation. **Psychological Review**, v. 50, p. 370-96, 1943.

MASSON, M. (ed.). **The complete letters of Sigmund Freud to Wilhelm Fliess 1887-1904**. Belknap Press, 1985.

MAUDSLEY, Henry. Hallucinations of the senses. Fortnightly Review, v. 24, p. 370-86, 1878. *In*: MCCORRISTINE, Shane (ed.). **Spiritualism, mesmerism and the occult 1800-1920**. Vol. 1. Pickering & Chatto, 2012.

MAUDSLEY, Henry. **Natural causes and supernatural seemings**. Cambridge University Press, 2011.

MAUPASSANT, Guy. **The entire original Maupassant short stories**. Vol. 11. 2000. Disponível em: https://www.gutenberg.org/files/3090/3090-h/3090-h.htm. Acesso em: 13 out. 2025.

MAURY, Alfred. **De l'hallucination au point de vue philosophique et historique**. Paris, 1845.

MAYER-GROSS, Wilhelm. Experimental psychoses and other mental abnormalities produced by drugs. **British Medical Journal**, v. 2, n. 4727, p. 317-21, ago. 1951.

MCCORRISTINE, Shane (ed.). **Spiritualism, mesmerism and the occult 1800-1920**. 5 vol. Pickering & Chatto, 2012.

MENAND, Louis. **The free world**. Fourth Estate, 2021.

MENAND, Louis. **The metaphysical club**. Harper Collins, 2001.

METZINGER, Thomas. **Being no-one**: the self-model theory of subjectivity. MIT Press, 2004.

MICALE, Mark (ed.). **The mind of modernism**: medicine, psychology and the cultural arts in Europe 1880-1940. Stanford University Press, 2004.

MICALE, Mark. France. *In*: SALER, Michael (ed.). **The fin-de-siecle world**. Routledge, 2015.

MICKEL, Emmanuel. **The artificial paradises in french literature**. University of North Carolina Press, 1969.

MILL, John Stuart. **On liberty**. Walter Scott Publishing Co., 2011.

MILLIGAN, Barry. Morphine-addicted doctors, the english opium-eater, and embattled medical authority. **Victorian Literature and Culture**, v. 33, p. 541-53, 2005.

MILLS, James H. **Cannabis britannica**: empire, trade and prohibition 1800-1928. Oxford University Press, 2003.

MILLS, James H. **Cannabis nation**. Oxford University Press, 2013.

MILNER, Max. **L'imaginaire des drogues**. Editions Gallimard, 2000.

MILNES, Christopher. **A history of euphoria**. Palgrave Macmillan, 2019.

MOGAR, Robert E. Current status and future trends in psychedelic (LSD) Research. **Journal of Humanistic Psychology**, v. 5, n. 2, p. 147-66, out. 1965.

MOORE, Virginia. **The unicorn**: W. B. Yeats Search for Reality. Macmillan, 1954.

MOREAU, Jacques-Joseph. **Hashish and mental illness**. Raven Press, 1973.

MOST, Albert. **Bufo Alvarius**: psychedelic toad of the sonoran desert. Venom Press, 1984.

MRABET, Mohammed. **M'hashish**. Tradução: Paul Bowles. Peter Owen Publishers, 1988.

MUKHERJEE, Sujaan. W. B. O'Shaughnessy and the introduction of cannabis to western medicine. **Public Domain Review**, 2017. Disponível em: https://publicdomainreview.org/essay/w-b-o-shaughnessy-and-the-introduction-of-cannabis-to-modern-western-medicine. Acesso em: 13 out. 2025.

MÜLLER, Ulrich *et al.* The origin of psychopharmacology: Emil Kraepelin's experiments in Leipzig, Dorpat and Heidelberg (1882-92). **Psychopharmacology**, v. 184, p. 131-8, 2006.

MUNRO, John M. **Arthur Symons**. Twayne Publishers, 1969.

MUSTO, David F. Sherlock Holmes and Sigmund Freud. *In*: BYCK, R. (ed.). **Cocaine papers**: Sigmund Freud. Stonehill Publishing, 1974.

MUSTO, David F. **The american disease**: origins of narcotic control. 3. ed. Oxford University Press, 1999.

MYERS, Frederick. The subliminal consciousness. **Proceedings of the Society for Psychical Research**, v. 8, p. 436-535, 1892.

MYERS, Kimberley. W. B. Yeats' steinach operation, hinduism, and the severed-head plays of 1934-5. **Literature and Medicine**, v. 28, n. 1, p. 102-37, Spring 2009.

NERVAL, Gérard de. hashish' (The tale of the Caliph Hakim). *In*: HAINING, Peter (ed.). **The hashish club**. Vol. 1. Peter Owen Ltd, 1975.

NICOTRA, Jodie. William James in the borderlands: psychedelic science and the "accidental fences" of self. **Configurations**, v. 16, n. 2, p. 199-213, 2008.

OPPENHEIM, Janet. **Shattered nerves**: doctors, patients and depression in victorian England. Oxford University Press, 1991.

OPPENHEIM, Janet. **The other world**: spiritualism and psychical research in England 1850-1914. Cambridge University Press, 1985.

ORAM, Matthew. Efficacy and enlightenment: LSD psychotherapy and the drug amendments of 1962. **Journal of the History of Medicine and Allied Sciences**, v. 69, n. 2, p. 221-50, abr. 2014.

ORAM, Matthew. **The trials of psychedelic therapy**. Johns Hopkins University Press, 2018.

ORESKES, Naomi. Objectivity or heroism? on the invisibility of women in science. **Osiris**, v. 11, p. 87-113, 1996.

O'SHAUGHNESSY, W. B. On the preparations of indian hemp, or gunjah. **Journal of the Asiatic Society of Bengal**, p. 838-51, 1839.

OWEN, Alex. The sorcerer and his apprentice: aleister crowley and the magical exploration of edwardian subjectivity. **Journal of British Studies**, v. 36, n. 1, p. 99-133, Jan. 1997.

OWEN, Alex. **The place of enchantment**: british occultism and the culture of the modern. University of Chicago Press, 2004.

PARASCANDOLA, John. The drug habit: the association of the word "drug" with "abuse" in american history. *In*: PORTER, Roy; TEICH, Mikuláš (ed.). **Drugs and narcotics in history**. Cambridge University Press, 1997. p. 156-67.

PARSSINEN, Terry M. **Secret passions, secret remedies**: narcotic drugs in british society 1820-1930. Manchester University Press, 1983.

PARTRIDGE, Christopher. **High culture**: drugs, mysticism and the pursuit of transcendence in the modern world. Oxford University Press, 2018.

PENDERGRAST, Mark. **For God, country and Coca-Cola**. Basic Books, 2013.

PERRY, Ralph Barton. **The thought and character of William James**. Vanderbilt University Press, 1948.

PHILLIPS, Adam. **Becoming Freud**. Yale University Press, 2014.

POLLAN, Michael. **How to Change your Mind**. Allen Lane, 2018.

POLLAN, Michael. **This Is your Mind on Plants**. Allen Lane, 2021.

PRECIADO, Paul B. **Testo Junkie**. Feminist Press, 2013.

PUTNAM, Robert D.; GARRETT, Shaylyn Romney. **The upswing**. Simon & Schuster, 2020.

RABINBACH, Anson. **The human motor**: energy, fatigue and the origins of modernity. University of California Press, 1990.

RAMSAY, William R. Partial anaesthesia. **Proceedings of the Society for Psychical Research**, v. 9, p. 236-44, 1893.

RANDOLPH, Paschal Beverly. **Hashish**: its uses, abuses and dangers, its extasia and fantasia, and Illuminati. Publicado com Guide to Clairvoyance. Rockwell & Rollins, 1867.

RANKIN, Nick. **Dead man's chest**: travels after Robert Louis Stevenson. Phoenix Press, 2001.

RASMUSSEN, Nicolas. **On speed**. New York University Press, 2008.

REED, Edward S. **From soul to mind**: the emergence of psychology, from Erasmus Darwin to William James. Yale University Press, 1997.

REGARDIE, Israel. **Roll away the stone, and the herb dangerous**. Newcastle Publishing, 1994.

RICHARDS, William A. Abraham Maslow's interest in psychedelic research: a tribute. **Journal of Humanistic Psychology**, v. 57, n. 4, p. 319-22, set. 2016.

RICHARDSON, Benjamin Ward. On ether-drinking and extra-alcoholic intoxication. **Gentleman's Magazine**, v. 1774, p. 440-64, 1893.

RICHARDSON, Joanna. **Théophile Gautier, his life and times**. M. Reinhardt, 1958.

RICHARDSON, Robert D. **William James in the maelstrom of american modernism**. Mariner Books, 2007.

RIEGER, Christy. Chemical romance: genre and materia medica in late-victorian drug fiction. **Victorian Literature and Culture**, v. 47, n. 2, p. 409-37, 2019.

RIVERS, W. H. R. **The influence of alcohol and other drugs on fatigue**. Edward Arnold, 1908.

ROOF, Wade Clark. **A generation of seekers**: the spiritual journeys of the baby boom generation. Harper San Francisco, 1993.

ROSZAK, Theodore. **The making of a counterculture**. University of California Press, 1968.

RUSHTON, Sharon. **Creating romanticism**. Palgrave Macmillan, 2013.

RUSSELL, Bertrand. **A history of western philosophy**. Simon & Schuster, 1945.

SALER, Michael. **As if modern enchantment and the literary prehistory of virtual reality**. Oxford University Press, 2012.

SALER, Michael (ed.). **The fin-de-siècle world**. Routledge, 2015.

SAMORINI, Giorgio. **L'erba di Carlo Erba**. Nautilus Press, 1996.

SAMORINI, Giorgio. Paolo Mantegazza (1831-1910): pionere italiano degli studi sulle droghe. **Eleusis**, v. 2, p. 14-20, set. 1995.

SARGANT, William. **The unquiet mind**. William Heinemann, 1967.

SCHAFFER, Simon. Self evidence. **Critical Inquiry**, v. 18, n. 2, p. 327-62, 1992.

SCHIEBINGER, Londa. **Plants and empire**: colonial bioprospecting in the atlantic world. Harvard University Press, 2005.

SCHIVELBUSCH, Wolfgang. **Disenchanted night**: the industrialisation of light in the nineteenth century. University of California Press, 1995.

SCHIVELBUSCH, Wolfgang. **Tastes of Paradise**. Tradução: David Jacobson. Vintage Books, 1993.

SCHMIED, Lori A.; STEINBERG, Hannah; SYKES, Elizabeth. Psychopharmacology's debt to experiential psychology. **History of Psychology**, v. 9, n. 2, p. 144-57, 2006.

SCHMITT, Natalie Crohn. Ecstasy and peak-experience: W. B. Yeats, Marghanita Laski, and Abraham Maslow. **Comparative Drama**, v. 28, n. 2, p. 167-81, 1994.

SCHMITZ, Oscar A. H. **Hashish**. Wakefield Press, 2018.

SCHULTES, R. E. Plantae mexicanae II: the identification of teonanacatl, a narcotic basidiomycete of the aztecs. **Botanical Museum Leaflets**, Harvard University, v. 7, n. 3, p. 37-56, 1939.

SCHUSTER, David G. **Neurasthenic nation**. Rutgers University Press, 2011.

SENGOOPTA, Chandak. **The most secret quintessence of life**. University of Chicago Press, 2006.

SHAPIN, Steven. **The scientific revolution**. University of Chicago Press, 1996.

SHAPIN, Steven; SCHAFFER, Simon. **Leviathan and the air-pump**. Princeton University Press, 1985.

SHATTUCK, Roger. **The banquet years**. Vintage Books, 1955.

SHEPPARD, Julia. **Silas Burroughs, the man who made wellcome**. Lutterworth Press, 2022.

SHERWOOD, Alexander M. *et al.* Synthesis and characterization of 5-MEO-DMT succinate for clinical use. **ACS Omega**, v. 5, n. 49, p. 32067-75, 2020.

SHIEL, M. P. **Prince Zaleski**. Martin Secker, 1928.

SHULGIN, Alexander; SHULGIN, Ann. **Pihkal**: a chemical love story. Transform Press, 1991.

SHULGIN, Alexander; JACOB, Peyton. A protocol for the evaluation of new psychoactive drugs in man. **Methods and Findings in Experimental and Clinical Pharmacology**, v. 8, n. 5, p. 313-20, 1986.

SIEGEL, Jerrold. **Bohemian Paris**: culture, politics and the boundaries of bourgeois life 1830-1930. Johns Hopkins University Press, 1986.

SIMNER, Julia; HUBBARD, Edward M. (ed.). **The Oxford handbook of synesthesia**. Oxford University Press, 2013.

SMALL, Douglas. Masters of healing: cocaine and the ideal of the victorian medical man. **Journal of Victorian Culture**, v. 21, n. 1, p. 3-20, 2016.

SMITH, W. D. A. **Under the influence**: a history of nitrous oxide and oxygen anaesthesia. Wood Library-Museum of Anaesthesiology, 1982.

SNOW, Stephanie. **Blessed days of anaesthesia**. Oxford University Press, 2008.

SOLHDJU, Katrin. **Alienating travels and travelling into alienation**: Moreau de tours experimental attempts to articulate the body of madness. 2012. Disponível em: https://dingdingdong.org/wp-content/uploads/2012/12/alienatingtravels.pdf. Acesso em: 13 out. 2025.

SOMMER, Andreas. James and psychical research in context. *In*: KLEIN, Alexander (ed.). **The Oxford handbook of William James**. Oxford University Press, 2020.

SPAGNOLI, Laura. **Under the influence**: literature, drugs and modernity in France (1870-1914). 2002. Dissertação (Doutorado) – University of Pennsylvania.

SPILLANE, Joseph F. Making a modern drug: the manufacture, sale and control of cocaine in the United States 1880-1920. *In*: GOOTENBERG, P. (ed.). **Cocaine, global histories**. Routledge, 1999. p. 21-45.

ST JOHN, Graham. **Mystery school in hyperspace**: a cultural history of DMT. Evolver Editions, 2015.

STANSFIELD, Dorothy. **Thomas Beddoes M. D. 1760-1808**. D. Reidel, 1984.

STEVENS, Jay. **Storming heaven**: LSD and the american dream. Paladin Books, 1989.

STEVENSON, Robert Louis. **Dr. Jekyll and Mr. Hyde**. Penguin Classics, 1979.

STEVENSON, Robert Louis. **Essays of Robert Louis Stevenson**. Editado por William Lyon Phelps. Classic Literature Library, 1906.

STEWART, Omer C. **Peyote religion**: a history. University of Oklahoma Press, 1987.

STRATMANN, Linda. **Chloroform**: the quest for oblivion. Sutton Publishing, 2003.

STRICKLAND, Stuart Walker. The ideology of knowledge and the practice of self-experimentation. **Eighteenth-Century Studies**, v. 31, n. 4, p. 453-71, 1998.

SYMONS, Arthur. The gateway to an artificial paradise: hashish and opium compared. **Vanity Fair**, out. 1918.

SYMONS, Arthur. **The symbolist movement in literature**. Carcanet Press, 2014.

SYNGE, John M. Under ether. *In*: **The works of John M. Synge**, vol. 4. John W. Luce & Co., 1912.

TALLIS, Frank. **Hidden minds**: a history of the unconscious. Helios Press, 2012.

TAYLOR, Bayard. **The lands of the Saracen**. G. P. Putnam, 1855.

TAYLOR, Charles. **Sources of the self**: the making of modern identity. Harvard University Press, 1989.

TEIVE, Hélio *et al.* Overcoming bashfulness: how cocaine aided Freud to summon the courage to meet Charcot. **Arquivos de Neuro-Psiquiatria**, v. 7, n. 11, p. 825-7, nov. 2019.

TIMBERLAKE, James H. **Prohibition and the progressive movement 1900-1920**. Harvard University Press, 1963.

TORGOFF, Martin. **Can't find my way home**: America in the great stoned age 1945-2000. Simon & Schuster, 2004.

TRAVERS, Morris W. **A life of Sir William Ramsay**. Edward Arnold, 1956.

TURNER, Fred. **The democratic surround**: multimedia and american liberalism from world war ii to the psychedelic sixties. University of Chicago Press, 2014.

TYMOCZKO, Dmitri. **The nitrous oxide philosopher**. The Atlantic, maio, 1996.

UTHAUG, M. V. *et al.* A single inhalation of vapor from dried toad secretion containing 5-methoxy-N,N-dimethyltryptamine (5-MeO-DMT) in a naturalistic setting is related to sustained enhancement of satisfaction with life, mindfulness-related capacities, and a decrement of psychopathological symptoms. **Psychopharmacology**, v. 236, p. 2653-66, 2019.

VILLAVICENCIO, Manuel. **Geografia de la República del Ecuador**. Imprenta de Robert Craighead, 1858.

VON BIBRA, Baron Ernst. **Plant intoxicants**. Healing Arts Press, 1995.

WARREN, John Collis. **Effects of chloroform and of strong chloric ether, as narcotic agents**. William D. Ticknor & Co., 1849.

WEINBERG, Bennett Alan; BEAKER, Bonnie K. **The world of caffeine**. Routledge, 2001.

WELLS, H. G. **The complete short stories of H. G. Wells**. A. & C. Black, 1927.

WHORTON, James C. **The arsenic century**. Oxford University Press, 2010.

WILSON, Frances. **Guilty thing**: a life of Thomas De Quincey. Bloomsbury, 2016.

WINCHESTER, Jake. Solanaeous fumigations in nineteenth-century London. **Psychedelic Press Journal**, v. 28, 2019.

WITKIEWICZ, Stanisław Ignacy. **Narcotics**. Tradução: Soren A. Gauger. Twisted Spoon Press, 2018.

WYLD, George. **Notes of my life**. Kegan Publishers, 1903.

WYLD, George. **Theosophy and the higher life**. Trübner & Co., 1880.

YEATS, W. B. **Discoveries**: a volume of essays. Dun Emer Press, 1907.

YEATS, W. B. **The trembling of the veil**. T. Werner Laurie Ltd., 1922.

YOUNG, James Harvey. **Pure food**: securing the federal foods and drug act 1906. Princeton University Press, 1989.

ZAEHNER, Robert Charles. **Mysticism**: sacred and profane. Clarendon Press, 1957.

AGRADECIMENTOS

Gostaria de prestar homenagem a dois companheiros valiosos nesta jornada, Michael Neve e Nick Tosches, que faleceram com poucos dias de diferença em outubro de 2019. Foi Michael quem primeiro me incentivou a estudar a história das drogas e me apresentou à biblioteca do Wellcome Trust Centre for the History of Medicine, onde lecionava. Muitos dos personagens e episódios deste livro tomaram forma durante vinte anos de conversas com ele. Eu me correspondi com Nick por vários anos, principalmente a respeito de James Lee, cuja vida e época ele pesquisou com sua tenacidade característica. Trabalhar ao lado dele foi um aprendizado.

Meus agradecimentos a Toni Melechi pelos muitos anos de conversas e correspondências estimulantes sobre a história da psicologia e da autoexperimentação, bem como por seus comentários sobre o rascunho do manuscrito. Agradeço também aos meus outros primeiros leitores: John Tresch, por suas percepções e sugestões abrangentes; Andrew Lees, por seu olhar experiente sobre a neurologia e a farmacologia; e Peter Moore, que manteve nosso diálogo vivo durante os encontros ao ar livre entre os lockdowns.

Agradeço também às muitas pessoas que me ajudaram com consultas de pesquisa e acesso a arquivos durante os lockdowns da pandemia, incluindo David Barrett; Ben Breen; Alastair Brotchie; Rob Dickins; Adam Green, da Public Domain Review; David Guba; Phoebe Harkins e Ross Macfarlane, da Wellcome Library; Peter Johnson, secretário da Society of Psychical Research; Axel Klein; Sarbajit Mitra; Jill Moretto, gerente de arquivo da GSK; Sujaan Mukherjee; Mike Power; James Pugh; Keeper Trout e A J Wright. Sou muito grato a Sonu Shamdasani, do Centro de Humanidades da Saúde da UCL, por facilitar uma bolsa de pesquisa honorária que me permitiu acesso remoto a revistas acadêmicas enquanto as bibliotecas estavam fechadas. Agradecimento especial, como sempre, a Lou, por tornar o processo o mais fácil e agradável possível.

Mais uma vez, agradeço à minha agente, Caroline Montgomery, e à equipe editorial e de produção da Yale, por realizarem este projeto com tanta tranquilidade e com um padrão tão elevado. Sou particularmente grato ao meu editor, Julian Loose, cuja experiência foi inestimável na elaboração da proposta e na orientação do livro até sua forma final.